国家职业资格培训教材

数控车工（高级）操作技能鉴定试题集锦与考点详解

国家职业资格培训教材编审委员会　组编

主　编　黄俊刚　庄剑峰
参　编　陆齐炜　骆小军　周　云　朱龙飞
主　审　韩鸿鸾

机械工业出版社

本教材是针对国家职业技能鉴定操作技能考试的需要，参照《国家职业标准》数控车工（高级）的要求，按技能考核鉴定点进行编排设计的。本教材共收录了32个职业技能鉴定样例，这些样例大都来自各省市及国家题库。每个样例着重分析了考核要求、加工准备与加工要求、相关加工工艺和编程方法，并且分别给出了 FANUC 0i 系统和华中系统的参考程序，最后对本样例中的考点进行了提炼。样例编排由浅入深，每个样例既有独立性，相互之间又有一定的内在联系。

本教材既可作为各级职业技能鉴定培训机构、企业培训部门、职业技术院校、技工院校考前培训的强化训练教材，又可作为参加职业技能鉴定读者的考前操作技能实战训练用书。

图书在版编目（CIP）数据

数控车工（高级）操作技能鉴定试题集锦与考点详解/黄俊刚，庄剑峰主编. —北京：机械工业出版社，2014.7（2022.6重印）
国家职业资格培训教材
ISBN 978-7-111-47054-0

Ⅰ.①数… Ⅱ.①黄…②庄… Ⅲ.①数控机床－车床－车削－职业技能－鉴定－自学参考资料 Ⅳ.①TG519.1

中国版本图书馆 CIP 数据核字（2014）第 126969 号

机械工业出版社（北京市百万庄大街22号　邮政编码100037）
策划编辑：荆宏智　赵磊磊　责任编辑：赵磊磊
版式设计：霍永明　　　　　责任校对：樊钟英
封面设计：鞠　杨　　　　　责任印制：邰　敏
北京富资园科技发展有限公司印刷
2022年6月第1版第3次印刷
169mm×239mm・19.5 印张・394 千字
标准书号：ISBN 978-7-111-47054-0
定价：59.80 元

电话服务　　　　　　　　　网络服务
客服电话：010 - 88361066　机　工　官　网：www.cmpbook.com
　　　　　010 - 88379833　机　工　官　博：weibo.com/cmp1952
　　　　　010 - 68326294　金　书　网：www.golden - book.com
封底无防伪标均为盗版　机工教育服务网：www.cmpedu.com

国家职业资格培训教材
编审委员会

主　　　任　于　珍
副　主　任　郝广发　李　奇　洪子英
委　　　员（按姓氏笔画排序）
　　　　　　王　蕾　王兆晶　王英杰　王昌庚　田力飞
　　　　　　刘云龙　刘书芳　刘亚琴（常务）朱　华
　　　　　　沈卫平　汤化胜　李春明　李俊玲（常务）
　　　　　　李家柱　李晓明　李超群　李培根　李援瑛
　　　　　　吴茂林　何月秋　张安宁　张吉国　张凯良
　　　　　　张敬柱（常务）陈玉芝　陈业彪　陈建民
　　　　　　周新模　郑　骏　杨仁江　杨君伟　杨柳青
　　　　　　卓　炜　周立雪　周庆轩　施　斌
　　　　　　荆宏智（常务）柳吉荣　贾恒旦　徐　彤
　　　　　　黄志良　潘　茵　戴　勇
顾　　　问　吴关昌
策　　　划　荆宏智　李俊玲　张敬柱
本书主编　黄俊刚　庄剑峰
本书参编　陆齐炜　骆小军　周　云　朱龙飞
本书主审　韩鸿鸾

序

　　为落实国家人才发展战略目标,加快培养一大批高素质的技能型人才,我们精心策划了与原劳动和社会保障部《国家职业标准》配套的《国家职业资格培训教材》。这套教材涵盖41个职业,共172种。教材出版后,受到全国各级培训、鉴定部门和技术工人的欢迎,基本满足了培训、鉴定、考工和读者自学的需要,为培养技能人才发挥了重要作用,本套教材也因此成为国家职业资格培训的品牌教材。JJJ——"机工技能教育"品牌已深入人心。

　　按照国家"十一五"高技能人才培养体系建设的主要目标,到"十一五"期末,全国技能劳动者总量将达到1.1亿人,高级工、技师、高级技师总量均有大幅增加。因此,从2005年至2009年的五年间,参加职业技能鉴定的人数和获取职业资格证书的人数年均增长达10%以上,2009年全国参加职业技能鉴定和获取职业资格证书的人数均已超过1200万人。这种趋势在"十二五"期间还将会得以延续。

　　为满足职业技能鉴定培训的需要,我们经过充分调研,决定在已经出版的理论、技能、题库合一的《国家职业资格培训教材》的基础上,贯彻"围绕考点,服务鉴定"的原则,紧扣职业技能鉴定考核要求,根据企业培训部门、技能鉴定部门和读者的不同需求进行细化,分别编写**理论鉴定培训教材系列、操作技能鉴定试题集锦与考点详解系列和职业技能鉴定考核试题库系列**。

　　1.《国家职业资格培训教材——理论鉴定培训教材系列》：针对国家职业技能鉴定理论知识考试的需要,参照《国家职业技能标准》的要求编写,主要用于考证前的理论培训。它主要有以下特色：

　　● 汲取国家职业资格培训教材精华——保留国家职业资格培训教材的精华内容,考虑企业和读者的需要,重新整合、更新、补充和完善培训教材的内容。

　　● 依据最新国家职业标准要求编写——以《国家职业技能标准》要求为依据,以"实用、够用"为宗旨,以便于培训为前提,提炼重点培训和复习的内容。

　　● 紧扣国家职业技能鉴定考核要求——按复习指导形式编写,教材中的知识点紧扣职业技能鉴定考核的要求,针对性强,适合技能鉴定考试前培训使用。

　　2.《国家职业资格培训教材——操作技能鉴定试题集锦与考点详解系列》：针对国家职业技能鉴定操作技能考试的需要编写。本套教材按实战进行设计,对考点进行详细解析,定位于操作技能考试前的突击冲刺、强化训练。它主要有以下特色：

　　● 依据明确,具有针对性——依据技能考核鉴定点设计,目的明确。

- 内容全面，具有典型性——图样、评分表、准备清单，完整齐全。
- 解析详细，具有实用性——图解形式，操作步骤和考点解析详细。
- 练考结合，具有实战性——单项训练题、综合训练题，步步提升。

3.《国家职业资格培训教材——职业技能鉴定考核试题库系列》：针对技能培训和参加技能鉴定人员复习、考核和自检自测的需要编写。它主要有以下特色：

- 考核重点、理论题、技能题、答案、模拟试卷齐全。
- 初级、中级、高级、技师、高级技师各等级全包括。
- 试题典型性、代表性、针对性、通用性、实用性强。
- 内含职业技能鉴定试题、全国及部分省市大赛试题。

这些教材是《国家职业资格培训教材》的扩充和完善，目的是满足不同的需求，将"机工技能教育"品牌发扬光大。在编写时，我们重点考虑了以下几个方面：

在工种选择上，选择了机电行业的车工、铣工、钳工、机修钳工、汽车修理工、制冷设备维修工、铸造工、焊工、冷作钣金工、热处理工、涂装工、维修电工等近二十个主要工种。

在编写依据上，依据最新国家职业标准要求，紧扣职业技能鉴定考核要求编写。对没有国家职业标准，但社会需求量大且已单独培训和考核的职业，则以相关国家职业标准或地方鉴定标准和要求为依据编写。

在内容安排上，提炼应重点培训和复习的内容，突出"实用、够用"，重在教会读者掌握必需的专业知识和技能，掌握各种类型题的应试技巧和方法。

在作者选择上，共有十几个省、自治区、直辖市相关行业200多名工程技术人员、教师、技师和高级技师等从事技能培训和考工的专家参加编写。他们既了解技能鉴定的要求，又具有丰富的教材编写经验。

全套教材既可作为各级职业技能鉴定培训机构、企业培训部门的考前培训教材，又可作为读者考前复习和自测使用的复习用书，也可供职业技能鉴定部门在鉴定命题时参考，还可作为职业技术院校、技工院校、各种短训班的专业课教材。

在这套教材的调研、策划、编写过程中，曾经得到许多企业、鉴定培训机构有关领导、专家、工程技术人员、技师和高级技师的大力支持和帮助，在此表示衷心的感谢！

虽然我们在编写这套培训教材中尽了很大努力，但教材中难免存在不足之处，诚恳地希望专家和广大读者批评指正。

国家职业资格培训教材编审委员会

前 言

随着机电一体化技术的迅速发展，数控机床的应用已日趋普及，现代制造业广泛采用数控技术以提高工件的加工精度和生产率。随着数控机床的大量使用，社会对数控技术人才的需求也越来越大。为了加强数控技能人员编程与操作的规范性，原劳动和社会保障部在以前相关标准的基础上，于2005—2007年分别对数控加工行业的标准进行了更新与补充。各省市也在根据这些标准进行相应的技术等级鉴定。越来越多的数控机床操作人员通过技能鉴定考试取得了职业资格证书。但是，很多参加技能鉴定考核的人员对技能鉴定试题考点了解得还不是很清楚，而且目前市场上针对技能等级鉴定的图书还不是很多，为此我们组织有关专家编写了《数控车工（高级）操作技能鉴定试题集锦与考点详解》一书。

本教材是针对国家职业技能鉴定操作技能考试的需要，参照《国家职业标准》数控车工（高级）的要求，按技能考核鉴定点进行编排设计的。本教材共收录了32个职业技能鉴定样例，这些样例大都来自各省市及国家题库。每个样例着重分析了考核要求、加工准备与加工要求、相关加工工艺和编程方法，并且分别给出了FANUC 0i系统和华中数控系统的参考程序，最后对本样例中的考点进行了提炼。样例编排由浅入深，每个样例既有独立性，相互之间又有一定的内在联系。

本教材由黄俊刚、庄剑峰任主编，陆齐炜、骆小军、周云、朱龙飞参加编写，全书由韩鸿鸾主审。本教材在编写过程中得到了山东省、河南省、河北省、江苏省、上海市等地技能鉴定部门的大力支持，在此深表谢意。

由于编者水平有限，书中难免存在错误和不足之处，恳请广大读者给予批评指正。

编 者

目 录

序
前言
国家职业标准对数控车工（高级）的工作要求 …………………………… 1
通过职业技能鉴定考核的技巧 …………………………………………… 3
职业技能鉴定样例 1　多槽螺纹轴零件的加工 ………………………… 5
职业技能鉴定样例 2　异形槽螺纹轴零件的加工 ……………………… 24
职业技能鉴定样例 3　端面槽螺纹轴零件的加工 ……………………… 36
职业技能鉴定样例 4　圆弧面螺纹轴零件的加工 ……………………… 48
职业技能鉴定样例 5　塔形轴类零件的加工 …………………………… 58
职业技能鉴定样例 6　通孔螺纹轴零件的加工 ………………………… 68
职业技能鉴定样例 7　梯形螺纹轴零件的加工 ………………………… 79
职业技能鉴定样例 8　椭圆弧面螺纹轴零件的加工 …………………… 89
职业技能鉴定样例 9　抛物线螺纹轴零件的加工 ……………………… 99
职业技能鉴定样例 10　非圆曲线螺纹轴零件的加工 ………………… 108
职业技能鉴定样例 11　非圆曲线旋转轮廓零件的加工 ……………… 117
职业技能鉴定样例 12　薄壁轮廓零件的加工 ………………………… 127
职业技能鉴定样例 13　异形螺纹轴零件的加工（一） ……………… 139
职业技能鉴定样例 14　异形螺纹轴零件的加工（二） ……………… 149
职业技能鉴定样例 15　三角螺纹配合件的加工 ……………………… 156
职业技能鉴定样例 16　内外弧面配合件的加工 ……………………… 169
职业技能鉴定样例 17　对称椭圆螺纹配合件的加工 ………………… 179
职业技能鉴定样例 18　椭圆弧面配合件的加工 ……………………… 188
职业技能鉴定样例 19　矩形螺纹配合件的加工 ……………………… 195
职业技能鉴定样例 20　端面椭圆槽配合件的加工 …………………… 204
职业技能鉴定样例 21　配合件的仿形加工 …………………………… 212
职业技能鉴定样例 22　端面槽配合件的加工 ………………………… 220
职业技能鉴定样例 23　梯形螺纹配合件的加工 ……………………… 227
职业技能鉴定样例 24　正弦曲线配合件的加工 ……………………… 237
职业技能鉴定样例 25　宝塔轮廓配合件的加工 ……………………… 246
职业技能鉴定样例 26　复杂曲线轮廓配合件的加工 ………………… 255
职业技能鉴定样例 27　酒杯造型配合件的加工 ……………………… 263

职业技能鉴定样例 28	斜椭圆螺纹配合件的加工	268
职业技能鉴定样例 29	宽槽配合件的加工	276
职业技能鉴定样例 30	梯形槽螺纹配合件的加工	281
职业技能鉴定样例 31	椭圆槽螺纹配合件的加工	285
职业技能鉴定样例 32	对称异形槽三件配合加工	294
参考文献		304

国家职业标准对数控车工（高级）的工作要求

职业功能	工作内容	技能要求	相关知识
一、加工准备	1. 读图与绘图	1）能够读懂中等复杂程度（如刀架）的装配图 2）能够根据装配图拆画零件图 3）能够测绘零件	1）根据装配图拆画零件图的方法 2）零件的测绘方法
	2. 制定加工工艺	能编制复杂零件的数控车床加工工艺文件	复杂零件数控加工工艺文件的制定
	3. 零件定位与装夹	1）能选择和使用数控车床组合夹具和专用夹具 2）能分析并计算车床夹具的定位误差 3）能够设计与自制装夹辅具（如心轴、轴套、定位件等）	1）数控车床组合夹具和专用夹具的使用、调整方法 2）专用夹具的使用方法 3）夹具定位误差的分析与计算方法
	4. 刀具准备	1）能够选择各种刀具及刀具附件 2）能根据难加工材料的特点，选择刀具的材料、结构和几何参数 3）能够刃磨特殊车削刀具	1）专用刀具的种类、用途、特点和刃磨方法 2）切削难加工材料时的刀具材料和几何参数的确定方法
二、数控编程	1. 手工编程	能运用变量编程编制含有公式曲线的零件数控加工程序	1）固定循环和子程序的编程方法 2）变量编程的规则和方法
	2. 计算机辅助编程	能用计算机绘图软件绘制装配图	计算机绘图软件的使用方法
	3. 数控加工仿真	能利用数控加工仿真软件实施加工过程仿真以及加工代码检查、干涉检查、工时估算	数控加工仿真软件的使用方法
三、零件加工	1. 轮廓加工	能进行细长、薄壁零件加工，并达到以下要求： 1）轴径公差等级：IT6 2）孔径公差等级：IT7 3）几何公差等级：IT8 4）表面粗糙度值：$Ra1.6\mu m$	细长、薄壁零件加工的特点及装夹、车削方法

（续）

职业功能	工作内容	技能要求	相关知识
三、零件加工	2. 螺纹加工	1）能进行单线和多线等节距的T型螺纹、锥螺纹加工，并达到以下要求： ① 尺寸公差等级：IT6 ② 几何公差等级：IT8 ③ 表面粗糙度值：$Ra1.6\mu m$ 2）能进行变节距螺纹的加工，并达到以下要求： ① 尺寸公差等级：IT6 ② 几何公差等级：IT7 ③ 表面粗糙度值：$Ra1.6\mu m$	1）T型螺纹、锥螺纹加工中的参数计算 2）变节距螺纹的车削加工方法
	3. 孔加工	能进行深孔加工，并达到以下要求： ① 尺寸公差等级：IT6 ② 几何公差等级：IT8 ③ 表面粗糙度值：$Ra1.6\mu m$	深孔的加工方法
	4. 配合件加工	能按装配图上的技术要求对套件进行零件加工和组装，配合公差等级达到IT7级	套件的加工方法
	5. 零件精度检验	1）能够在加工过程中使用百（千）分表等进行在线测量，并进行加工技术参数的调整 2）能够进行多线螺纹的检验 3）能进行加工误差分析	1）百（千）分表的使用方法 2）多线螺纹的精度检验方法 3）误差分析的方法
四、数控车床维护与精度检验	1. 数控车床日常维护	1）能判断数控车床的一般机械故障 2）能完成数控车床的定期维护保养	1）数控车床机械故障和排除方法 2）数控车床液压原理和常用液压元件
	2. 机床精度检验	1）能够进行机床几何精度检验 2）能够进行机床切削精度检验	1）机床几何精度检验内容及方法 2）机床切削精度检验内容及方法

（续）

项目与配分		序号	技术要求	配分	评分标准	检测记录	得分
工件编号					总得分		
工件加工评分（100）	内轮廓（12）	25	$\phi 42^{+0.05}_{+0.01}$	4	超差0.01扣1分		
		26	$\phi 30^{+0.025}_{0}$	4	超差0.01扣1分		
		27	$26^{+0.05}_{0}$	2	超差0.01扣1分		
		28	$5^{+0.05}_{0}$	2	超差0.01扣1分		
	其他（10）	29	$Ra1.6\mu m$	3	每错一处1分		
		30	自由尺寸	2	每错一处0.5分		
		31	倒角，锐角倒钝	1	每错一处0.5分		
		32	工件按时完成	2	未按时完成全扣		
		33	工件无缺陷	2	缺陷一处2分		
程序与工艺		34	程序与工艺合理	倒扣	每错一处扣2分		
机床操作		35	机床操作规范		出错一次扣2~5分		
安全文明生产		36	安全操作		停止操作酌情扣5~20分		

3. 准备清单

1）材料准备（表1-2）。

表1-2 材料准备

名　称	规　格	数　量	要　求
45钢	$\phi 80mm \times 125mm$	1件/考生	车平两端面，去毛刺

2）设备准备（表1-3）。

表1-3 设备准备

名　称	规　格	数　量	要　求
数控车床	根据考点情况选择		
自定心卡盘	直径250mm/200mm	1套/车	
卡盘扳手	机床配套	1套/车	
刀架扳手	机床配套	1套/车	

3）工具、量具、刃具准备（表1-4）

表1-4 工具、量具、刃具准备　　　　　　　（单位：mm）

类别	序号	名称	规格	精度	数量
量具	1	外径千分尺	0~25，25~50，50~75，75~100	0.01	各1
	2	游标卡尺	0~200	0.02	1
	3	带表游标卡尺	0~150	0.02	1
	4	深度千分尺	0~25	0.01	1
	5	游标深度卡尺	0~200	0.02	1
	6	游标万能角度尺	0~320°	2′	1
	7	内径量表	18~35，35~50	0.01	各1
	8	螺纹塞规和环规	M30×1.5-6g/6H		各1
	9	钟式百分表	0~10	0.01	1
	10	磁性表座			1
	11	螺纹样板	30°，60°，40°		1块
	12	塞尺	0.02~1		1
	13	半径样板	R1~R25		1
	14	量棒	ϕ3.15		1
	15	公法线千分尺	0~25，25~50	0.01	各1
	16	内径千分尺	5~25，25~50，50~75	0.01	各1
	17	螺纹千分尺	0~25，25~50		各1套
刃具	1	中心钻	A3		1
	2	钻头	ϕ18、ϕ22		各1
	3	外圆车刀	$\kappa_r \geq 93°$、$\kappa_r' \geq 15°$		1
	4	外圆车刀	$\kappa_r \geq 93°$、$\kappa_r' \geq 55°$		1
	5	端面车刀	45°		1
	6	圆弧车刀	R<3		1
	7	外切槽刀	刀宽≤4，长≥9		1
	8	切断刀	刀宽4~5，L>30		1
	9	外三角形螺纹车刀	刀尖角60°		1
	10	内三角形螺纹车刀	刀尖角60°，刀杆长度≥30，螺纹小径≤28		1
	11	不通孔车刀	D≥ϕ23，L≥55		自定
	12	内切槽刀	D≥ϕ25，L≥30		1
	13	端面槽车刀	槽小径≥30，刀宽<4，长≤20		1
	14	梯形外螺纹车刀	P=6		1

(续)

类别	序号	名称	规格	精度	数量
工具	1	偏心垫块	$e=1$，$e=2$		自定
	2	铜皮	厚 0.05～0.2		自定
	3	铜皮	厚 0.5～2		自定
	4	铜棒			自定
	5	红丹粉			若干
	6	活扳手	12in		1
	7	螺钉旋具	一字，十字		若干
	8	内六角扳手	6，8，10，12		自定
	9	垫刀块	1，2，3		自定
	10	相应配套钻套	莫氏锥度		1套
	11	钻夹头	1～13 莫氏锥度 No.4		1
	12	固定顶尖			1
	13	回转顶尖	莫氏锥度 No.4、No.5		各1
	14	鸡心卡头			自定
	15	管子钳	夹持直径≤80		1
	16	清除切屑用的钩子			1
编写工艺流程自备工具	1	铅笔		自定	自备
	2	钢笔		自定	自备
	3	橡皮		自定	自备
	4	绘图工具		1套	自备
	5	函数计算器		1套	自备

二、工艺分析及相关知识

1. 图样分析

1）图形分析：图形为典型的螺纹轴零件，工件的加工要素为孔、外螺纹、径向槽、外轮廓曲线等。

2）精度分析：加工尺寸公差等级多数为IT7，表面粗糙度值均为 $Ra1.6\mu m$，要求较高。主要的位置精度是各侧面与工件端面的平行度。该图样外轮廓图形简单,但加工方法有相当的技巧性,包括对机床和刀具的使用技巧。

2. 工艺分析

对于使用切断刀加工与外槽连接的圆弧时,应注意切断刀的刀宽,正确定位切断刀的起始点和终止点,从而保证左右圆弧的光滑连接。$R4mm$ 与 $R12mm$ 连接的圆弧,注意选择的刀片是 35°菱形刀片。应避免使外圆受到碰擦而破坏其表面粗糙度。

装夹方式和加工内容见表1-5。

表1-5 加工工艺流程表

工序	操作项目图示	操作内容及注意事项
1	(图示:$\phi 80$ 工件装夹)	按左图图示装夹工件,采用一夹一顶方式 1) 车平端面,钻中心孔 2) 车削外轮廓 3) 车削径向槽 4) 车削外螺纹
2	(图示:$\phi 58$ 工件装夹)	按左图图示装夹工件 1) 车平端面,保证总长,钻中心孔 2) 钻孔 3) 车削内型轮廓 4) 车削外轮廓 5) 车削径向槽

3. 相关知识

(1) 车刀型号编制说明

1) 外圆车刀型号编制说明。

职业技能鉴定样例1 多槽螺纹轴零件的加工

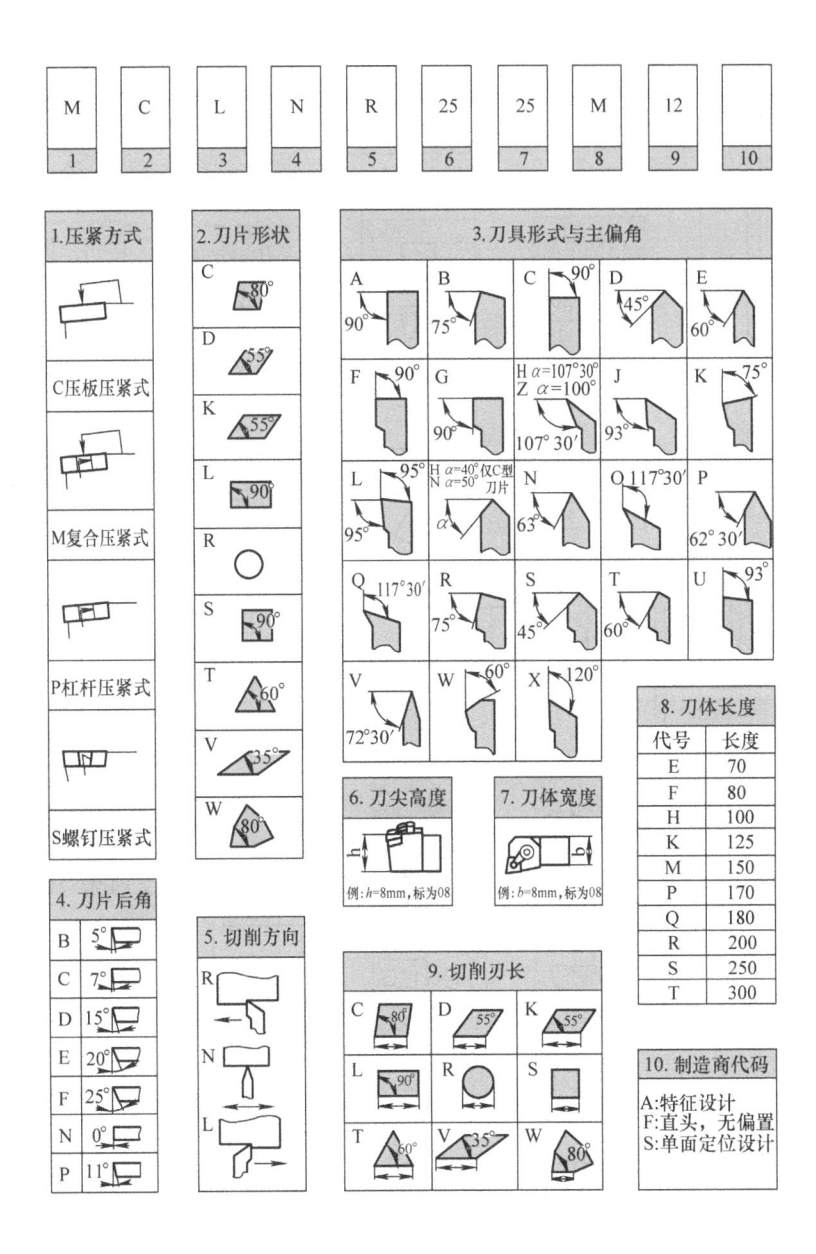

M	C	L	N	R	25	25	M	12	
1	2	3	4	5	6	7	8	9	10

1. 压紧方式
- C 压板压紧式
- M 复合压紧式
- P 杠杆压紧式
- S 螺钉压紧式

2. 刀片形状
- C 80°
- D 55°
- K 55°
- L 90°
- R (圆形)
- S 90°
- T 60°
- V 35°
- W 80°

3. 刀具形式与主偏角
- A 90°
- B 75°
- C 90°
- D 45°
- E 60°
- F 90°
- G 90°
- H α=107°30′   107°30′
- Z α=100°
- J 93°
- K 75°
- L 95° / 95°
- M α=40°仅C型刀片 / α=50°
- N 63°
- O 117°30′
- P 62°30′
- Q 117°30′
- R 75°
- S 45°
- T 60°
- U 93°
- V 72°30′
- W 60°
- X 120°

4. 刀片后角
B	5°
C	7°
D	15°
E	20°
F	25°
N	0°
P	11°

5. 切削方向
- R
- N
- L

6. 刀尖高度
例：h=8mm，标为08

7. 刀体宽度
例：b=8mm，标为08

8. 刀体长度
代号	长度
E	70
F	80
H	100
K	125
M	150
P	170
Q	180
R	200
S	250
T	300

9. 切削刃长
- C 80°
- D 55°
- K 55°
- L 90°
- R (圆形)
- S
- T 60°
- V 35°
- W 80°

10. 制造商代码
- A: 特征设计
- F: 直头，无偏置
- S: 单面定位设计

2) 内孔车刀型号编制说明。

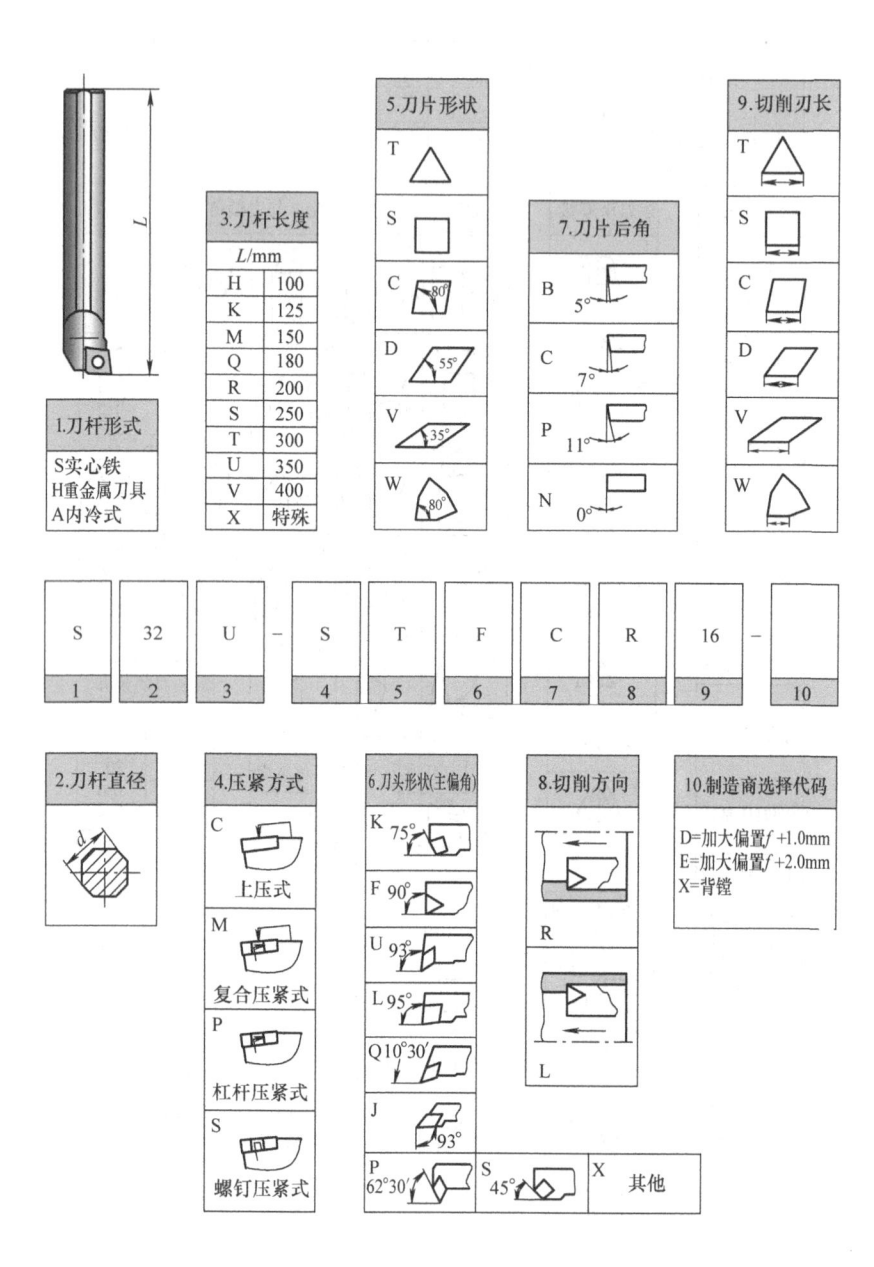

1.刀杆形式	3.刀杆长度	5.刀片形状	7.刀片后角	9.切削刃长
S 实心铁 H 重金属刀具 A 内冷式	L/mm H 100 K 125 M 150 Q 180 R 200 S 250 T 300 U 350 V 400 X 特殊	T 三角形 S 正方形 C 80° D 55° V 35° W 80°	B 5° C 7° P 11° N 0°	T S C D V W

S	32	U	-	S	T	F	C	R	16	-
1	2	3	4	5	6	7	8	9	10	

2.刀杆直径	4.压紧方式	6.刀头形状(主偏角)	8.切削方向	10.制造商选择代码
d	C 上压式 M 复合压紧式 P 杠杆压紧式 S 螺钉压紧式	K 75° F 90° U 93° L 95° Q 10°30' J 93° P 62°30' S 45° X 其他	R L	D=加大偏置f+1.0mm E=加大偏置f+2.0mm X=背镗

3）切断（槽）刀型号编制说明。

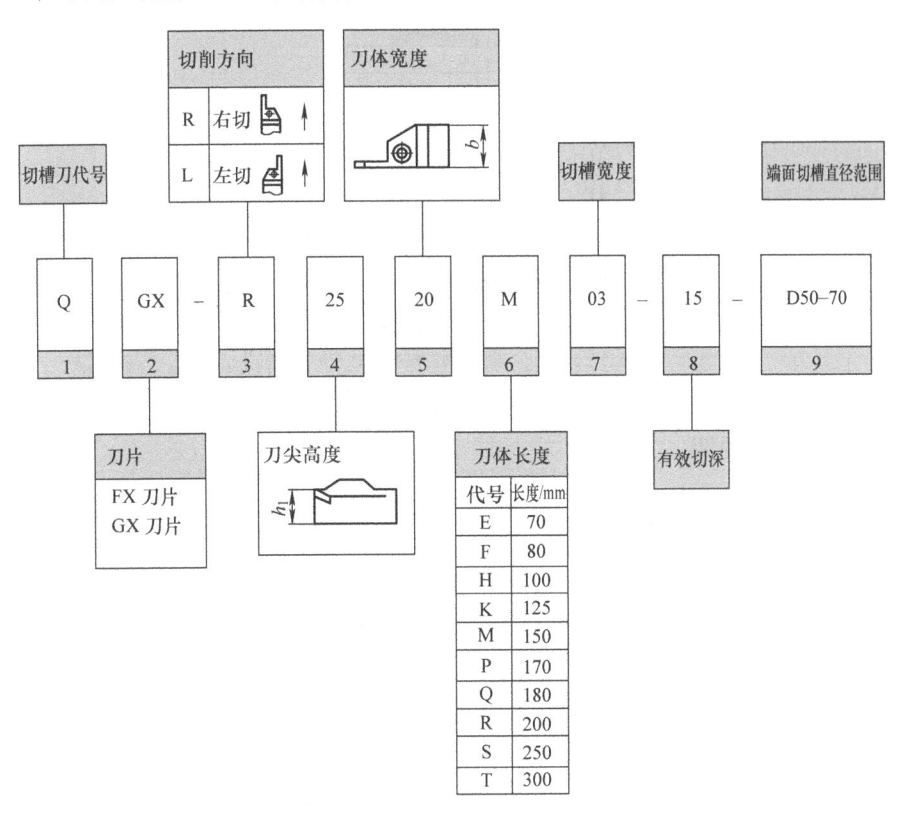

```
QGX - R 25 20 M 03 - 15 - D50-70
 1  2  3  4  5 6  7    8    9
```

- 1：切槽刀代号
- 2：刀片（FX 刀片、GX 刀片）
- 3：切削方向（R 右切、L 左切）
- 4：刀尖高度 h_1
- 5：刀体宽度 b
- 6：刀体长度

代号	长度/mm
E	70
F	80
H	100
K	125
M	150
P	170
Q	180
R	200
S	250
T	300

- 7：切槽宽度
- 8：有效切深
- 9：端面切槽直径范围

4）螺纹车刀型号编制说明。

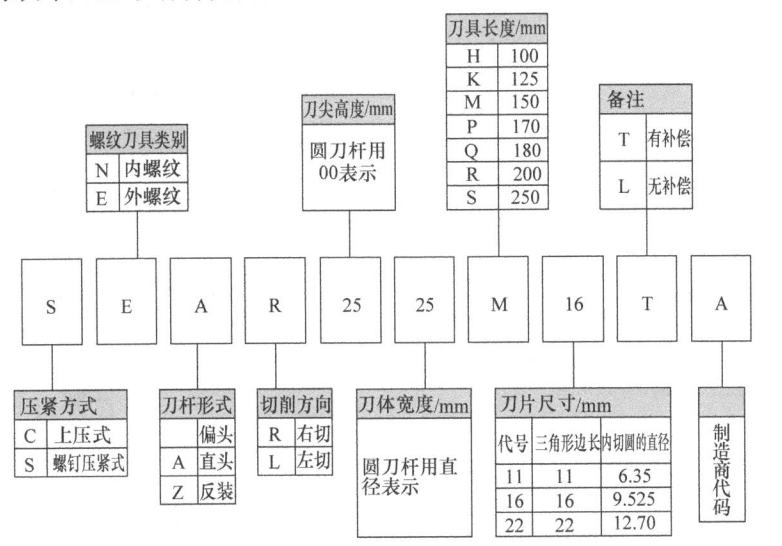

```
S E A R 25 25 M 16 T A
```

- 压紧方式：C 上压式、S 螺钉压紧式
- 螺纹刀具类别：N 内螺纹、E 外螺纹
- 刀杆形式：偏头 A 直头、Z 反装
- 切削方向：R 右切、L 左切
- 刀体宽度/mm：圆刀杆用直径表示
- 刀尖高度/mm：圆刀杆用00表示

刀具长度/mm

H	100
K	125
M	150
P	170
Q	180
R	200
S	250

刀片尺寸/mm

代号	三角形边长	内切圆的直径
11	11	6.35
16	16	9.525
22	22	12.70

备注：T 有补偿、L 无补偿

制造商代码

5) 螺纹刀片型号编制说明。

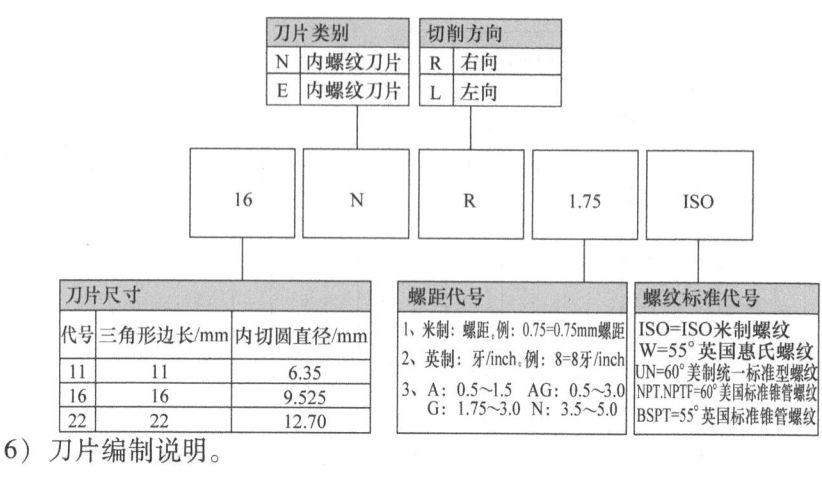

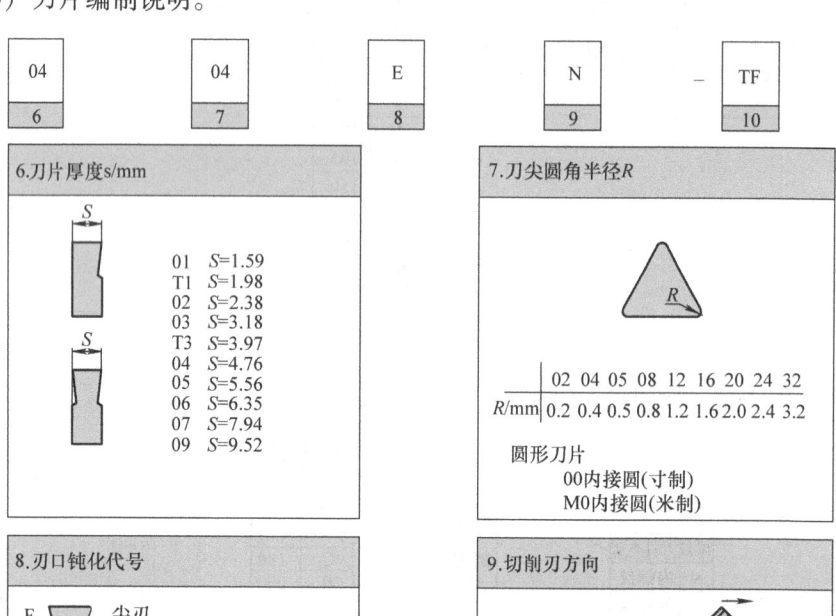

刀片类别		切削方向	
N	内螺纹刀片	R	右向
E	内螺纹刀片	L	左向

| 16 | N | R | 1.75 | ISO |

刀片尺寸

代号	三角形边长/mm	内切圆直径/mm
11	11	6.35
16	16	9.525
22	22	12.70

螺距代号
1、米制：螺距，例：0.75=0.75mm螺距
2、英制：牙/inch，例：8=8牙/inch
3、A：0.5~1.5　AG：0.5~3.0
　　G：1.75~3.0　N：3.5~7.0

螺纹标准代号
ISO=ISO米制螺纹
W=55° 英国惠氏螺纹
UN=60° 美制统一标准型螺纹
NPT.NPTF=60° 美国标准锥管螺纹
BSPT=55° 英国标准锥管螺纹

6) 刀片编制说明。

04	04	E	N	−TF
6	7	8	9	10

6.刀片厚度s/mm

01	S=1.59
T1	S=1.98
02	S=2.38
03	S=3.18
T3	S=3.97
04	S=4.76
05	S=5.56
06	S=6.35
07	S=7.94
09	S=9.52

7.刀尖圆角半径R

	02	04	05	08	12	16	20	24	32
R/mm	0.2	0.4	0.5	0.8	1.2	1.6	2.0	2.4	3.2

圆形刀片
　00 内接圆(寸制)
　M0 内接圆(米制)

8.刃口钝化代号

F	尖刃
E	倒圆刃
T	倒棱刃口
S	倒圆且倒棱刃口

9.切削刃方向

R	右切
L	左切
N	左右切

10.制造商选择代号(断屑槽型)

刀片的国际编号通常由前九位编号组成(包括八位、九位编号，仅在需要时标出)。此外，制造商根据需要可以增加编号

| −CF | −TF | −TM | −TMR | −SF |
| −SM | −SMF | −25P | −27 | −42 |

C	N	M	G	12
1	2	3	4	5

1. 刀片形状

- A 85°
- B 82°
- K 55°
- H 120°
- L 90°
- O 135°
- P 108°
- C 80°
- D 55°
- E 75°
- M 86°
- V 35°
- R —
- S 90°
- T 60°
- W 80°

2. 刀片后角

	α
A	3°
B	5°
C	7°
D	15°
E	20°
F	25°
G	30°
N	0°
P	11°
O	特殊

3. 精度代号（包括刀片的厚度，内切圆公差）

	d/mm	m/mm	s/mm	d=6.35/9.525	d=12.7	d=15.8/19.05
A	±0.025	±0.005	±0.025	•		
C	±0.025	±0.013	±0.025	•	•	
E	±0.025	±0.025	±0.025	•	•	•
F	±0.013	±0.005	±0.025	•	•	
G	±0.025	±0.025	±0.130	•	•	•
H	±0.013	±0.013	±0.025	•		
J	±0.050	±0.005	±0.025			
	±0.080	±0.005	±0.025			
	±0.100	±0.005	±0.025			
K	±0.050	±0.13	±0.025			
	±0.080	±0.13	±0.025			
	±0.100	±0.13	±0.025			
M	±0.05	±0.08	±0.13			
	±0.08	±0.13	±0.13			
	±0.10	±0.015	±0.13			
N	±0.05	±0.08	±0.025			
	±0.08	±0.13	±0.025			
	±0.10	±0.15	±0.025			
U	±0.08	±0.13	±0.13			
	±0.13	±0.20	±0.13			
	±0.18	±0.27	±0.13			

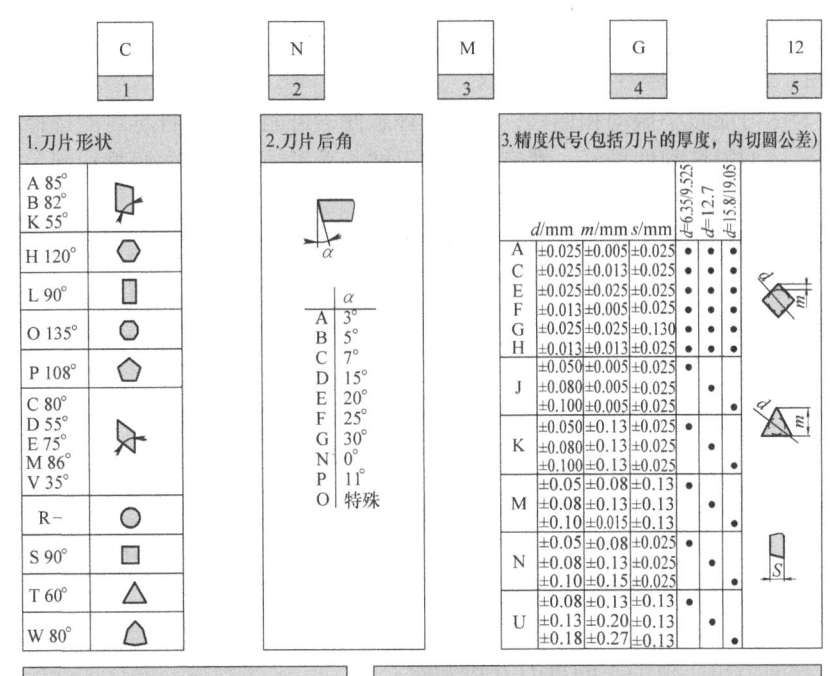

4. 断屑槽及夹固形式

- R 无中心孔
- Q 圆柱孔+双面倒角40°~60°
- F 无中心孔
- C 圆柱孔+双面倒角70°~90°
- N 无中心孔
- G 圆柱孔
- A 圆柱孔
- T 圆柱孔+单面倒角40°~60°
- M 圆柱孔
- H 圆柱孔+单面倒角70°~90°
- U 圆柱孔+双面倒角40°~80°
- W 圆柱孔+单面倒角40°~60°
- J 圆柱孔+双面倒角70°~90°
- B 圆柱孔+单面倒角70°~90°
- X 特殊设计

5. 切削刃长

d/mm	C	D	R	S	T	V	W
5.56	05	-		05	09		03
6.0	-		06				
6.35	06	07	-	06	11	11	04
6.65	-						
7.94	07			07			
8.0			08				
9.525	09	09	-	09	16	16	06
10.0	-		10				
12.0	-		12				
12.7	12	15	-	12	22	22	08
15.875	15			15	27		10
16.0	-		16				
16.74	16		-	16			
19.05	19		-	19	33		13
20.0	-		20				
25.0	25			25			

（2）径向槽加工　车削外圆和切槽时用的外切槽刀如图1-2所示。

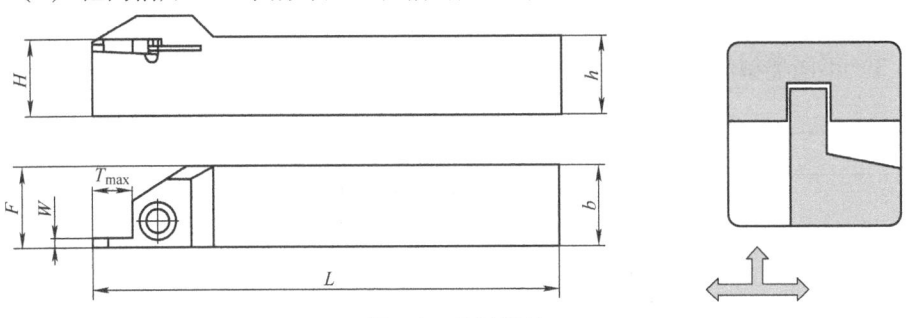

图1-2　外切槽刀

1) 刀具选择与安装。

① 根据加工工艺选择切槽刀时，需考虑切削宽度（刀片宽度）、断屑槽类型、圆角半径、硬质合金牌号等各项参数。

② 为尽可能减小振动和偏移，应使刀杆悬伸尽可能小，刀杆尽可能选择大尺寸。

③ 整体型刀杆刚性最好，螺钉式切槽刀推荐采用轴向和径向浅槽切削，如图1-3所示。

④ 为得到垂直加工表面，减小振动，刀具和工件中心线成90°，如图1-4所示。

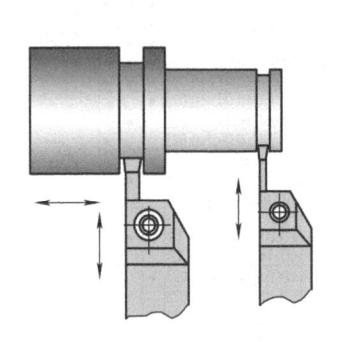

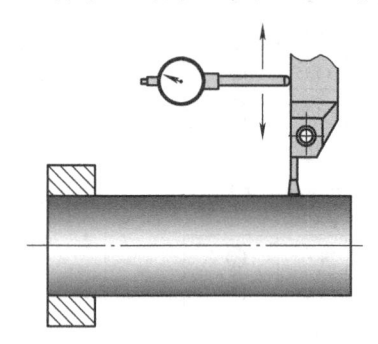

图1-3　螺钉式切槽刀的加工场合

图1-4　刀具和工件中心线成90°

2) 径向槽粗、精加工的进刀方式见表1-6。

表1-6　径向槽粗、精加工的进刀方式

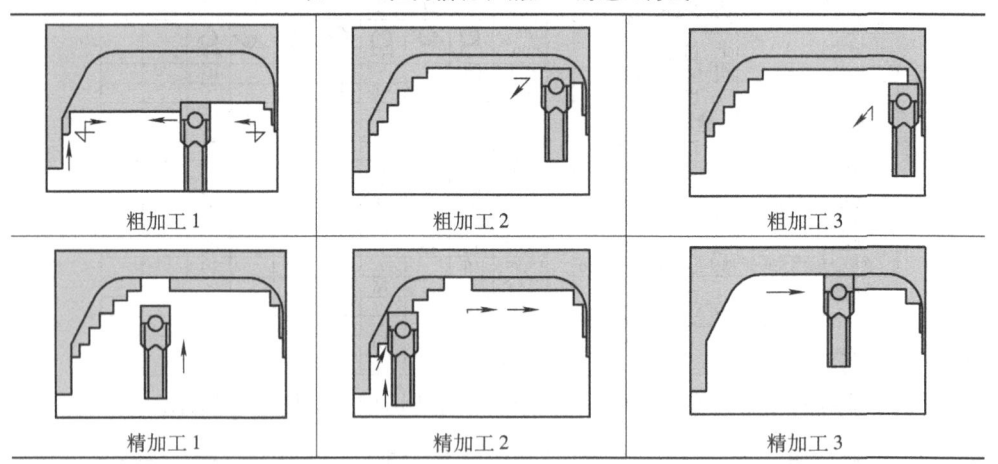

粗加工1	粗加工2	粗加工3
精加工1	精加工2	精加工3

3) 不同类型沟槽的加工方法见表1-7。

表1-7　不同类型沟槽的加工方法

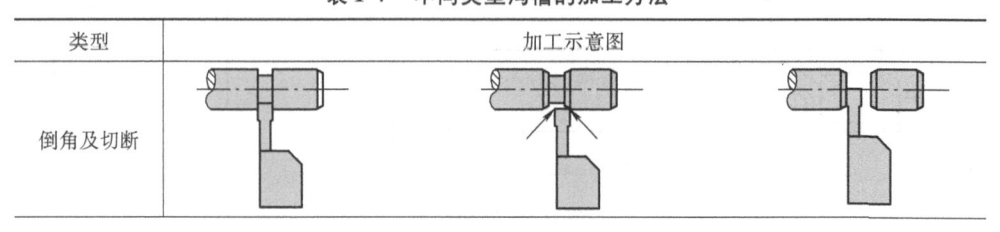

类型	加工示意图
倒角及切断	

(续)

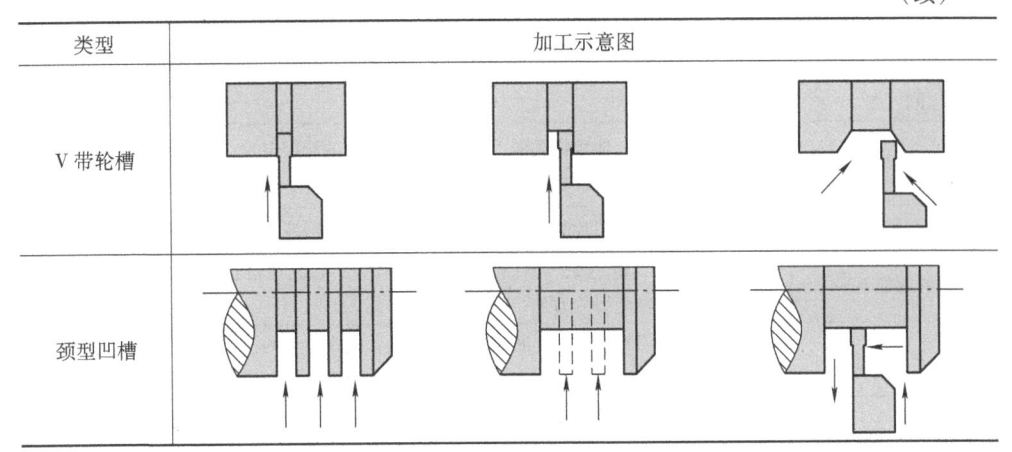

类型	加工示意图
V带轮槽	
颈型凹槽	

4) 槽宽大于刀片宽度的加工方法见表1-8。

表1-8　槽宽大于刀片宽度的加工方法

1. 多次车槽加工 多次使用刀片全刃宽加工，以获得最佳的切屑控制，并延长刀片使用寿命，线加工1、2、3，满槽。接下来是4和5两次加工，对于4和5的加工，余量的宽度应不小于刀片宽度的0.8倍	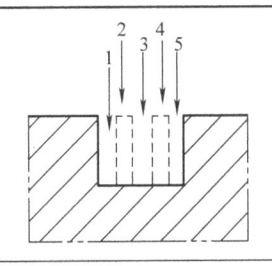
2. 车槽和车削相结合 对于小直径和夹持不稳定的工件，这种轴向车槽的方法最有利于消除振动。在水平进给时，刀片的背吃刀量应通常为刀片宽度的60%~70%，双向车削时有利于刀口两侧均匀磨损，延长刀具使用寿命	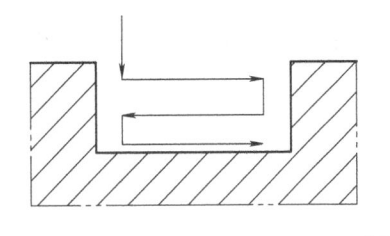
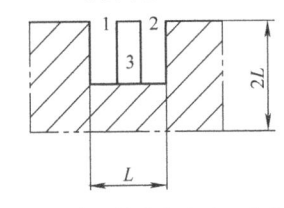 当槽的深度远远大于槽的宽度时，多次车槽加工是最好的加工方法	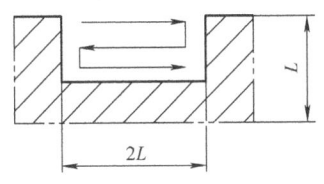 当槽的宽度远远大于槽的深度时，车槽和车削相结合加工的方法比较容易，而且加工速度也比较快

5）径向槽切削加工中的疑难解析见表1-9。

表1-9 径向槽切削疑难解析

问 题	措 施
毛刺	调整刀尖高度；使用锋利的刀具；使用正前角的涂层刀片；加工不同的工件材料时，应使用正确的刀片材质；刀片的断屑槽型应正确；改变刀具路径
表面质量差	提高切削速度；刀片的断屑槽型应正确；提高切削液流量；消除振动
槽的底部不平	使用锋利的刀具；减少刀杆悬伸（提高刚性）；在到达槽底时，减少刀具的进给量；使用具有修光刃的刀片；调整刀尖中心高
切屑控制差	使用锋利的刀具；刀片的断屑槽型应正确；检查刀具的找正基准和垂直度；使用大流量的切削液进行冷却；在最开始切削时，间歇进给，使切屑控制在沟槽内
尖叫声	尽可能靠近夹具进行加工；减少刀杆悬伸；提高夹紧程度，检查刀具安装；改变转速；提高进给量
振动	减少刀具和工件的悬伸量；调整切削速度（通常先尝试提高）；调整进给量（通常先尝试提高）；调整刀尖高度
刀片崩刃	使用的刀片应具有更大的刀尖圆角；在切削边界处减少进给速度；消除振动；提高切削速度；增大刀杆的安装刚性
积屑瘤	提高切削速度；减少进给速度；增大切削液流量，采用油基切削液

三、程序编制

选择工件的左右端面回转中心作为编程原点，其加工程序见表1-10。

表1-10 职业技能鉴定样例1 参考程序

FANUC 0i 系统程序	程序说明	华中系统程序
O0001；	程序名	O0001；
T0101；	换1号外圆车刀	T0101；
M03 S800；	主轴正转，转速为800r/min	M03 S800；
G0 X80 Z2 M8；	到达目测检验点	G0 X80 Z2 M8；
G73 U25 W0 R15；	粗加工循环	；G71 U1.5 R0.5 P1 Q2 X0.3 Z0.05 F0.2；
G73 P1 Q2 U0.15 W0.05 F0.2；		
N1 G0 X15；	加工轮廓循环	N1 G0 X15；
G1 Z0 F0.1；		G1 Z0 F0.1；
X20 C1.5；		X20 C1.5；
Z-4；		Z-4；
X24.8 C1.5；		X24.8 C1.5；
Z-24；		Z-24；
X32 C0.3；		X32 C0.3；

(续)

FANUC 0i 系统程序	程序说明	华中系统程序
Z-27;	加工轮廓循环	Z-27;
X39.47;		X39.47;
G3 X32.5 Z-38.21 R12;		G3 X32.5 Z-38.21 R12;
G2 X34.13 Z-44.62 R4;		G2 X34.13 Z-44.62 R4;
G1 X50 Z-49;		G1 X50 Z-49;
Z-71;		Z-71;
X58 C0.3;		X58 C0.3;
Z-88;		Z-88;
N2 X82;		N2 X82;
G0 X150 Z150;	退回安全位置	G0 X150 Z150;
M9 M5 M0;	程序暂停，测量	M9 M5 M30;
T0101;	设定精加工转速	
M3 S2000 M8;		
G0 X82 Z2;	到达目测检测点	
G70 P1 Q2;	精加工循环	
G0 X150 Z150;	退回安全位置	
T0202;	换外槽车刀（刀宽3mm）	T0202;
M3 S1000;		M3 S1000;
G0 X82 Z2;	加工外槽	G0 X82 Z2;
Z-71;		Z-71;
G1 X35 F0.1;		G1 X35 F0.1;
X80;		X80;
Z-68;		Z-68;
X35;		X35;
X80;		X80;
Z-65;		Z-65;
X46;		X46;
X80;		X80;
Z-63;		Z-63;
X46;		X46;
X80;		X80;
Z-60;		Z-60;
X32;		X32;

(续)

FANUC 0i 系统程序	程序说明	华中系统程序
X80；		X80；
Z-57；		Z-57；
X32；		X32；
X80；		X80；
G0 Z-62.5；		G0 Z-62.5；
X48；		X48；
G1 X46 F0.1；		G1 X46 F0.1；
G2 X41 Z-60 R2.5；		G2 X41 Z-60 R2.5；
G0 X48；		G0 X48；
Z-65.5；		Z-65.5；
G1 X46 F0.1；	加工外槽	G1 X46 F0.1；
G3 X41 Z-68 R2.5；		G3 X41 Z-68 R2.5；
G0 X150；		G0 X150；
Z-86.5；		Z-86.5；
X60；		X60；
G1 X36 F0.1；		G1 X36 F0.1；
X60；		X60；
Z-81；		Z-81；
X36；		X36；
X60；		X60；
Z-83；		Z-83；
X36；		X36；
X80；		X80；
G0 X150 Z150；	退回安全位置，换外螺纹车刀	G0 X150 Z150；
T0303；		T0303；
M3 S1000；		M3 S1000；
G0 X28 Z2；		G0 X28 Z2；
G92 X24.8 Z-21 F1.5；		G82 X24.8 Z-21 F1.5；
X24.3；	加工外螺纹	X24.3；
X23.9；		X23.9；
X23.5；		X23.5；
X23.2；		X23.2；
X23.05；		X23.05；

（续）

FANUC 0i 系统程序	程序说明	华中系统程序
G0 X150 Z150;	程序结束	G0 X150 Z150;
M5 M30;		M5 M30;
O0002;	程序名	O0002;
T0404;	换车孔刀	T0404;
M3 S600;	主轴正转，转速为 600r/min	M3 S600;
G0 X18 Z2 M8;	粗加工循环	G0 X18 Z2 M8;
G71 U1.0 R0.5;		; G71 U1.0 R0.5 P1 Q2 X - 0.3 Z0.05 F0.2;
G71 P1 Q2 U-0.3 W0.05 F0.2;		
N1 G0 X42.6;		N1 G0 X42.6;
G1 Z0 F0.1;		G1 Z0 F0.1;
X42 Z-0.3;		X42 Z-0.3;
G1 Z-5;	加工轮廓描述	G1 Z-5;
G1 X30 R4;		G1 X30 R4;
G1 Z-26;		G1 Z-26;
X20;		X20;
Z-30;		Z-30;
N2 X18;		N2 X18;
G0 X150 Z150;	退回安全位置	G0 X150 Z150;
M5 M9 M0;	程序暂停	M5 M9 M30;
T0404;		
M3 S1800 M8;	设定精加工转速	
G0 X18 Z2;	到达目测检验点	
G70 P1 Q2;	精加工循环	
G00 Z150;	退回安全位置	
T0101 M3 S1000;	换外圆车刀	T0101 M3 S1000;
G00 X82 Z2;	到达目测安全位置	G00 X82 Z2;
G71 U2.0 R0.5;	粗加工循环	; G71 U1.0 R0.5 P100 Q200 X0.5 Z0.05 F0.2;
G71 P100 Q200 U0.5 W0.05 F0.2;		
N100 G0 X56;		N100 G0 X56;
Z0;	加工轮廓描述	Z0;
G1 X60 C0.3;		G1 X60 C0.3;
Z-14;		Z-14;

(续)

FANUC 0i 系统程序	程序说明	华中系统程序
X66;	加工轮廓描述	X66;
Z-28;		Z-28;
X78 R4;		X78 R4;
Z-36.5;		Z-36.5;
N200 X82;		N200 X82;
G0 X150 Z150;	退回安全位置	G0 X150 Z150;
M9 M5 M0;	程序暂停,测量	M9 M5 M30;
T0101;	设定精加工转速	
M3 S2000 M08;		
G0 X82 Z2;	到达目测检验点	
G70 P100 Q200;	精加工循环	
G0 X100 Z100;	退回安全位置	
T0202 M3 S600;	换外槽车刀（刀宽3mm）	T0202 M3 S600;
G0 X80 Z2;	加工外槽	G0 X80 Z2;
Z-14;		Z-14;
G1 X42 F0.1;		G1 X42 F0.1;
X70;		X70;
Z-11;		Z-11;
X42;		X42;
X70;		X70;
Z-24;		Z-24;
X66;		X66;
G2 X46 Z-14 R10;		G2 X46 Z-14 R10;
G1 X70;		G1 X70;
Z-6;		Z-6;
G3 X50 Z-11 R5;		G3 X50 Z-11 R5;
G0 X80;		G0 X80;
G0 X100 Z100;	程序结束	G0 X100 Z100;
M5 M30;		M5 M30;

四、样例小结

在数控编程过程中，针对不同的数控系统，其数控程序的开始程序段和结束程序段是相对固定的，包括一些机床信息，如机床回零、工件零点设定、主轴起动、切削液开启等。因此，在实际编程过程中，通常将数控程序的开始程序段和结束程序段编写成相对固定的格式，从而减少编程工作量。

在实际编程过程中，由于程序段号在手工输入过程中会自动生成。因此，程序段号可省略不写。在数控等级工考试中是单件生产，为了方便对程序进行调试和修改，建议将各部分加工内容编写成单独程序，例如，本例中可将内轮廓和外轮廓的加工程序分开。

对于径向槽的加工，合理的切槽刀刀宽是提高效率的基本保障，控制刀具的加工方向是保证尺寸精度合格的有效措施，并能提高刀具的使用寿命。

职业技能鉴定样例2　异形槽螺纹轴零件的加工

考核目标
1. 正确选择可转位车刀及刀片。
2. 正确使用仿形刀具。
3. 掌握端面槽加工的方法。
4. 掌握加工工艺的编制方法。

一、考核要求及准备

1. 总体要求

按零件图（图2-1）完成加工操作，本题分值为100分，考核时间为180min。

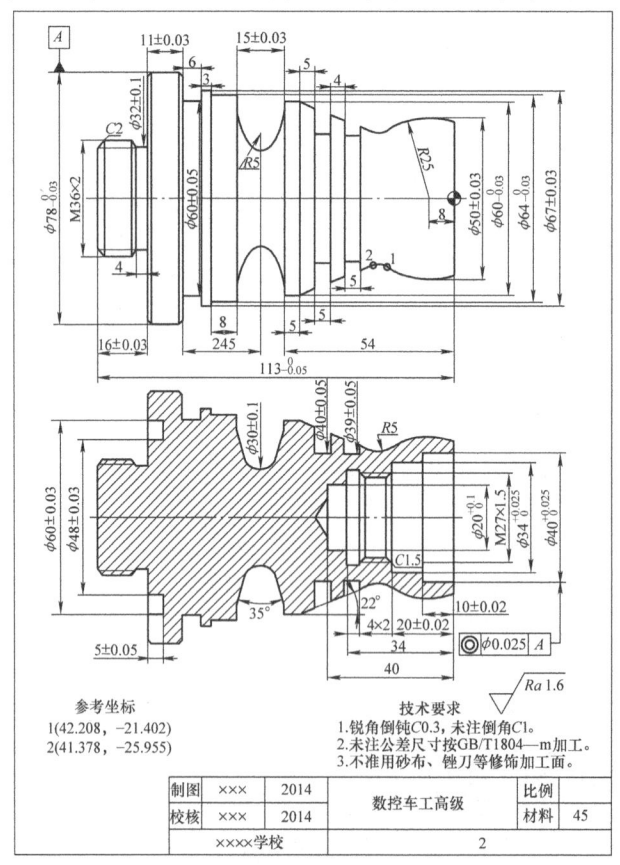

图2-1　零件图

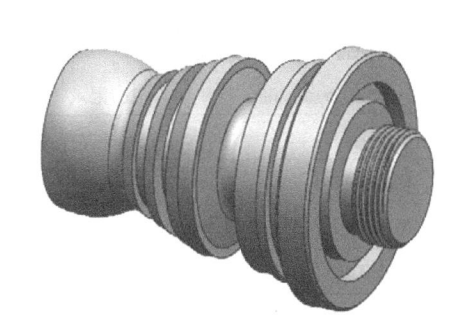

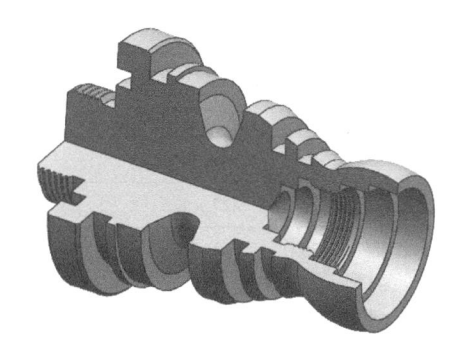

图 2-1 零件图（续）

2. 评分标准（表 2-1）

表 2-1 职业技能鉴定样例 2 评分表　　　　　　　　　（单位：mm）

工件编号					总得分		
项目与配分		序号	技术要求	配分	评分标准	检测记录	得分
工件加工评分（100）	外形轮廓（56）	1	$\phi 78_{-0.03}^{0}$	4	超差 0.01 扣 1 分		
		2	$\phi 67 \pm 0.03$	4	超差 0.01 扣 1 分		
		3	$\phi 64_{-0.03}^{0}$	4	超差 0.01 扣 1 分		
		4	$\phi 60_{-0.03}^{0}$	4	超差 0.01 扣 1 分		
		5	$\phi 50 \pm 0.03$	3	超差 0.01 扣 1 分		
		6	$\phi 30 \pm 0.1$	2	超差 0.01 扣 1 分		
		7	切槽 $\phi 32 \pm 0.1$	2	超差 0.01 扣 1 分		
		8	切槽 $\phi 60 \pm 0.05$	3	超差 0.01 扣 1 分		
		9	切槽 $\phi 40 \pm 0.05$	3	超差 0.01 扣 1 分		
		10	切槽 $\phi 39 \pm 0.05$	3	超差 0.01 扣 1 分		
		11	$M36 \times 2$	5	超差全扣		
		12	同轴度 $\phi 0.025$	4	超差 0.01 扣 1 分		
		13	$113_{-0.05}^{0}$	4	超差 0.01 扣 1 分		
		14	16 ± 0.03	3	超差 0.01 扣 1 分		
		15	11 ± 0.03	3	超差 0.01 扣 1 分		
		16	15 ± 0.03	3	超差 0.01 扣 1 分		
		17	$R25$，$2 \times R5$	2	超差 0.01 扣 1 分		
	内轮廓（34）	18	$\phi 60 \pm 0.03$	4	超差 0.01 扣 1 分		
		19	$\phi 48 \pm 0.03$	4	超差 0.01 扣 1 分		
		20	$\phi 40_{0}^{+0.025}$	4	超差 0.01 扣 1 分		
		21	$\phi 34_{0}^{+0.025}$	4	超差 0.01 扣 1 分		
		22	$\phi 20_{0}^{+0.1}$	2	超差 0.01 扣 1 分		

(续)

工件编号					总得分			
项目与配分		序号	技术要求	配分	评分标准		检测记录	得分
工件加工评分（100）	内轮廓（34）	23	内沟槽 4×2	2	超差全扣			
		24	M27×1.5	5	超差全扣			
		25	5±0.05	3	超差 0.01 扣 1 分			
		26	20±0.02	3	超差 0.01 扣 1 分			
		27	10±0.02	3	超差 0.01 扣 1 分			
	其他（10）	28	$Ra1.6\mu m$	3	每错一处扣 1 分			
		29	自由尺寸	2	每错一处扣 0.5 分			
		30	倒角，锐角倒钝	1	每错一处扣 0.5 分			
		31	工件按时完成	2	未按时完成全扣			
		32	工件无缺陷	2	缺陷一处扣 2 分			
程序与工艺		33	程序与工艺合理	倒扣	每错一处扣 2 分			
机床操作		34	机床操作规范		出错一次扣 2~5 分			
安全文明生产		35	安全操作		停止操作或酌情扣 5~20 分			

3. 准备清单

1）材料准备（表 2-2）。

表 2-2　材料准备

名　称	规　格	数　量	要　求
45 钢	$\phi 80mm \times 115mm$	1 件/考生	车平两端面，去毛刺

2）工具、量具、刃具的准备参照表 1-4。

二、工艺分析及相关知识

1. 图样分析

1）图形分析：从工件图样上看，图形并不复杂。工件的加工要素为孔、内螺纹、外螺纹、径向槽、圆弧槽、端面槽、外轮廓曲线等。工件的考核点很多，有难度的考核点是端面槽尺寸的控制和 35°圆弧槽的加工。

2）精度分析：加工尺寸公差等级多数为 IT7，表面粗糙度值均为 $Ra1.6\mu m$，要求较高。主要的位置精度为同轴度要求。

2. 工艺分析

装夹方式和加工内容见表 2-3。

表 2-3 加工工艺流程表

工序	操作项目图示	操作内容及注意事项
1	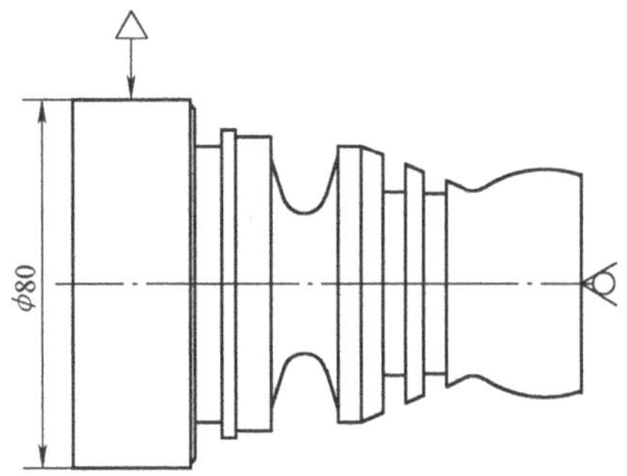 φ80	按左图图示装夹工件，采用一夹一顶方式 1）车平端面，钻中心孔 2）车削外轮廓 3）车削外径向槽 4）车削异形槽
2	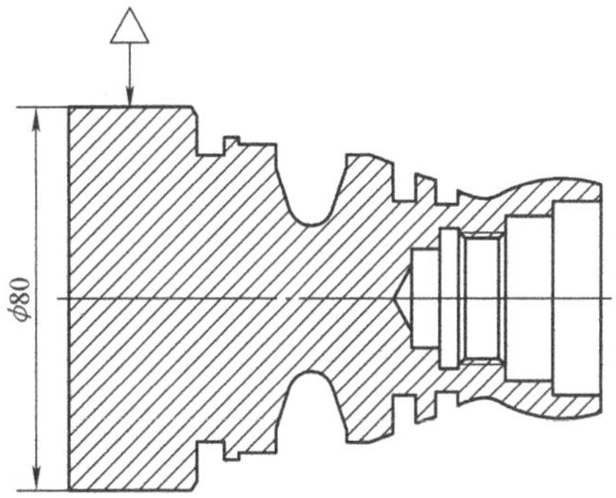 φ80	按左图图示装夹工件 1）钻孔 2）车孔 3）车削内沟槽 4）车削内螺纹
3	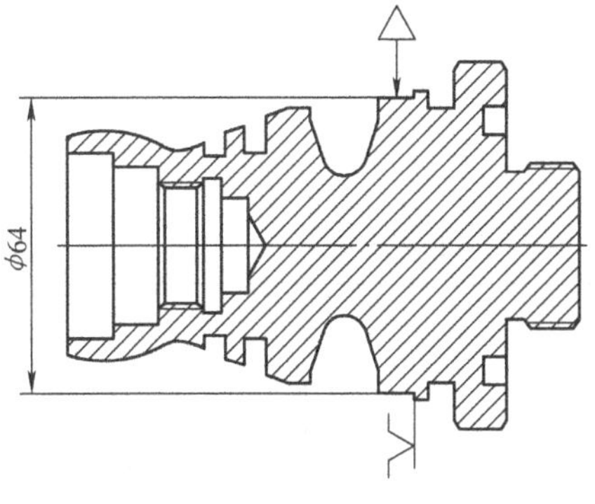 φ64	按左图图示装夹工件 1）车平端面，保证总长 2）车削外轮廓 3）车削外径向槽 4）车削外螺纹 5）车削端面槽

3. 相关知识

（1）仿形加工 仿形加工即仿照模型轮廓或依据有关轮廓的数据，通过随动系统控制加工工具或工件的运动轨迹，加工出有同样轮廓形状工件的加工方法。图 2-2 所示为用圆弧外圆车刀进行仿形加工。

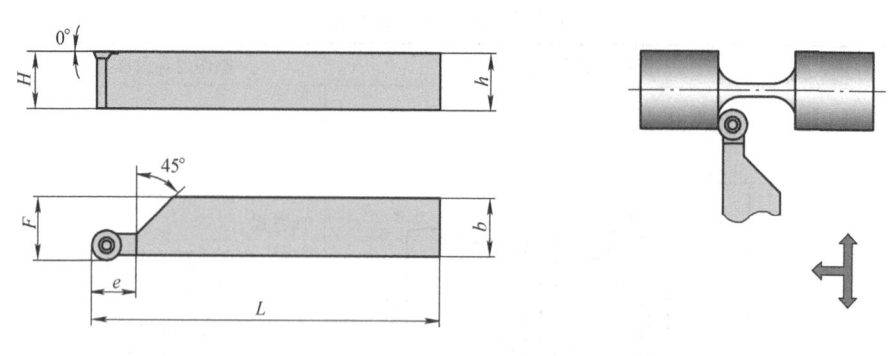

图 2-2 仿形用外圆车刀

（2）端面槽加工　车一般外沟槽时，因切槽刀是外圆切入，其几何形状与切断刀基本相同，车刀两侧副后角相等，车刀左右对称。但车端面槽时，车刀的一侧刀尖点处于车孔状态，为了避免车刀与工件沟槽的较大圆弧面相碰，此刀尖处的副后刀面必须根据端面槽圆弧的大小磨成圆弧形，并保证一定的后角，如图 2-3 所示。

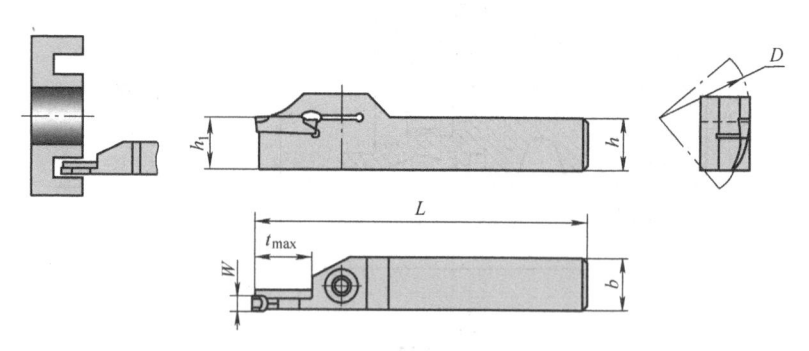

图 2-3　端面槽车刀

1）刀具选择与安装要求见表 2-4。

表 2-4　刀具选择与安装要求

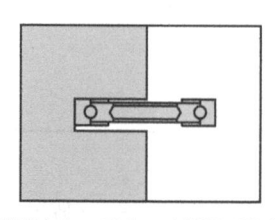 根据切削宽度与加工形状，选择尽可能宽的刀片	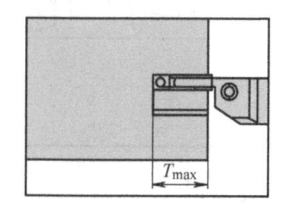 根据所要求的最大加工深度，选择最短的悬伸刀杆

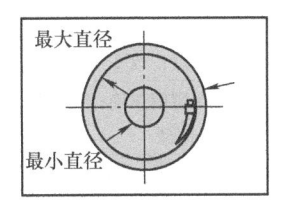

在切端面时,根据加工直径范围及刀具首次切削直径,选择正确的刀具

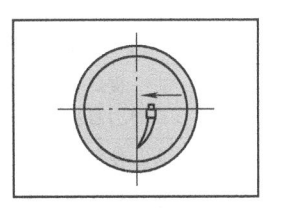

加工前对刀时,应使刀尖略低于工件中心线

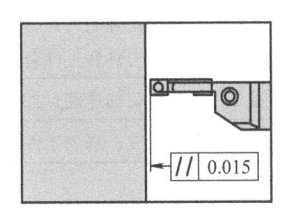

检查切削刃与加工平面,正确的位置能保证在端面两个方向上车削表面的加工质量

当选择刀杆时,在可能的情况下尽量从端面槽的最大直径外切入,逐渐切向小的直径。这样,刀具达到最好的使用效果。端面槽首切的外径必须在车刀杆所允许切入的最大直径和最小直径值之间,如图2-4所示,这样能使刀杆切入时在刀具和工件之间有间隙。

2)切削控制。调整切削速度和进给量,以获得最好的切屑形状,并保证切屑从槽中顺利排出。挤屑会造成槽表面加工质量变差、刀具折断并缩减刀具寿命。

3)刀具设置。应当尽量对准刀尖高,可略低于工件中心线,从而避免产生大的毛刺,也可将刀杆与工件表面摆成90°。

4)扩宽端面槽。当首刀切入后,可以使用相同的刀具向工件中心或外径进刀将端面槽扩宽。最好的加工方法是从外径向内径切去,如图2-5所示。

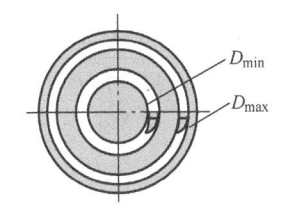

图2-4 端面槽首切要求图

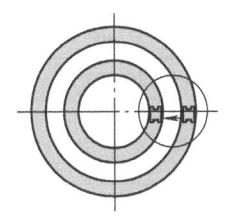

图2-5 扩宽端面槽

5)端面槽切削加工中的疑难解析见表2-5。

表 2-5　端面槽切削疑难解析

问题	措　施
毛刺	调整刀尖高度；使用锋利的刀具；使用正前角的涂层刀片；加工不同的工件材料时，应使用正确的刀片材质；刀片的断屑槽型应正确；改变刀具路径
表面质量差	提高切削速度；使用锋利的刀具；刀片的断屑槽型应正确；提高切削液流量；调整刀具设置（悬伸、刀杆尺寸）；使用正确的刀片槽型
槽的底部不平	使用锋利的刀具；减少刀杆悬伸（提高刚性）；在到达槽底时，减少刀具的进给量；使用具有修光刃的刀片；调整刀尖中心高
切削控制差	使用锋利的刀具；提高切削液浓度；调整进给率（通常先尝试提高）
振动	减少刀具和工件的悬伸量；调整切削速度（通常先尝试提高）；调整进给量（通常先尝试提高）；调整刀尖高度
刀片崩刃	针对不同的工件材料，使用正确的刀片材质；提高切削速度；降低进给速度；使用韧性更好的刀片材质；提高刀具和工件装夹的刚性
积屑瘤	使用正前角涂层刀片；提高切削速度；加大切削液流量或浓度
槽不直	检查刀具是否与工件垂直安放；减少工件和刀具的悬伸量；使用锋利的刀具

三、程序编制

选择工件的左、右端面回转中心作为编程原点，其加工程序见表 2-6。

表 2-6　职业技能鉴定样例 2 参考程序

FANUC 0i 系统程序	程序说明	华中系统程序
O0001；	程序名	O0001；
T0101；	换 1 号外圆车刀	T0101；
M03 S800；	主轴正转，转速为 800r/min	M03 S800；
G0 X80 Z2 M8；	到达目测检验点	G0 X80 Z2 M8；
G73 U20 W0 R15；	粗车轮廓循环	G71 U1.0 R0.5 P10 Q20 X0.15 Z0.05 F0.2；
G73 P10 Q20 U0.15 W0.05 F0.2；		
N10 G0 X47.37；	加工轮廓描述	N10 G0 X47.37；
G1 Z0 F0.1；		G1 Z0 F0.1；
G3 X42.208 Z-21.402 R25；		G3 X42.208 Z-21.402 R25；
G2 X41.378 Z-25.955 R5；		G2 X41.378 Z-25.955 R5；
G1 X60 Z-49；		G1 X60 Z-49；
Z-69；		Z-69；
X64 C0.3；		X64 C0.3；
Z-77；		Z-77；
X67 C0.3；		X67 C0.3；
Z-86；		Z-86；

职业技能鉴定样例2　异形槽螺纹轴零件的加工

（续）

FANUC 0i 系统程序	程序说明	华中系统程序
X78 C0.3;	加工轮廓描述	X78 C0.3;
N20 X80;		N20 X80;
G0 X150 Z150;	退回安全位置 程序暂停，测量	G0 X150 Z150;
M9;		M9;
M5 M0;		M5 M30;
T0101;	设定精加工转速	
M3 S2000 M8;		
G0 X80 Z2;	到达目测检验点	
G70 P10 Q20;	精加工循环	
G0 X150 Z150;	退回安全位置 程序暂停	
M5 M9;		
M0;		
T0202;	换外槽车刀（刀宽3mm）	T0202;
M3 S600;		M3 S600;
G0 X80 Z2 M8;	加工外槽	G0 X80 Z2 M8;
Z-44;		Z-44;
G1 X40 F0.1;		G1 X40 F0.1;
X80;		X80;
Z-42;		Z-42;
X40;		X40;
X80;		X80;
G0 X150 Z150;	退回安全位置 程序暂停 换外槽车刀（刀宽3mm）	G0 X150 Z150;
M5 M9 M0;		M5 M9 M0;
T0202;		T0202;
M3 S600;		M3 S600;
G0 X80 Z2 M8;	加工外槽	G0 X80 Z2 M8;
G0 Z-35;		G0 Z-35;
G1 X39;		G1 X39;
X80;		X80;
Z-33;		Z-33;
X39;		X39;
X80;		X80;
G0 X150 Z150;	退回安全位置 程序暂停	G0 X150 Z150;
M5 M0;		M5 M0;

(续)

FANUC 0i 系统程序	程序说明	华中系统程序
T0202；	换外槽车刀（刀宽3mm）	T0202；
M3 S600；		M3 S600；
G0 X80 Z28；		G0 X80 Z28；
Z-86；		Z-86；
X60；		X60；
X80；	加工外槽	X80；
Z-83；		Z-83；
X60；		X60；
X80；		X80；
G0 X150 Z150；	退回安全位置	G0 X150 Z150；
M5 M0 M9；	程序暂停	M5 M0 M9；
T0303；	换球刀	T0303；
M3 S1000；	设定转速，到达目测检验点	M3 S1000；
G0 X80 Z-54 M8；		G0 X80 Z-54 M8；
G73 U15 W0 R10；	粗车轮廓循环	G71 U1.0 R0.5 P30 Q40 X0.3 Z0.05 F0.2；
G73 P30 Q40 U0.3 W0.05 F0.2；		
N30 G1 X60；		N30 G1 X60；
X54.32；		X54.32；
X36.99 Z-56.73；	加工轮廓描述	X36.99 Z-56.73；
G2 X36.99 Z-66.27 R5；		G2 X36.99 Z-66.27 R5；
G1 X54.32 Z-69；		G1 X54.32 Z-69；
X64；		X64；
N40 X80；		N40 X80；
G0 X150 Z150；	退回安全位置	G0 X150 Z150；
M5 M9 M0；	程序暂停	M5 M9 M30；
T0303；	设定精加工转速	
M3 S2000；		
G0 X80 Z-54；	到达目测安全位置	
G70 P30 Q40；	精加工循环	
G0 X150 Z150；	程序结束	
M5 M30；		
O0002；	程序名	O0002；

(续)

FANUC 0i 系统程序	程序说明	华中系统程序
T0404；	换车孔刀	T0404；
M3 S1000；	设定转速，到达目测检验点	M3 S1000；
G0 X18 Z2 M8；		G0 X18 Z2 M8；
G71 U1 R0.3；	粗车轮廓循环	G71 U1.0 R0.3 P10 Q20 X-0.3 Z0.05 F0.2；
G71 P10 Q20 U-0.3 W0.05 F0.2；		
N10 G0 X43；	加工轮廓描述	N10 G0 X43；
G1 Z0 F0.1；		G1 Z0 F0.1；
X40 C0.3；		X40 C0.3；
Z-10；		Z-10；
X34 C0.3；		X34 C0.3；
Z-20；		Z-20；
X25.5 C1.5；		X25.5 C1.5；
Z-34；		Z-34；
X20；		X20；
Z-40；		Z-40；
N20 X18；		N20 X18；
G0 Z150 X150；	退回安全位置 程序暂停	G0 Z150 X150；
M9 M5 M0；		M9 M5 M30；
T0404；	设定精加工转速	
M3 S2000 M8；		
G0 X18 Z2；	到达目测检测点	
G70 P10 Q20；		
G0 Z150 X150；	退回安全位置 程序暂停	
M5 M0 M9；		
T0505；	换内槽车刀（刀宽3mm）	T0505；
M3 S600；	加工内槽	M3 S600；
G0 X20 Z2 M8；		G0 X20 Z2 M8；
Z-34；		Z-34；
X29.5；		X29.5；
X20；		X20；
Z-33；		Z-33；
X29.5；		X29.5；
X20；		X20；

(续)

FANUC 0i 系统程序	程序说明	华中系统程序
Z-31.5;	加工内槽	Z-31.5;
X25.5;		X25.5;
X28.5 Z-33;		X28.5 Z-33;
X20;		X20;
G0 Z150;	退回安全位置	G0 Z150;
M5 M0 M9;	程序暂停	M5 M0 M9;
T0606;	换螺纹车刀	T0606;
M3 S800;	加工内螺纹	M3 S800;
G0 X24 Z2 M8;		G0 X24 Z2 M8;
G92 X26 Z-32 F1.5;		G82 X26 Z-32 F1.5;
X26.4;		X26.4;
X26.8;		X26.8;
X26.9;		X26.9;
X27;		X27;
G0 X150 Z150;	退回安全位置	G0 X150 Z150;
M5 M30;	程序结束	M5 M30;
O0003;	程序名	O0003;
T0101;	换 1 号外圆车刀	T0101;
M3 S800;	主轴正转,转速为 800r/min	M3 S800;
G0 X80 Z2 M8;	到达目测检验点	G0 X80 Z2 M8;
G71 U1 R0.5;	粗车轮廓循环	; G71 U1.0 R0.5 P10 Q20 X0.3 Z0.05 F0.2;
G71 P10 Q20 U0.3 W0.05 F0.2;		
N10 G1 X31.8 Z0 F0.1;	加工轮廓描述	N10 G1 X31.8 Z0 F0.1;
X35.8 Z-2;		X35.8 Z-2;
Z-10;		Z-10;
X32 Z-12;		X32 Z-12;
Z-16;		Z-16;
X78 C1;		X78 C1;
Z-27;		Z-27;
N20 X80;		N20 X80;
G0 X150 Z150;	退回安全位置	G0 X150 Z150;
M9 M5 M0;	程序暂停,测量	M9 M5 M30;

(续)

FANUC 0i 系统程序	程序说明	华中系统程序
T0101;	设定精加工转速	
M3 S2000 M8;		
G0 X80 Z2;	到达目测检测点	
G70 P10 Q20;	精加工循环	
G0 X150 Z150;	退回安全位置	
M5 M9 M0;	程序暂停	
T0707;	换外螺纹车刀	T0707;
M3 S800;	加工螺纹	M3 S800;
G0 X37 Z2 M8;		G0 X37 Z2 M8;
G92 X35.8 Z-13 F2;		G82 X35.8 Z-13 F2;
X34.8;		X34.8;
X34.2;		X34.2;
X33.8;		X33.8;
X33.6;		X33.6;
G0 X150 Z150;	退回安全位置	G0 X150 Z150;
M5 M0 M9;	程序暂停	M5 M0 M9;
T0808;	换端面槽车刀（刀宽4mm）	T0808;
M3 S600;	加工端面槽	M3 S600;
G0 X80 Z2;		G0 X80 Z2;
X60;		X60;
G1 Z-5 F0.1;		G1 Z-5 F0.1;
Z1;		Z1;
X58;		X58;
Z-5;		Z-5;
Z1;		Z1;
G0 Z150 X150;	程序结束	G0 Z150 X150;
M5 M30;		M5 M30;

四、样例小结

工件内凹轮廓的加工既要选择合理的指令，又要选择合理的加工刀具，刀具应具有一定的副偏角，防止刀具与工件干涉。35°圆弧槽采用圆弧外圆车刀进行加工，圆弧外圆车刀的圆弧应小于等于最小曲率半径。利用制图偏置功能计算出圆弧刀具轨迹，或采用刀具偏置功能来进行编程。

端面槽车刀的切削刃与加工平面有严格的平行度要求，如此才能保证在端面两个方向上车削表面的加工质量。

职业技能鉴定样例3　端面槽螺纹轴零件的加工

考核目标
1. 正确选择可转位车刀及刀片。
2. 掌握内、外螺纹的加工方法。
3. 掌握梯形槽的加工方法。
4. 掌握加工工艺的编制方法。

一、考核要求及准备

1. 总体要求

按零件图（图3-1）完成加工操作，本题分值为100分，考核时间为180min。

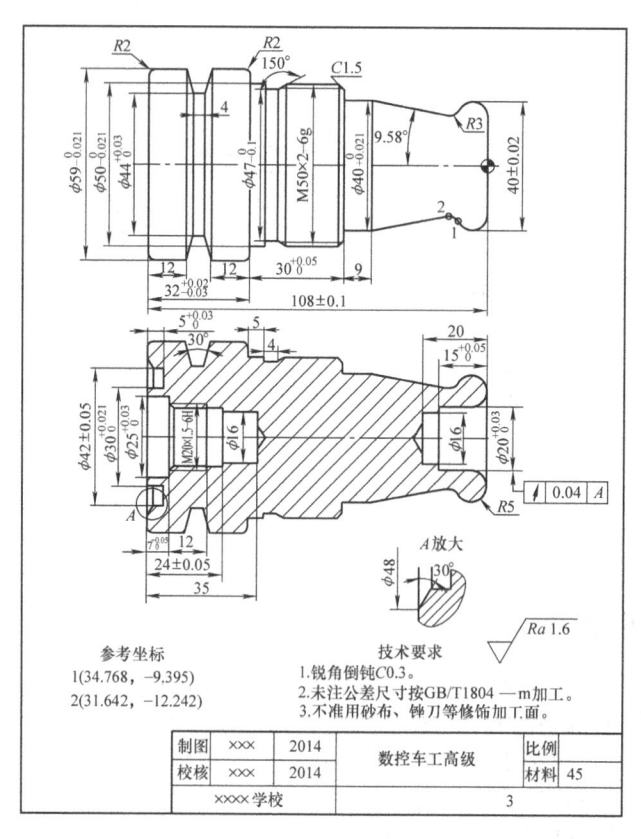

图3-1　零件图

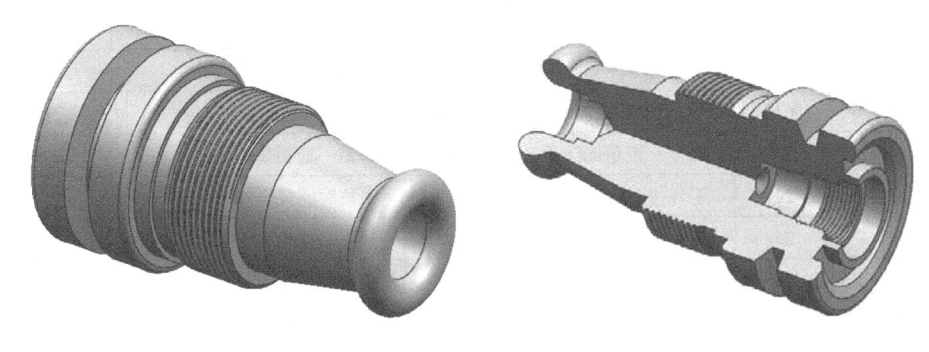

图 3-1 零件图（续）

2. 评分标准（表 3-1）

表 3-1 职业技能鉴定样例 3 评分表　　　　　　　　　（单位：mm）

工件编号					总得分		
项目与配分		序号	技术要求	配分	评分标准	检测记录	得分
工件加工评分（100）	外形轮廓（53）	1	$\phi 59_{-0.021}^{0}$	5	超差 0.01 扣 1 分		
		2	$\phi 50_{-0.021}^{0}$	5	超差 0.01 扣 1 分		
		3	$\phi 40_{-0.021}^{0}$	5	超差 0.01 扣 1 分		
		4	$\phi 40 \pm 0.02$	5	超差 0.01 扣 1 分		
		5	$M50 \times 2 - 6g$	6	超差全扣		
		6	切槽 $\phi 44_{0}^{+0.03}$	5	超差 0.01 扣 1 分		
		7	切槽 $\phi 47_{-0.1}^{0}$	3	超差 0.01 扣 1 分		
		8	圆跳动 0.04	4	超差 0.01 扣 1 分		
		9	$R5$，$R3$，$R2$	4	每错一处扣 1 分		
		10	108 ± 0.1	3	超差 0.01 扣 1 分		
		11	$32_{-0.03}^{+0.02}$	4	超差 0.01 扣 1 分		
		12	$30_{0}^{+0.05}$	4	超差 0.01 扣 1 分		
	内轮廓（37）	13	$\phi 42 \pm 0.05$	5	超差 0.01 扣 1 分		
		14	$\phi 30_{0}^{+0.021}$	5	超差 0.01 扣 1 分		
		15	$\phi 25_{0}^{+0.03}$	5	超差 0.01 扣 1 分		
		16	$\phi 20_{0}^{+0.03}$	5	超差 0.01 扣 1 分		
		17	24 ± 0.05	3	超差 0.01 扣 1 分		
		18	$7_{0}^{+0.05}$	4	超差 0.01 扣 1 分		
		19	$15_{0}^{+0.05}$	4	超差 0.01 扣 1 分		
		20	$M20 \times 1.5 - 6H$	6	超差全扣		
	其他（10）	21	$Ra1.6 \mu m$	3	每错一处扣 1 分		
		22	自由尺寸	2	每错一处扣 0.5 分		

(续)

工件编号				总得分			
项目与配分		序号	技术要求	配分	评分标准	检测记录	得分
工件加工评分（100）	其他(10)	23	倒角，锐角倒钝	1	每错一处扣0.5分		
		24	工件按时完成	2	未按时完成全扣		
		25	工件无缺陷	2	缺陷一处扣2分		
程序与工艺		26	程序与工艺合理	倒扣	每错一处扣2分		
机床操作		27	机床操作规范		出错一次扣2~5分		
安全文明生产		28	安全操作		停止操作或酌情扣5~20分		

3. 准备清单

1）材料准备（表3-2）。

表3-2 材料准备

名 称	规 格	数 量	要 求
45钢	$\phi60mm \times 110mm$	1件/考生	车平两端面，去毛刺

2）工具、量具、刃具的准备参照表1-4。

二、工艺分析及相关知识

1. 图样分析

1）图形分析：从工件图样上看，加工要素为孔、内螺纹、外螺纹、径向槽、梯形槽、端面槽、外轮廓曲线等。工件加工的难点是端面槽的加工和 $R5mm$ 圆弧轮廓的光滑连接。

2）精度分析：加工尺寸公差等级多数为 IT7，表面粗糙度值均为 $Ra1.6\mu m$，要求较高。主要的位置精度为内孔的圆跳动要求。

2. 工艺分析

装夹方式和加工内容见表3-3。

表3-3 加工工艺流程表

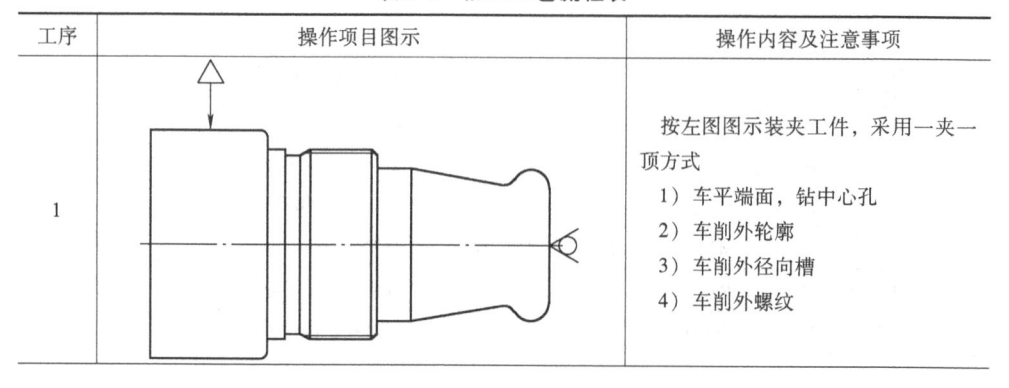

工序	操作项目图示	操作内容及注意事项
1		按左图图示装夹工件，采用一夹一顶方式 1）车平端面，钻中心孔 2）车削外轮廓 3）车削外径向槽 4）车削外螺纹

职业技能鉴定样例3　端面槽螺纹轴零件的加工　39

(续)

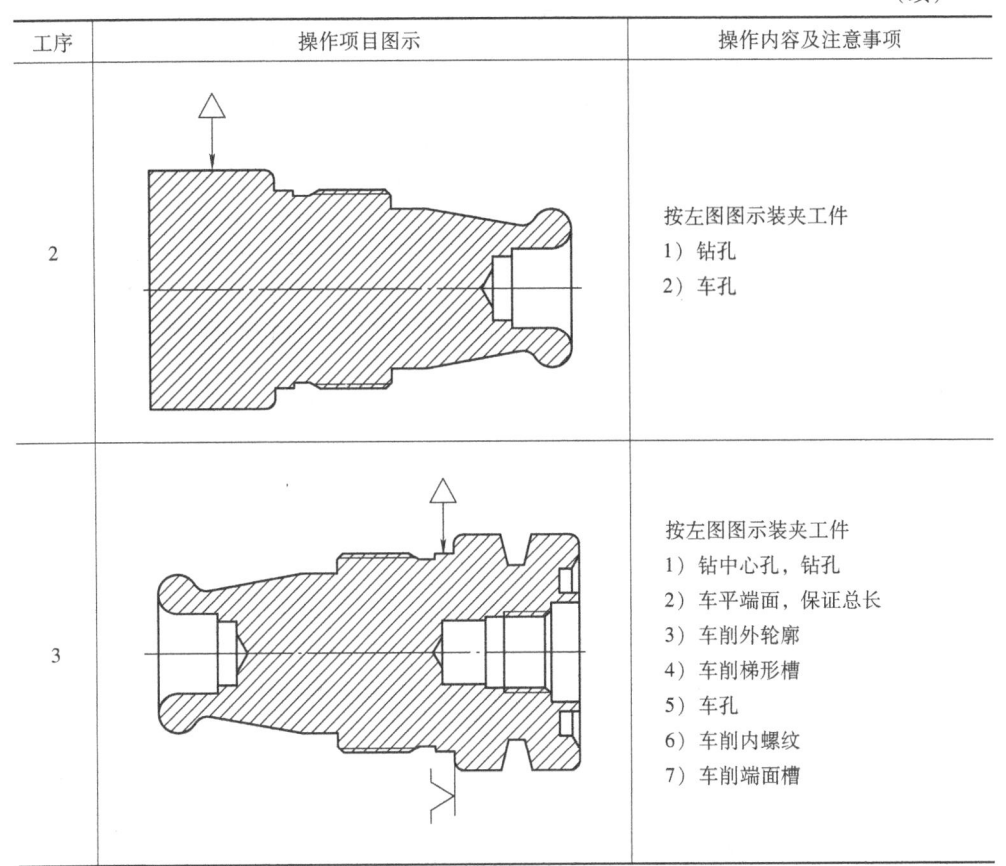

工序	操作项目图示	操作内容及注意事项
2		按左图图示装夹工件 1）钻孔 2）车孔
3		按左图图示装夹工件 1）钻中心孔，钻孔 2）车平端面，保证总长 3）车削外轮廓 4）车削梯形槽 5）车孔 6）车削内螺纹 7）车削端面槽

3. 相关知识

（1）选择合适的螺纹车刀　根据加工场合的不同选择合适的螺纹车刀至关重要，选择正确的螺纹车刀是保证顺利加工的重要前提。需要的参数包括：加工外螺纹还是内螺纹，主轴旋向和螺纹旋向，进给方向。

1）选择螺纹加工方法和刀具加工方向，如图3-2所示。

螺纹旋向：左旋或右旋。

刀柄和刀片的加工方向：左切或右切。

2）选择合适的刀片。选择时可参阅螺纹刀片的介绍。

为控制螺纹牙形和直径，可选择定螺距刀片，几乎不需要清除毛刺，并能最大地提高寿命，保证螺距的准确性。刀片的规格见表3-4。

表3-4　刀片的规格

刀片规格	型号	CPS20	WNS20	PMS20
16	16ELAG60	●	●	●
22	22ELN60	●	●	●

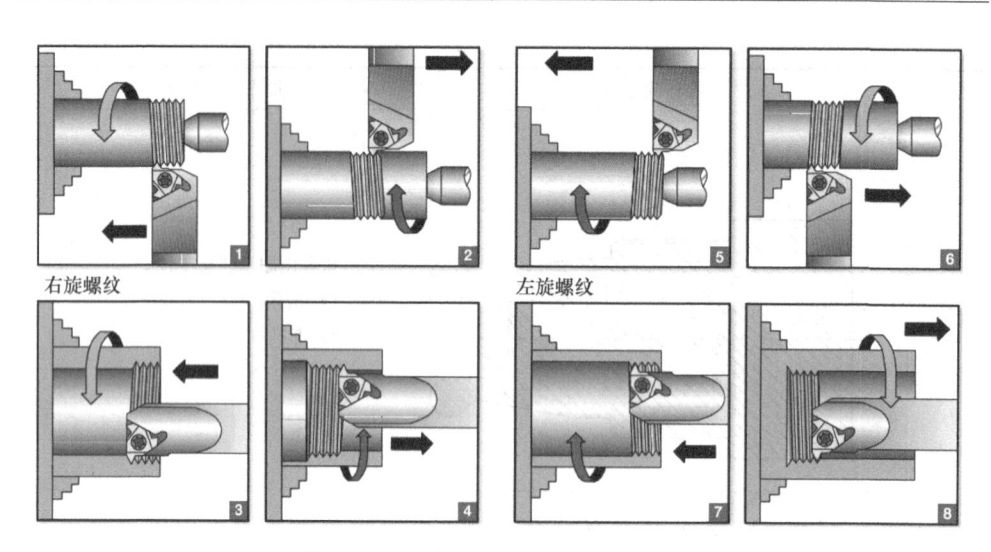

图 3-2 螺纹加工方法和刀具加工方向

3）选择刀片材质，见表 3-5。

表 3-5 刀片材质

材质 型号	P：钢	M：不锈钢	K：铸铁	N：有色金属	S：耐热合金	H：淬硬材料
CPS20	●					
WNS20				●		
PMS20	●	●			●	

4）选择刀柄。需要的参数包括：加工外螺纹还是内螺纹，最小孔径（内螺纹加工时），刀柄方向，刀片规格等。

（2）螺纹车刀的装夹方法　数控加工中常用内、外螺纹车刀，如图 3-3 所示，刀片材料一般为硬质合金或硬质合金涂层刀片。由于内螺纹车刀的大小受内螺纹底孔直径的限制，所以内螺纹车刀刀体的径向尺寸应比底孔直径小 3~5mm，否则退刀时易碰伤牙顶。内螺纹车刀除了其切削刃几何形状应具有外螺纹刀尖的几何形状特点外，还应具有内孔刀的特点。

1）装夹外螺纹车刀时，刀尖位置一般应对准工件中心（可根据尾座顶尖高度检查）。车刀刀尖角的对称中心线必须与工件轴线垂直，装刀时可用样板来对刀。如果把车刀装斜，就会导致牙型歪斜。刀头伸出不要过长，一般为刀杆厚度的 1.5 倍左右。

2）装夹内螺纹车刀时，应使刀尖对准工件中心，同时使两刃夹角中线垂直于工件轴线。实际操作中，必须严格按样板找正刀尖角，刀杆伸出长度稍大于螺纹长度，刀装好后应在孔内移动刀架至终点检查是否有碰撞。高速车螺纹时，为了防止

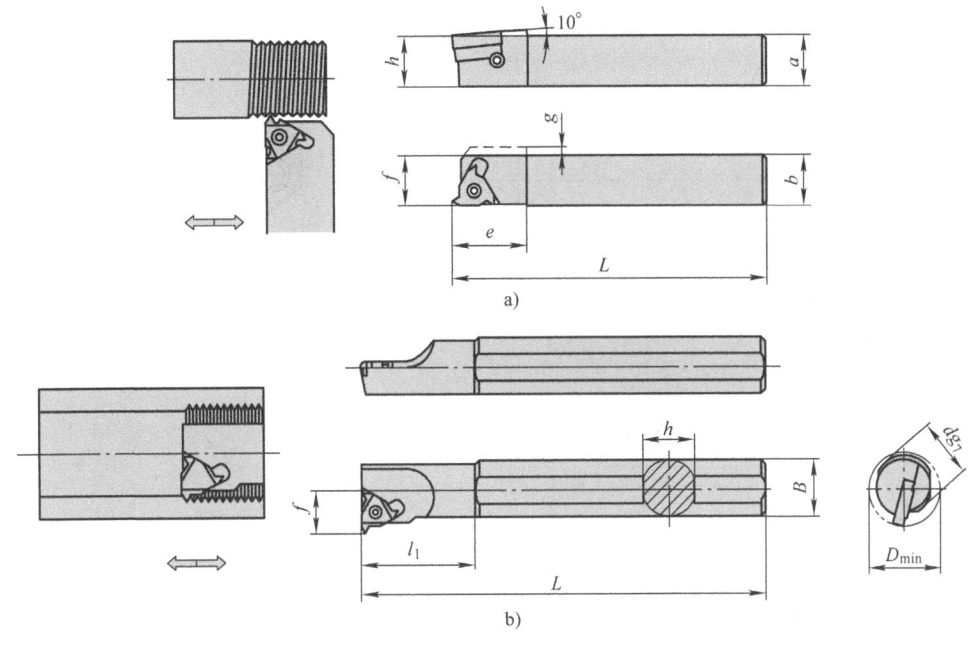

图 3-3 外、内螺纹车刀
a) 外螺纹车刀　b) 内螺纹车刀

振动和"扎刀",刀尖应略高于工件中心,一般应高 0.1~0.3mm。

(3) 使用螺纹切削指令时的注意事项

1) 在螺纹切削过程中,进给速度倍率无效(固定在100%)。

2) 在螺纹切削过程中,进给暂停功能无效,如果在螺纹切削过程中按了进给暂停按钮,刀具将在执行非螺纹切削的程序段后停止。

3) 在螺纹切削过程中,主轴速度倍率功能失效(固定在100%)。

4) 在螺纹切削过程中,不宜使用恒线速度控制功能,而采用恒转速控制功能较为合适。

(4) 凹轮廓加工用刀具　在加工具有内凹结构的工件时,如图3-4所示,为了保证刀具后刀面在加工过程中不与工件表面发生碰磨,往往要求刀具的副偏角 κ_r' 较大($\kappa_r' > \beta$),由于刀具的主偏角 κ_r 一般取值在90°~93°范围内,所以应选择刀尖角 ε_r 较小的刀具,俗称"菱形刀"。

实际生产和实训中,可选择焊接车刀,并按加工要求磨出相应的副偏角 κ_r',也可以选择机夹车刀,常用的数控机夹车刀如图3-5所示,刀片的刀尖角有80°(C形)、55°(D形)、35°(V形)三种。

工件凹轮廓粗车常采用闭合循环指令G73。在用圆柱坯料车削工件的场合,用G73指令编程后,执行时会走不少空行程,即会增加一些加工时间,不过在比赛和单件生产场合,执行时多费几分钟会换来编程时节省更多的时间,综合起来比较划

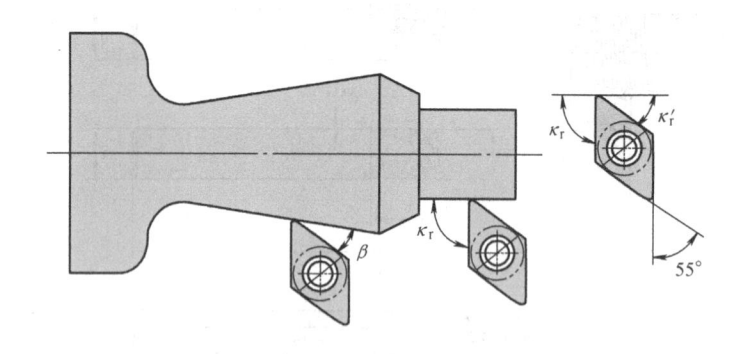

图 3-4 内凹结构工件对刀具角度的要求

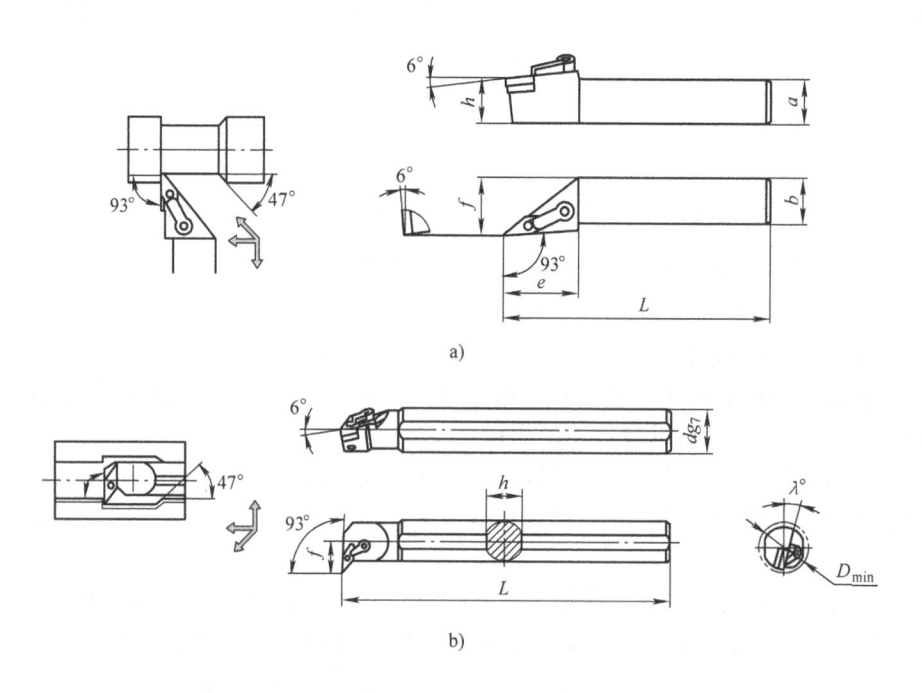

图 3-5 加工内凹轮廓所用刀具
a) 菱形外圆车刀　b) 菱形内孔车刀

算。若不用 G73 指令，编出的轮廓粗车程序相对来说就会较长，比较容易出错。

三、程序编制

选择工件的左、右端面回转中心作为编程原点，其加工程序见表 3-6。

表3-6 职业技能鉴定样例3 参考程序

FANUC 0i 系统程序	程序说明	华中系统程序
O0001;	程序名	O0001;
T0101;	换1号外圆车刀	T0101;
M03 S800;	主轴正转,转速为800r/min	M03 S800;
G0 X62 Z2 M8;	到达安全位置	G0 X62 Z2 M8;
G73 U15 W0 R10;	粗车循环	; G71 U1.5 R0.5 P10 Q20 X0.3 Z0 F0.3;
G73 P10 Q20 U0.3 W0 F0.3;		
N10 G0 X30;	加工轮廓描述	N10 G0 X30;
G1 Z0 F0.1;		G1 Z0 F0.1;
G3 X34.768 Z-9.395 R5;		G3 X34.768 Z-9.395 R5;
G2 X31.642 Z-12.242 R3;		G2 X31.642 Z-12.242 R3;
G1 X40 Z-37;		G1 X40 Z-37;
Z-46;		Z-46;
X49.8 C1.5;		X49.8 C1.5;
Z-64.4;		Z-64.4;
X47.0 Z-67;		X47.0 Z-67;
Z-71;		Z-71;
X50 C0.3;		X50 C0.3;
Z-76;		Z-76;
X59 R2;		X59 R2;
N20 X62;		N20 X62;
G0 X150 Z150;	退回安全位置	G0 X150 Z150;
M5 M9 M0;	程序暂停,测量	M5 M9 M30;
T0101;	设定精加工转速	
M3 S2000;		
G0 X62 Z2 M8;	到达目测检测点	
G70 P10 Q20;	精加工外轮廓	
G0 X150 Z150;	退回安全位置	
M5 M9 M0;	程序暂停	
T0303 M3 S800;	换3号外螺纹车刀	T0303 M3 S800;
G0 X55 Z2 M8;	到达目测检测点	G0 X55 Z2 M8;
G92 X49.8 Z-69 F2;	加工外螺纹	G82 X49.8 Z-69 F2;
X49;		X49;
X48.4;		X48.4;

(续)

FANUC 0i 系统程序	程序说明	华中系统程序
X48；	加工外螺纹	X48；
X47.7；		X47.7；
X47.6；		X47.6；
G0 X150 Z150；	退回安全位置	G0 X150 Z150；
M5 M9 M0；	程序暂停	M5 M30 M9；
T0404；	换4号内孔车刀	T0404；
M3 S800；	主轴正转，转速为800r/min	M3 S800；
G0 X16 Z2 M8；	到达目测检验点	G0 X16 Z2 M8；
G71 U1 R0.5；	粗车循环	；G71 U1.0 R0.5 P30 Q40 X-0.3 Z0 F0.3；
G71 P30 Q40 U-0.3 W0 F0.3；		
N30 G0 X30；	粗车内孔描述	N30 G0 X30；
G1 Z0；		G1 Z0；
G2 X20 Z-5 R5；		G2 X20 Z-5 R5；
G1 Z-15；		G1 Z-15；
N40 X20；		N40 X20；
G0 X150 Z150；	退回安全位置	G0 X150 Z150；
M5 M0 M9；	程序暂停	M5 M30；
T0202；	设定精加工转速	
M3 S2000；		
G0 X20 Z2；	到达目测检测点	
G70 P30 Q40；	精车循环	
G0 X150Z150；	退回安全距离	
M5 M30；	程序结束	
O0002；	程序名	O0002；
T0101；	换1号外圆车刀	T0101；
M3 S800；	主轴正转，转速为800r/min	M3 S800；
G00 X62 Z2 M8；	到达安全位置	G00 X62 Z2 M8；
G71 U1 R0.5；	粗车循环	；G71 U1.0 R0.5 P10 Q20 X0.3 Z0 F0.3；
G71 P10 Q20 U0.3 W0 F0.3；		
N10 G0 X55；	加工轮廓描述	N10 G0 X55；
G1 Z0 F0.1；		G1 Z0 F0.1；
G3 X59 Z-2 R2；		G3 X59 Z-2 R2；

职业技能鉴定样例3　端面槽螺纹轴零件的加工

（续）

FANUC 0i 系统程序	程序说明	华中系统程序
G1 Z-32;	加工轮廓描述	G1 Z-32;
N20 X62;		N20 X62;
G0 X150 Z150;	退回安全位置	G0 X150 Z150;
M9;	程序暂停，测量	M9;
M5 M0;		M5 M30;
T0101;	设定精加工转速	
M3 S2000;		
G0 X62 Z2 M8;	精车左端轮廓	
G70 P10 Q20;		
G0 X150 Z150;	退回安全位置	
M5 M0 M9;	程序暂停	
T0202;	换外槽车刀（刀宽3mm）	T0202;
M3 S600;		M3 S600;
G00 X62 Z2;	到达目测安全位置	G00 X62 Z2;
Z-18;		Z-18;
G1 X44 F0.1;		G1 X44 F0.1;
X62;		X62;
Z-17;		Z-17;
X44;		X44;
X62;		X62;
Z-20;		Z-20;
X59;		X59;
X44 Z-18;	加工外槽	X44 Z-18;
X62;		X62;
Z-15;		Z-15;
X59;		X59;
X44 Z-17;		X44 Z-17;
Z-18;		Z-18;
X62;		X62;
G0 X150 Z150;	退回安全位置	G0 X150 Z150;
M5 M9 M0;	程序暂停，换内孔车刀	M5 M9 M0;
T0404;		T0404;
M3 S800;	设定加工转速，到达目测检验点	M3 S800;
G0 X15 Z2 M8;		G0 X15 Z2 M8;

(续)

FANUC 0i 系统程序	程序说明	华中系统程序
G71 U1 R0.5;	粗车循环	; G71 U1.0 R0.5 P30 Q40 X - 0.3 Z0 F0.3;
G71 P30 Q40 U - 0.3 W0 F0.3;		
N30 G0 X25;	加工轮廓描述	N30 G0 X25;
G1 Z0 F0.1;		G1 Z0 F0.1;
Z - 7;		Z - 7;
X18.2 C1.5;		X18.2 C1.5;
Z - 24;		Z - 24;
X16;		X16;
Z - 35;		Z - 35;
N40 X15;		N40 X15;
G0 X150 Z150;	退回安全距离	G0 X150 Z150;
M5 M9 M0;	程序暂停，测量	M5 M9 M30;
T0404;	设定精加工转速，到达目测检验点	
M3 S2000;		
G0 X15 Z2 M8;		
G70 P30 Q40;	精车循环	
G0 X150 Z150;	退回安全位置 程序暂停	
M5 M0 M9;		
T0505;	换内螺纹车刀，设定加工转速	T0505;
M3 S1000 M8;		M3 S1000 M8;
G0 X18 Z2;	加工内螺纹	G0 X18 Z2;
G92 X19 Z - 19 F1.5;		G82 X19 Z - 19 F1.5;
X19.6;		X19.6;
X19.8;		X19.8;
X19.9;		X19.9;
X20;		X20;
G0 X150 Z150;	退回安全位置 程序暂停	G0 X150 Z150;
M5 M9 M0;		M5 M9 M0;
T0606;	换端面槽车刀（刀宽4mm）	T0606;
M3 S800 M8	到达目测安全位置	M3 S800 M8
G0 X42 Z2;		G0 X42 Z2;
G1 Z - 5 F0.1;	加工端面槽	G1 Z - 5 F0.1;
Z2;		Z2;

(续)

FANUC 0i 系统程序	程序说明	华中系统程序
X34；	加工端面槽	X34；
Z-5；		Z-5；
Z2；		Z2；
X48；		X48；
Z0；		Z0；
X42 Z-1.73；		X42 Z-1.73；
Z2；		Z2；
G0 X150 Z150；	程序结束	G0 X150 Z150；
M5 M30；		M5 M30；

四、样例小结

加工内、外螺纹时，不同的系统有不同的螺纹加工固定循环程序，而不同程序的螺纹车削方式也各不相同，在加工过程中一定要注意合理选择。

其次，加工内、外螺纹时，还应特别注意每次吃刀量的合理选择，如果选择不当，则容易产生崩刃和扎刀等事故。

职业技能鉴定样例4　圆弧面螺纹轴零件的加工

> **考核目标**
> 1. 正确选择可转位车刀及刀片。
> 2. 掌握倒角、倒圆简化指令的应用方法。
> 3. 掌握加工工艺的编制方法。

一、考核要求及准备

1. 总体要求

按零件图（图4-1）完成加工操作，本题分值为100分，考核时间为180min。

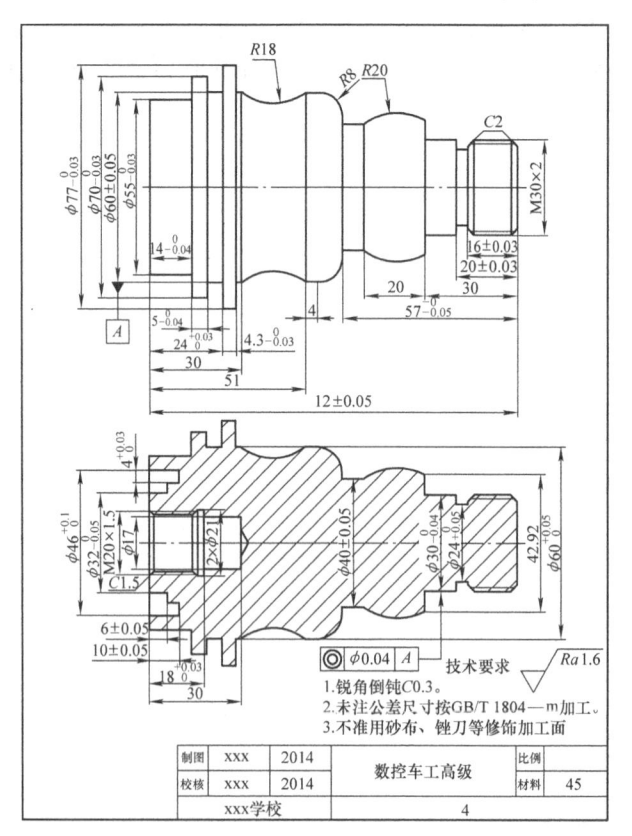

图4-1　零件图

图 4-1 零件图（续）

2. 评分标准（表 4-1）

表 4-1　职业技能鉴定样例 4 评分表　　　　　　　（单位：mm）

工件编号			总得分				
项目与配分		序号	技术要求	配分	评分标准	检测记录	得分
工件加工评分 (100)	外形轮廓 (63)	1	$\phi 77_{-0.03}^{0}$	4	超差 0.01 扣 1 分		
		2	$\phi 70_{-0.03}^{0}$	4	超差 0.01 扣 1 分		
		3	$\phi 60 \pm 0.05$	3	超差 0.01 扣 1 分		
		4	$\phi 55_{-0.03}^{0}$	4	超差 0.01 扣 1 分		
		5	$\phi 60_{0}^{+0.05}$	4	超差 0.01 扣 1 分		
		6	$\phi 24_{-0.03}^{0}$	4	超差 0.01 扣 1 分		
		7	$\phi 30_{-0.04}^{0}$	4	超差 0.01 扣 1 分		
		8	$\phi 40 \pm 0.05$	3	超差 0.01 扣 1 分		
		9	$M30 \times 2$	5	超差全扣		
		10	同轴度 $\phi 0.04$	3	超差 0.01 扣 1 分		
		11	$R18$，$R8$，$R20$	2	每错一处扣 1 分		
		12	120 ± 0.05	2	超差 0.01 扣 1 分		
		13	$5_{-0.04}^{0}$	3	超差 0.01 扣 1 分		
		14	$14_{-0.04}^{0}$	3	超差 0.01 扣 1 分		
		15	$24_{0}^{+0.03}$	3	超差 0.01 扣 1 分		
		16	$4.3_{-0.03}^{0}$	3	超差 0.01 扣 1 分		
		17	$57_{-0.05}^{0}$	3	超差 0.01 扣 1 分		
		18	20 ± 0.03	3	超差 0.01 扣 1 分		
		19	16 ± 0.03	3	超差 0.01 扣 1 分		
	内轮廓 (27)	20	$\phi 46_{0}^{+0.1}$	3	超差 0.01 扣 1 分		
		21	$\phi 32_{-0.05}^{0}$	4	超差 0.01 扣 1 分		
		22	内切槽 $2 \times \phi 21$	3	超差全扣		
		23	$M20 \times 1.5$	5	超差全扣		

(续)

工件编号					总得分			
项目与配分		序号	技术要求	配分	评分标准		检测记录	得分
工件加工评分（100）	内轮廓（27）	24	$4^{+0.03}_{0}$	3	超差 0.01 扣 1 分			
		25	6 ± 0.05	3	超差 0.01 扣 1 分			
		26	10 ± 0.05	3	超差 0.01 扣 1 分			
		27	$18^{+0.03}_{0}$	3	超差 0.01 扣 1 分			
	其他（10）	28	$Ra1.6\mu m$	3	每错一处扣 1 分			
		29	自由尺寸	2	每错一处扣 0.5 分			
		30	倒角，锐角倒钝	1	每错一处扣 0.5 分			
		31	工件按时完成	2	未按时完成全扣			
		32	工件无缺陷	2	缺陷一处扣 2 分			
程序与工艺		33	程序与工艺合理	倒扣	每错一处扣 2 分			
机床操作		34	机床操作规范		出错一次扣 2~5 分			
安全文明生产		35	安全操作		停止操作或酌情扣 5~20 分			

3. 准备清单

1) 材料准备（表 4-2）。

表 4-2 材料准备

名 称	规 格	数 量	要 求
45 钢	$\phi 80mm \times 122mm$	1 件/考生	车平两端面，去毛刺

2) 工具、量具、刃具的准备参照表 1-4。

二、工艺分析及相关知识

1. 图样分析

1) 图形分析：零件是一般类型的轴类零件，由内螺纹、外螺纹、径向槽、端面槽、外轮廓曲线等构成。工件加工的难点是阶梯端面槽的加工和圆弧外轮廓的加工。

2) 精度分析：加工尺寸公差等级多数为 IT7，表面粗糙度值均为 $Ra1.6\mu m$，要求较高。主要的位置精度为同轴度要求。

2. 工艺分析

装夹方式和加工内容见表 4-3。

职业技能鉴定样例4　圆弧面螺纹轴零件的加工　　51

表 4-3　加工工艺流程表

工序	操作项目图示	操作内容及注意事项
1	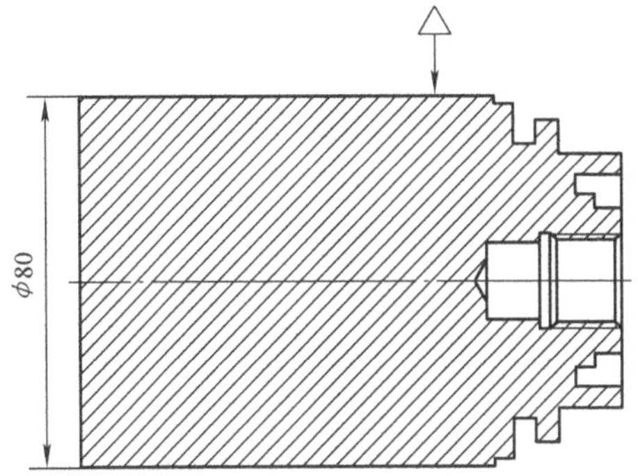 φ80	按左图图示装夹工件。 1) 钻中心孔，车平端面 2) 钻孔 3) 车削外轮廓 4) 车削外径向槽 5) 车孔 6) 车削内沟槽 7) 车削内螺纹 8) 车削端面槽
2	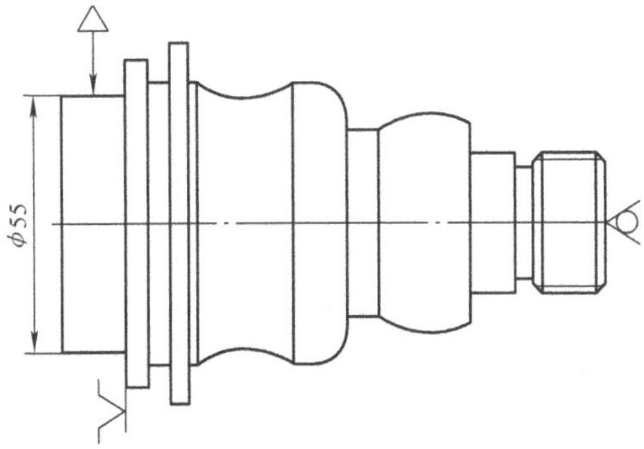 φ55	按左图图示装夹工件，采用一夹一顶方式 1) 钻中心孔，车平端面，保证总长 2) 车削外轮廓 3) 车削外径向槽 4) 车削外螺纹

3. 相关知识

理解数控编程指令格式和应用条件，根据不同的图样尺寸标注，灵活使用一些简化指令（高级指令），开拓思路，才能编写出比较合理和规范的加工程序。

数控编程指令中最常用的是 G01、G02 和 G03，要求在使用时编入起点坐标、终点坐标、圆弧半径或中心坐标等，来处理各种类型的直线和圆弧编程，而数控系统中的简化指令（倒角指令）也可以生成精确的轨迹。在加工轮廓中出现直线与直线倒角、圆弧与直线或圆弧相切连接的轨迹时，灵活地运用 C、R 指令进行编程比使用 G01、G02 和 G03 指令方便得多。

FANUC 系统的倒角与倒圆指令格式如下：

1) 倒角指令格式：

G01 X/U ＿ C ＿ F ＿；

G01 Z/W ＿ C ＿ F ＿；

其中，X/U ＿为倒角前轮廓尖角处在 X 向的绝对坐标或增量坐标。

Z/W ＿为倒角前轮廓尖角处在 Z 向的绝对坐标或增量坐标。

C ＿为倒角的直角边边长。

2）倒圆指令格式：

G01 X/U __ R __ F __；

G01 Z/W __ R __ F __；

其中，X/U __ 为倒圆前轮廓尖角处在 X 向的绝对坐标或增量坐标。

Z/W __ 为倒圆前轮廓尖角处在 Z 向的绝对坐标或增量坐标。

R __ 为倒圆半径。

3）FANUC 0i 使用倒角与倒圆指令时的注意事项。

① 倒角与倒圆指令中的 R 值与 C 值有正负之分。当倒角与倒圆的方向指向另一坐标轴的正方向时，其 R 值与 C 值为正，反之则为负；实际加工时，负值也可省略。

② FANUC 系统中的倒角与倒圆指令仅适用于两直角边间的倒角与倒圆。

③ 倒角与倒圆指令格式可用于凸、凹形尖角轮廓。

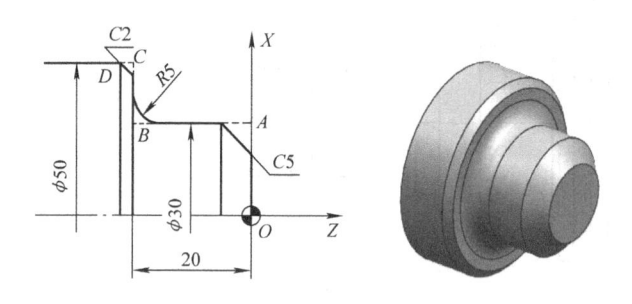

图 4-2 倒角与倒圆实例

4）倒圆、倒角实例。用 FANUC 系统倒角与倒圆指令格式编写图 4-2 所示从 O 点到 D 点的加工程序，程序见表 4-4。

表 4-4 倒圆、倒角实例程序

程序段号	FANUC 程序	程序说明
N10	G99 G21 G40；	程序初始化
N20	T0101；	选取 1 号刀具
N30	G00 X100.0 Z50.0；	到达安全位置
N40	M03 S600 M08；	主轴正转，转速为 600r/min
N50	G00 X52.0 Z5.0；	到达目测检测点
N60	X0；	靠近端面
N70	G01 Z0 F0.25；	到达 O 点
N80	X30.0 C-5.0；	加工端面并倒角 C5
N90	W-20.0 R5.0；	加工外圆并倒圆角 R5mm

（续）

程序段号	FANUC 程序	程序说明
N100	X50.0 C-2.0;	加工侧面并倒角 C2
N110	X52.0;	退回起刀点
N120	G00 Z50.0 M09;	退回安全区域
N130	M05;	程序结束
N140	M30;	

三、程序编制

选择工件的左、右端面回转中心作为编程原点，其加工程序见表 4-5。

表 4-5 职业技能鉴定样例 4 参考程序

FANUC 0i 系统程序	程序说明	华中系统程序
O0001;	程序名	O0001;
T0101;	换外圆车刀	T0101;
M03 S800 M8;	主轴正转，转速为 800r/min	M03 S800 M8;
G0 X80 Z2;	到达目测检测点	G0 X80 Z2;
G71 U1 R0.5;	粗车循环	; G71 U1.0 R0.5 P10 Q20 X0.3 Z0.05 F0.2;
G71 P10 Q20 U0.3 W0.05 F0.2;		
N10 G1 X50;	加工轮廓描述	N10 G1 X50;
G1 Z0 F0.1;		G1 Z0 F0.1;
X55 C-0.3;		X55 C-0.3;
Z-14;		Z-14;
X70 C0.3;		X70 C0.3;
Z-19;		Z-19;
X77 C0.3;		X77 C0.3;
Z-30;		Z-30;
N20 X80;		N20 X80;
G0 X150 Z150;	退回到安全位置	G0 X150 Z150;
M5 M9 M0;	程序暂停，测量	M5 M9 M30;
T0101;	设定精车转速	
M3 S2000 M8;		
G0 X80 Z2;	到达目测检测点	
G70 P10 Q20;	精车循环	
G0 X150 Z150;	退回安全位置	
M5 M9 M0;	程序暂停，测量	

(续)

FANUC 0i 系统程序	程序说明	华中系统程序
T0202;	换车孔刀	T0202;
M3 S800 M8;	到达目测检测点	M3 S800 M8;
G0 X16 Z2;		G0 X16 Z2;
G71 U1 R0.1;	粗车循环	; G71 U1.0 R0.1 P30 Q40 X - 0.3 Z0.05 F0.2;
G71 P30 Q40 U - 0.3 W0.05 F0.2;		
N30 G1 X21.2 Z0;	加工轮廓描述	N30 G1 X21.2 Z0;
X18.2 Z - 1.5;		X18.2 Z - 1.5;
Z - 18;		Z - 18;
X17;		X17;
Z - 30;		Z - 30;
N40 X16;		N40 X16;
G0 X150 Z150;	退回安全距离	G0 X150 Z150;
M5 M9 M0;	程序暂停	M5 M9 M30;
T0202;	设定精车转速	
M3 S2000 M8;		
G0 X16 Z2;	到达目测检测点	
G70 P30 Q40;	精车循环	
G0 X150 Z150;	退回安全距离	
M5 M9 M0;	程序暂停	
T0303;	换内槽车刀	T0303;
M3 S500;	主轴正转,转速为500r/min	M3 S500;
G0 X16 Z2;	到达目测安全位置	G0 X16 Z2;
Z - 18;	加工内槽	Z - 18;
G1 X21 F0.1;		G1 X21 F0.1;
X18.2 Z - 16.5;		X18.2 Z - 16.5;
X16;		X16;
G0 Z150;		G0 Z150;
T0404;	换外螺纹车刀	T0404;
M3 S800;	主轴正转,转速为1000r/min	M3 S800;
G0 X16 Z2;	到达目测安全位置	G0 X16 Z2;
G92 X19 Z - 17 F1.5;	加工螺纹	G82 X19 Z - 17 F1.5;
X19.6;		X19.6;
X19.9;		X19.9;
X20;		X20;

职业技能鉴定样例 4　圆弧面螺纹轴零件的加工

（续）

FANUC 0i 系统程序	程序说明	华中系统程序
G0 Z150 X150；	退回安全距离	G0 Z150 X150；
M5 M0 M9；	程序暂停	M5 M0 M9；
T0505；	换端面车刀（刀宽4mm）	T0505；
M3 S600 M8；	加工端面槽	M3 S600 M8；
G0 X46 Z2；		G0 X46 Z2；
G1 Z-10 F0.1；		G1 Z-10 F0.1；
Z1；		Z1；
X36；		X36；
Z-6；		Z-6；
Z1；		Z1；
G0 Z150 X150；	退回安全距离	G0 Z150 X150；
M5 M9 M0；	程序暂停	M5 M9 M0；
T0606；	换切槽刀（刀宽3mm）	T0606；
M3 S600 M8；	加工外槽	M3 S600 M8；
G0 X80；		G0 X80；
Z2；		Z2；
X-24；		X-24；
G1 X60 F0.1；		G1 X60 F0.1；
X80；		X80；
Z-22；		Z-22；
X60；		X60；
G0 X150；	退回安全距离	G0 X150；
Z100；	程序结束	Z100；
M5 M30；		M5 M30；
O0002；	程序名	O0002；
T0707；	换菱形外圆车刀	T0707；
M3 S1000；	到达目测安全位置	M3 S1000；
G0 X80 Z2 M8；		G0 X80 Z2 M8；
G73 U28 W0 R15；	粗车循环	；G71 U1.0 R0.5 P10 Q20 X0.15 Z0.05 F0.2；
G73 P10 Q20 U0.15 W0.05 F0.2；		
N10 G1 X26 Z0 F0.1；	加工轮廓描述	N10 G1 X26 Z0 F0.1；
X29.8 Z-2；		X29.8 Z-2；

(续)

FANUC 0i 系统程序	程序说明	华中系统程序
Z-14;	加工轮廓描述	Z-14;
X24 Z-16;		X24 Z-16;
Z-20;		Z-20;
X30 C0.3;		X30 C0.3;
Z-30;		Z-30;
X42.92 C0.3;		X42.92 C0.3;
G3 X40 Z-50 R20;		G3 X40 Z-50 R20;
G1 Z-57;		G1 Z-57;
X60 R8;		X60 R8;
Z-69;		Z-69;
G2 X60 Z-90 R18;		G2 X60 Z-90 R18;
G1 Z-91.7;		G1 Z-91.7;
X78 C0.3;		X78 C0.3;
N20 X80;		N20 X80;
G0 X150 Z150;	退回安全距离	G0 X150 Z150;
M5 M9 M0;	程序暂停	M5 M9 M30;
T0707;	设定精车转速	
M3 S2000;		
G0 X80 Z2 M8;	到达目测安全位置	
G70 P10 Q20;	精车循环	
G0 X150 Z150;	退回安全距离	
M5 M9 M0;	程序暂停	
T0808;	换螺纹车刀	T0808;
M3 S800 M8;		M3 S800 M8;
G0 X31 Z2;	到达目测安全位置	G0 X31 Z2;
G92 X29.8 Z-17 F2;	加工螺纹	G82 X29.8 Z-17 F2;
X29;		X29;
X28.1;		X28.1;
X27.5;		X27.5;
X27.4;		X27.4;
G0 X150 Z150;	退回安全位置	G0 X150 Z150;
M5 M30;	程序结束	M5 M30;

四、样例小结

工件需倒角、倒圆的，其轮廓前、后加工路径要明确，路径的长度应大于圆角半径值及倒角量。在无倒角、倒圆要求的零件拐角处，也可运用此功能增加微量的倒角或倒圆，既可保证零件轮廓完整，又可有效避免锐边产生。倒角、倒圆的方向不能搞反，否则会导致零件产生缺陷。

加工阶梯端面槽时，先加工长度为 5mm 的槽，后加工长度为 10mm 的槽来保证尺寸的精度。而仿形车切削循环主要适用于已成形工件（如锻件、铸件等）的粗车加工。因此，加工本例中的工件时，刀具的空行程较多，切削效率较低。可考虑采用 G71 指令先进行粗加工，再用 G73 指令进行半精加工和精加工。

职业技能鉴定样例 5　塔形轴类零件的加工

考核目标
1. 正确选择可转位车刀及刀片。
2. 掌握外圆切槽刀的正确使用方法，内沟槽的加工方法。
3. 掌握表面粗糙度的影响因素及刀具磨损情况的分析方法。
4. 掌握加工工艺的编制方法。

一、考核要求及准备

1. 总体要求

按零件图（图 5-1）完成加工操作，本题分值是 100 分，考核时间为 180min。

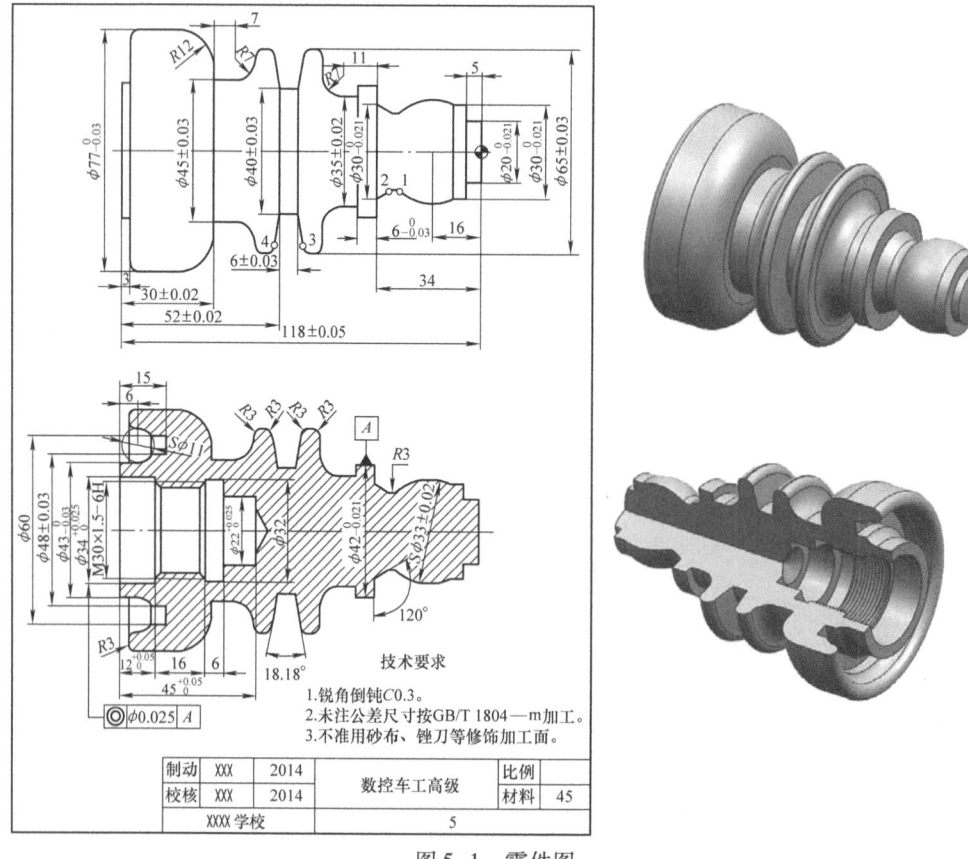

图 5-1　零件图

2. 评分标准（表 5-1）

表 5-1　职业技能鉴定样例 5 评分表　　　　（单位：mm）

工件编号					总得分		
项目与配分		序号	技术要求	配分	评分标准	检测记录	得分
工件加工评分 (100)	外形轮廓 (56)	1	$\phi 77_{-0.03}^{0}$	4	超差 0.01 扣 1 分		
		2	$\phi 45 \pm 0.03$	4	超差 0.01 扣 1 分		
		3	$\phi 40 \pm 0.03$	4	超差 0.01 扣 1 分		
		4	$\phi 65 \pm 0.03$	4	超差 0.01 扣 1 分		
		5	$\phi 42_{-0.021}^{0}$	4	超差 0.01 扣 1 分		
		6	$\phi 30_{-0.021}^{0}$	4	超差 0.01 扣 1 分		
		7	$\phi 20_{-0.021}^{0}$	4	超差 0.01 扣 1 分		
		8	$S\phi 33 \pm 0.02$	4	超差 0.01 扣 1 分		
		9	同轴度 $\phi 0.025$	5	超差 0.01 扣 1 分		
		10	$R12$，$R7$，$R3$	4	每错一处扣 1 分		
		11	118 ± 0.05	3	超差 0.01 扣 1 分		
		12	52 ± 0.02	3	超差 0.01 扣 1 分		
		13	30 ± 0.02	3	超差 0.01 扣 1 分		
		14	6 ± 0.03	3	超差 0.01 扣 1 分		
		15	$6_{-0.03}^{0}$	3	超差 0.01 扣 1 分		
	内轮廓 (34)	16	$\phi 48 \pm 0.03$	5	超差 0.01 扣 1 分		
		17	$\phi 43_{-0.03}^{0}$	5	超差 0.01 扣 1 分		
		18	$\phi 34_{0}^{+0.025}$	5	超差 0.01 扣 1 分		
		19	$\phi 22_{0}^{+0.025}$	5	超差 0.01 扣 1 分		
		20	$M30 \times 1.5 - 6H$	6	超差全扣		
		21	$12_{0}^{+0.05}$	4	超差 0.01 扣 1 分		
		22	$45_{0}^{+0.05}$	4	超差 0.01 扣 1 分		
	其他 (10)	23	$Ra1.6\mu m$	3	每错一处扣 1 分		
		24	自由尺寸	2	每错一处扣 0.5 分		
		25	倒角，锐角倒钝	1	每错一处扣 0.5 分		
		26	工件按时完成	2	未按时完成全扣		
		27	工件无缺陷	2	缺陷一处扣 2 分		
程序与工艺		28	程序与工艺合理	倒扣	每错一处扣 2 分		
机床操作		29	机床操作规范		出错一次扣 2~5 分		
安全文明生产		30	安全操作		停止操作或酌情扣 5~20 分		

3. 准备清单

1) 材料准备（表 5-2）。

表 5-2 材料准备

名 称	规 格	数 量	要 求
45 钢	$\phi80mm \times 120mm$	1 件/考生	车平两端面，去毛刺

2) 工具、量具、刃具的准备见表 1-4。

二、工艺分析及相关知识

1. 图样分析

1) 图形分析：零件需要加工孔、内螺纹、梯形槽、圆弧端面槽、外轮廓曲线等。工件加工的难点是圆弧端面槽和圆弧槽的加工，刀具的正确选择和巧妙的应用是关键。

2) 精度分析：加工尺寸公差等级多数为 IT7，表面粗糙度值均为 $Ra1.6\mu m$，要求较高。主要的位置精度为同轴度要求。

2. 工艺分析

装夹方式和加工内容见表 5-3。

表 5-3 加工工艺流程表

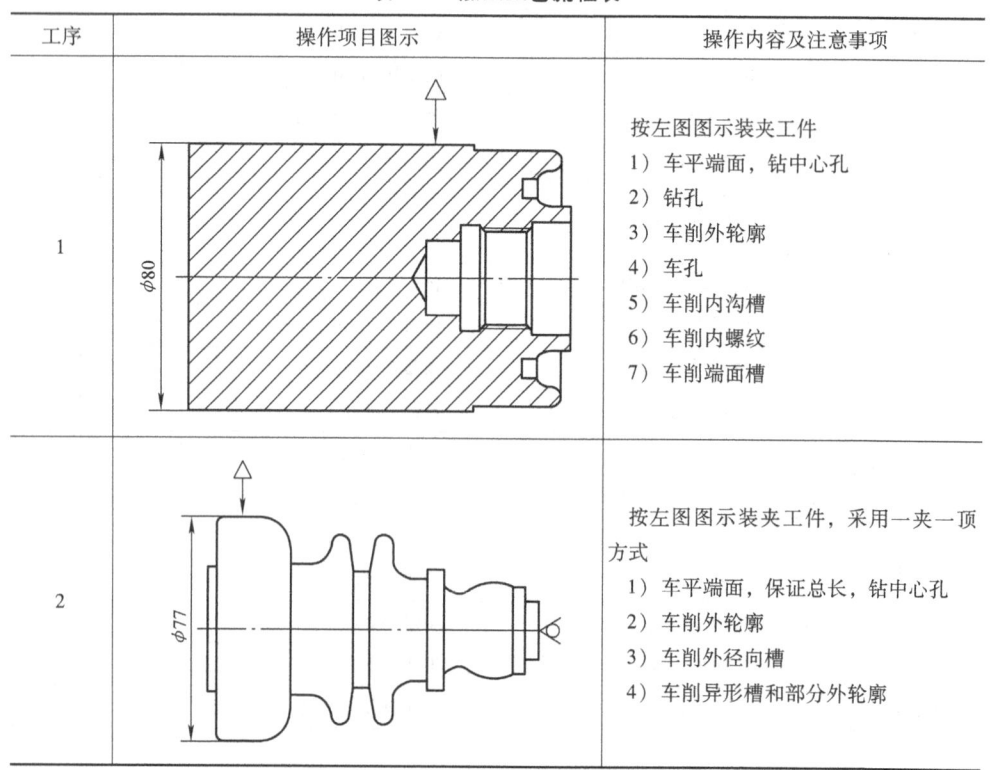

工序	操作项目图示	操作内容及注意事项
1	（$\phi80$）	按左图图示装夹工件 1) 车平端面，钻中心孔 2) 钻孔 3) 车削外轮廓 4) 车孔 5) 车削内沟槽 6) 车削内螺纹 7) 车削端面槽
2	（$\phi77$）	按左图图示装夹工件，采用一夹一顶方式 1) 车平端面，保证总长，钻中心孔 2) 车削外轮廓 3) 车削外径向槽 4) 车削异形槽和部分外轮廓

3. 相关知识

（1）内沟槽车刀　内沟槽车刀如图 5-2 所示，车刀的几何参数与外圆切槽刀相似，只是装夹方向相反，且在内孔中车槽。由于内沟槽通常与孔轴线垂直，因此要求内沟槽车刀的刀体与刀柄轴线垂直。

装夹内沟槽车刀时，应使主切削刃与内孔中心等高或略高，两侧副偏角必须对称。

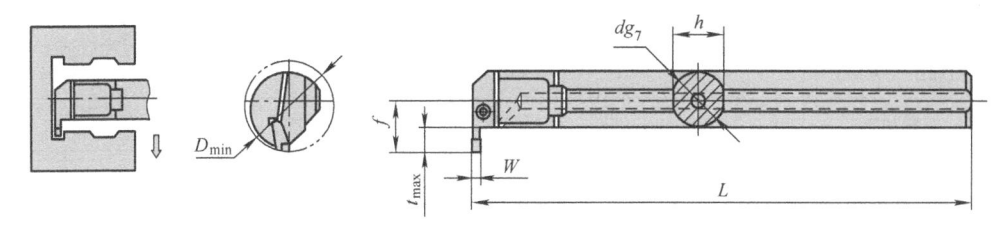

图 5-2　内沟槽车刀

（2）车内沟槽的方法　车内沟槽的方法与车外沟槽类似。

（3）内沟槽的测量

1）内沟槽的深度一般用弹簧内卡钳测量，内沟槽直径较大时，可用弯脚游标卡尺测量。

2）内沟槽的轴向尺寸可用钩形游标深度卡尺测量。

3）内沟槽的宽度可用样板和游标卡尺（孔径较大时）测量。

（4）内沟槽加工路线的确定　内沟槽加工中的进、退刀路线如图 5-3 所示。

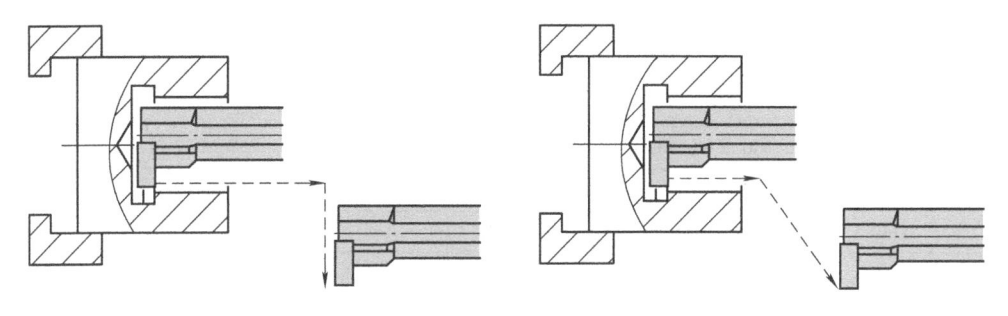

图 5-3　内沟槽加工中的进、退刀路线

（5）外圆尺寸的修调方法　刀具补偿参数界面中的磨耗值通常用于补偿刀具的磨损量，也常用于补偿加工误差值。在零件完成粗加工后，虽然进行检测并按照实测值误差进行了补偿，但完成精加工后仍然可能会出现尺寸超差的现象。原因有以下几点：对刀误差；粗加工后的表面较粗糙造成检测误差，测量值大于实际值，按此测量值进行精加工往往会造成工件外圆尺寸偏小，无法弥补；粗、精加工中切削力的变化造成实际背吃刀量与理论背吃刀量的偏差；机床精度的影响。

为避免粗加工误差对精加工的影响,通常采用"粗加工—半精加工—精加工"的加工方案。为减少编程工作量,可通过设定磨耗值或在刀尖圆弧半径补偿界面中预留精加工余量的方法,在"粗加工—半精加工"后检测工件尺寸,并根据实测值修调磨耗值或刀尖圆弧半径补偿值,由于精加工与半精加工的加工条件基本一致,从而有效保证了加工精度。磨耗值的设定见表5-4。

表 5-4 磨耗值的设定 （单位：mm）

加工阶段	编程值	磨耗值	实测值	误差
粗加工（分层）	34.5	+0.5	约35.0	0
半精加工	34.0	+0.5	34.45	-0.05
精加工	34.0	+0.05	34.0	0

注意：精加工中,尺寸按公差带的中值进行修调。

实操中运用磨耗值或刀尖圆弧半径补偿值修调尺寸时,先按程序完成零件的粗、精加工,由于通过磨耗值或刀具圆弧半径补偿值预留了精加工余量,此时精加工作为半精加工进行。根据实测值修调了磨耗值或刀尖圆弧半径补偿值后,只需在编辑模式中将光标移至调用精加工刀号、刀补号（或重新调用刀号、刀补号）的程序段,切换至自动加工模式,循环启动再执行一次精加工即可,程序调整说明见表5-5。

表 5-5 程序调整说明

程序号	加工程序	程序说明	操作提示
	…	粗加工	自动加工
N100	X50.6;		
N110	G0 X100 Z100;	退刀	
N120	M5;	主轴停	检测并修调磨耗值
N130	M0;	程序暂停	
N140	T0202;	重新调用刀号、刀补号	
N150	S1000 M03;	转动主轴	按循环启动键,继续自动加工
N160	G00 X52.0 Z2.0;	重新定位至起刀点	
N170	X34.0;	精加工	
	…		

（6）零件表面质量问题分析 导致表面粗糙度值增大的因素大多可以通过提高操作者的技能水平来减少或消除。表面粗糙度值的影响因素见表5-6。

表5-6 表面粗糙度值的影响因素

影响因素	序号	产 生 原 因
装夹与找正	1	工件装夹不牢固，加工过程中产生振动
刀具	3	刀具磨损后没有及时修磨
刀具	4	刀具刚性差，刀具加工过程中产生振动
刀具	5	主偏角、副偏角等刀具参数选择不当
加工	6	进给量选择过大，残留面积高度增高
加工	7	切削速度选择不合理，产生积屑瘤
加工	8	背吃刀量（精加工余量）选择过大或过小
加工	9	粗、精加工没有分开或没有精加工
加工	10	切削液选择不当或使用不当
加工	11	加工过程中刀具停顿
加工工艺	12	工件材料热处理不当或热处理工艺安排不合理
加工工艺	13	采用不适当的进给路线

（7）常见刀具磨损分析 切削刀具的磨损取决于工件材料、刀片材质等级、加工参数与工作情况等因素，但是总能采取某些措施，使不同的磨损模式的影响最小化，并由此提高刀具寿命。常见的刀具磨损问题与对策如图5-4所示。

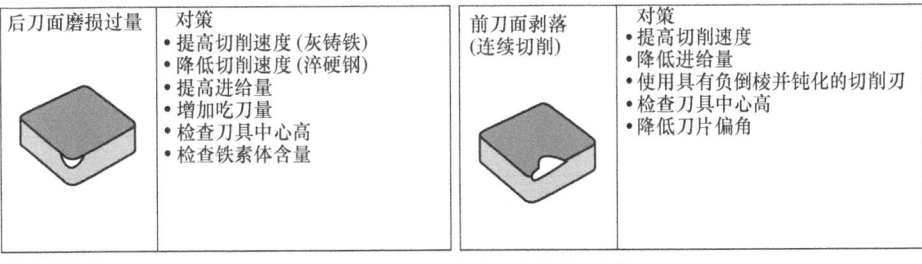

月牙洼磨损过量	对策	前刀面剥落（断续切削）	对策
	• 降低切削速度 • 降低进给量 • 减小负倒棱角度 • 使用E型切削刃修磨 • 使用镀层刀片 • 使用切削液（仅用于连续切削）		• 不使用切削液 • 使用具有负倒棱并钝化的切削刃 • 降低进给量 • 提高切削速度 • 检查刀具中心高 • 降低刀片偏角

后刀面磨损过量	对策	前刀面剥落（连续切削）	对策
	• 提高切削速度（灰铸铁） • 降低切削速度（淬硬钢） • 提高进给量 • 增加吃刀量 • 检查刀具中心高 • 检查铁素体含量		• 提高切削速度 • 降低进给量 • 使用具有负倒棱并钝化的切削刃 • 检查刀具中心高 • 降低刀片偏角

图5-4 常见刀具磨损问题与对策

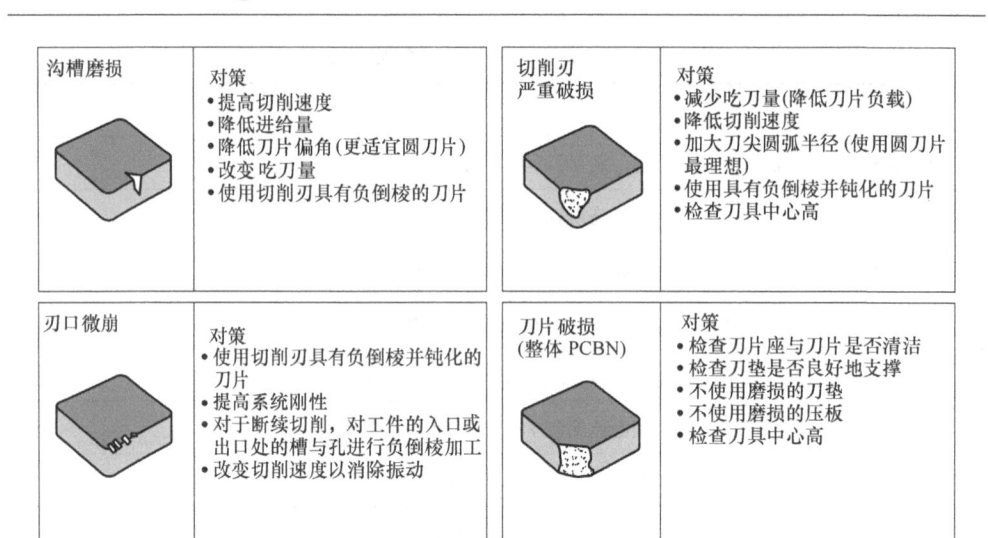

沟槽磨损	对策 • 提高切削速度 • 降低进给量 • 降低刀片偏角(更适宜圆刀片) • 改变吃刀量 • 使用切削刃具有负倒棱的刀片	切削刃 严重破损	对策 • 减少吃刀量(降低刀片负载) • 降低切削速度 • 加大刀尖圆弧半径(使用圆刀片最理想) • 使用具有负倒棱并钝化的刀片 • 检查刀具中心高
刃口微崩	对策 • 使用切削刃具有负倒棱并钝化的刀片 • 提高系统刚性 • 对于断续切削,对工件的入口或出口处的槽和孔进行负倒棱加工 • 改变切削速度以消除振动	刀片破损 (整体PCBN)	对策 • 检查刀具座与刀片是否清洁 • 检查刀垫是否良好地支撑 • 不使用磨损的刀垫 • 不使用磨损的压板 • 检查刀具中心高

图 5-4　常见刀具磨损问题与对策（续）

三、程序编制

选择工件的左、右端面回转中心作为编程原点，部分加工程序见表 5-7。

表 5-7　职业技能鉴定样例 5 参考程序

FANUC 0i 系统程序	程序说明	华中系统程序
O0001；	程序名	O0001；
T0101；	换端面槽车刀（刀宽4mm）	T0101；
M3 S800；		M3 S800；
G0 X43 Z2；		G0 X43 Z2；
G1 Z-6 F0.1；		G1 Z-6 F0.1；
G2 X48 Z-10.6 R5.5；		G2 X48 Z-10.6 R5.5；
G1 Z-15；		G1 Z-15；
Z2；		Z2；
X63；	加工端面槽	X63；
Z-3；		Z-3；
G2 X47 Z-6 R3；		G2 X47 Z-6 R3；
G3 X52 Z-10.6 R5.5；		G3 X52 Z-10.6 R5.5；
G1 Z-15；		G1 Z-15；
Z2；		Z2；
G0 X150 Z150；	退回安全位置	G0 X150 Z150；
M5 M30；	程序结束	M5 M30；

职业技能鉴定样例5　塔形轴类零件的加工

（续）

FANUC 0i 系统程序	程序说明	华中系统程序
O0002;	程序名	O0002;
T0202;	换菱形外圆车刀	T0202;
M3S800;	到达目测安全点	M3S800;
G0 X82 Z2 M8;		G0 X82 Z2 M8;
G73 U30 W0 R15;	粗车循环	; G71 U1.0 R0.5 P10 Q20 X0.3 Z0 F0.2;
G73 P10 Q20 U0.3 W0 F0.2;		
N10 G0 X16;	加工轮廓描述	N10 G0 X16;
G1 Z0 F0.1;		G1 Z0 F0.1;
X20 C0.3;		X20 C0.3;
Z-5;		Z-5;
X30 C0.3;		X30 C0.3;
Z-9.13;		Z-9.13;
G3 X25.648 Z-26.382 R16.5;		G3 X25.648 Z-26.382 R16.5;
G2 X25.116 Z-29.770 R3;		G2 X25.116 Z-29.770 R3;
G1 X30 Z-34;	加工轮廓描述	G1 X30 Z-34;
X42 C0.3;		X42 C0.3;
Z-40;		Z-40;
X35 Z-45;		X35 Z-45;
G2 X49 Z-52 R7;		G2 X49 Z-52 R7;
G1 X65 R3;		G1 X65 R3;
Z-60;		Z-60;
X59.948 Z-67.6;		X59.948 Z-67.6;
G2 X65 Z-70.56 R3;		G2 X65 Z-70.56 R3;
G1 Z-75;		G1 Z-75;
X53 Z-88;		X53 Z-88;
G2 X77 Z-100 R12;		G2 X77 Z-100 R12;
N20 G1 X82;		N20 G1 X82;
G0 X150 Z150;	退回安全距离	G0 X150 Z150;
M5 M9 M0;	程序暂停	M5 M9 M30;
T0101;	设定精车转速	
M3 S2000 M8;		

(续)

FANUC 0i 系统程序	程序说明	华中系统程序
G70 P10 Q20;	精车循环	
G0 X150 Z150;	退回安全距离	
M5 M0 M9;	程序暂停	
T0303;	换切槽刀（刀宽3mm）	T0303;
M3 S800 M8;	切槽加工	M3S800 M8;
G0 X45 Z2;		G0 X45 Z2;
Z-45;		Z-45;
G1 X35 F0.1;		G1 X35 F0.1;
X45;		X45;
Z-43;		Z-43;
X35;		X35;
Z-45;		Z-45;
X82;		X82;
G0 X150 Z150;	退回安全距离	G0 X150 Z150;
M5 M0 M9;	程序暂停	M5 M0 M9;
T0303;	切槽加工	T0303;
M3 S800 M8;		M3 S800 M8;
G0 X68 Z2;		G0 X68 Z2;
Z-66;		Z-66;
G1 X40;		G1 X40;
X68;		X68;
Z-63;		Z-63;
X40;		X40;
X68;		X68;
Z-58.44;		Z-58.44;
X65;		X65;
G3 X59.95 Z-61.4 R3;		G3 X59.95 Z-61.4 R3;
G1 X40 Z-63;		G1 X40 Z-63;
X68;		X68;
Z-67.6;		Z-67.6;
X59.95;		X59.95;
X40 Z-66;		X40 Z-66;
Z-63;		Z-63;
X68;		X68;
G0 X150 Z150;	退回安全距离	G0 X150 Z150;
M5 M0 M9;	程序暂停	M5 M0 M9;

(续)

FANUC 0i 系统程序	程序说明	华中系统程序
T0303；		T0303；
M3S800 M8；		M3S800 M8；
G0 X68 Z2；		G0 X68 Z2；
Z-88；		Z-88；
G1 X45 F0.1；		G1 X45 F0.1；
X68；		X68；
Z-85；		Z-85；
X45；		X45；
X68；		X68；
Z-84；	切槽加工	Z-84；
X45；		X45；
X68；		X68；
Z-77；		Z-77；
X59；		X59；
G2 X45 Z-84 R7；		G2 X45 Z-84 R7；
G1 X68；		G1 X68；
Z-74；		Z-74；
X65；		X65；
G3 X59 Z-77 R3；		G3 X59 Z-77 R3；
G1 X68；		G1 X68；
G0 X150 Z150；	退回安全距离	G0 X150 Z150；
M5 M30；	程序暂停	M5 M30；

四、样例小结

使用偏刀进行外轮廓加工时，应尽量多地去除余量，以便于采用切槽刀加工时能快速有效地加工到所需的精度。图样中圆弧轮廓的加工需要合理地运用切槽刀的左、右切削刃才能完成，其中切槽刀（左、右刀尖）正确地对刀是保证尺寸精度、圆弧 $R3$ 之间的光滑连接的基础，而控制好切槽刀的进退路线是防止碰撞的前提。

职业技能鉴定样例6　通孔螺纹轴零件的加工

考核目标
1. 正确选择可转位车刀及刀片。
2. 掌握孔加工的技术。
3. 掌握加工工艺的编制方法。

一、考核要求及准备

1. 总体要求

按零件图（图6-1）完成加工操作，本题分值为100分，考核时间为180min。

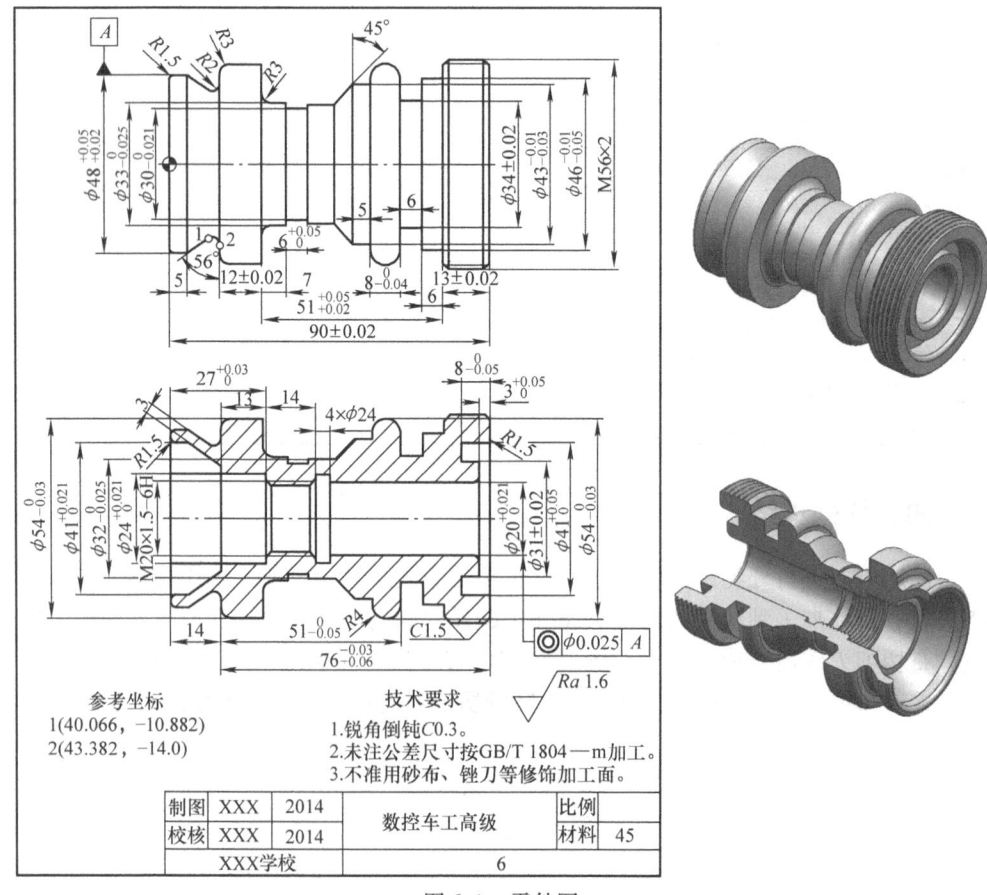

图6-1　零件图

2. 评分标准（表6-1）

表6-1 职业技能鉴定样例6评分表

工件编号 项目与配分		序号	技术要求	配分	总得分 评分标准	检测记录	得分
工件加工评分（100）	外形轮廓（58）	1	$\phi 48^{+0.05}_{+0.02}$	4	超差0.01扣1分		
		2	$\phi 33^{\ 0}_{-0.025}$	4	超差0.01扣1分		
		3	$\phi 30^{\ 0}_{-0.021}$	4	超差0.01扣1分		
		4	$2 \times \phi 54^{\ 0}_{-0.03}$	4	超差0.01扣1分		
		5	$\phi 46^{-0.01}_{-0.05}$	4	超差0.01扣1分		
		6	$\phi 43^{-0.01}_{-0.03}$	4	超差0.01扣1分		
		7	$\phi 34 \pm 0.02$	4	超差0.01扣1分		
		8	$\phi 32^{\ 0}_{-0.025}$	4	超差0.01扣1分		
		9	$M56 \times 2$	4	超差全扣		
		10	同轴度 $\phi 0.025$	4	超差0.01扣1分		
		11	$R1.5, R2, R3, C1.5$	2	每错一处扣0.5分		
		12	90 ± 0.02	2	超差0.01扣1分		
		13	$76^{-0.03}_{-0.06}$	2	超差0.01扣1分		
		14	$51^{+0.05}_{+0.02}$	2	超差0.01扣1分		
		15	$51^{\ 0}_{-0.05}$	2	超差0.01扣1分		
		16	12 ± 0.02	2	超差0.01扣1分		
		17	$6^{+0.05}_{\ 0}$	2	超差0.01扣1分		
		18	$8^{\ 0}_{-0.04}$	2	超差0.01扣1分		
		19	13 ± 0.02	2	超差0.01扣1分		
	内轮廓（32）	20	$\phi 41^{+0.021}_{\ 0}$	4	超差0.01扣1分		
		21	$\phi 24^{+0.021}_{\ 0}$	4	超差0.01扣1分		
		22	$\phi 41^{+0.05}_{\ 0}$	4	超差0.01扣1分		
		23	$\phi 31 \pm 0.02$	4	超差0.01扣1分		
		24	$\phi 20^{+0.021}_{\ 0}$	4	超差0.01扣1分		
		25	$M20 \times 1.5 - 6H$	4	超差全扣		
		26	内切槽 $4 \times \phi 24$	2	超差全扣		
		27	$27^{+0.03}_{\ 0}$	2	超差0.01扣1分		
		28	$8^{\ 0}_{-0.05}$	2	超差0.01扣1分		
		29	$3^{+0.05}_{\ 0}$	2	超差0.01扣1分		
	其他（10）	30	$Ra1.6\mu m$	3	每错一处1分		
		31	自由尺寸	2	每错一处扣0.5分		
		32	倒角，锐角倒钝	1	每错一处扣0.5分		
		33	工件按时完成	2	未按时完成全扣		
		34	工件无缺陷	2	缺陷一处扣2分		
程序与工艺		35	程序与工艺合理		每错一处扣2分		
机床操作		36	机床操作规范	倒扣	出错一次扣2~5分		
安全文明生产		37	安全操作		停止操作或酌扣5~20分		

3. 准备清单

1）材料准备（表6-2）。

表6-2 材料准备

名 称	规 格	数 量	要 求
45钢	φ60mm×92mm	1件/考生	车平两端面，去毛刺

2）工具、量具、刃具的准备参照表1-4。

二、工艺分析及相关知识

1. 图样分析

1）图形分析：零件的外形轮廓较为复杂，主要加工内容有孔、内螺纹、外螺纹、端面槽、外轮廓曲线等。轮廓外形由小曲率圆弧段、锥面等组成，加工要素增多。

2）精度分析：尺寸公差等级多为IT7，位置公差有一个垂直度要求。表面粗糙度值在各种孔和外圆弧回转面等处均为 $Ra1.6um$。孔径要求需重点控制，端面槽也有尺寸公差要求，应在编程、对刀和切削操作三个环节上注意上述要求。

2. 工艺分析

装夹方式和加工内容见表6-3。

表6-3 加工工艺流程表

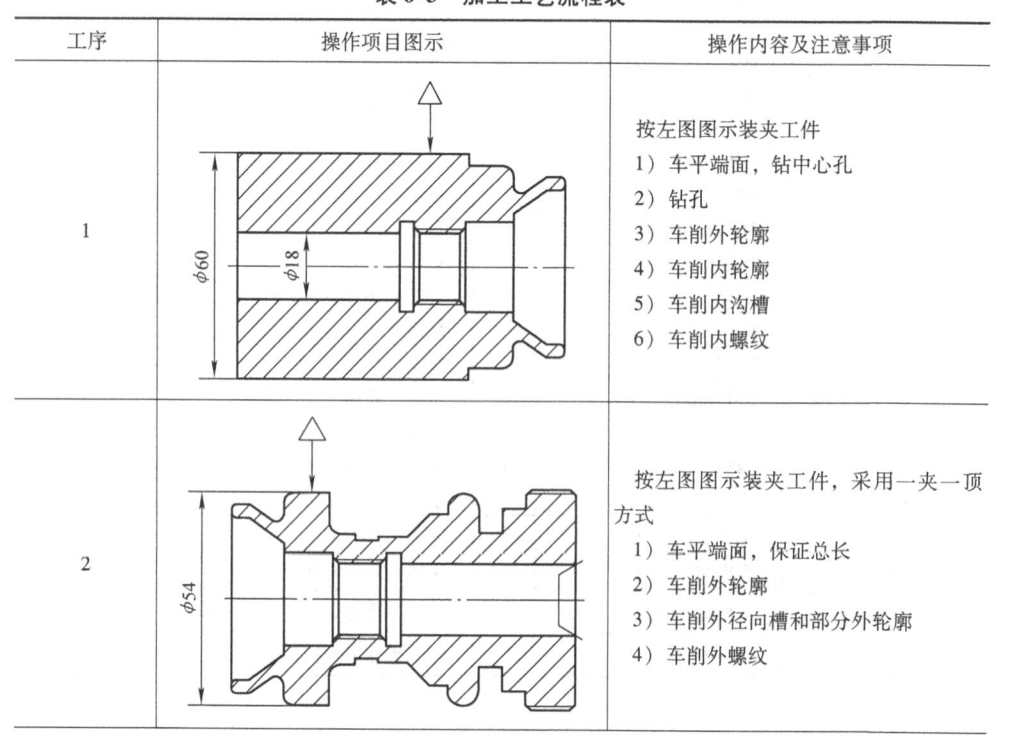

工序	操作项目图示	操作内容及注意事项
1	（φ60，φ18图示）	按左图图示装夹工件 1）车平端面，钻中心孔 2）钻孔 3）车削外轮廓 4）车削内轮廓 5）车削内沟槽 6）车削内螺纹
2	（φ54图示）	按左图图示装夹工件，采用一夹一顶方式 1）车平端面，保证总长 2）车削外轮廓 3）车削外径向槽和部分外轮廓 4）车削外螺纹

(续)

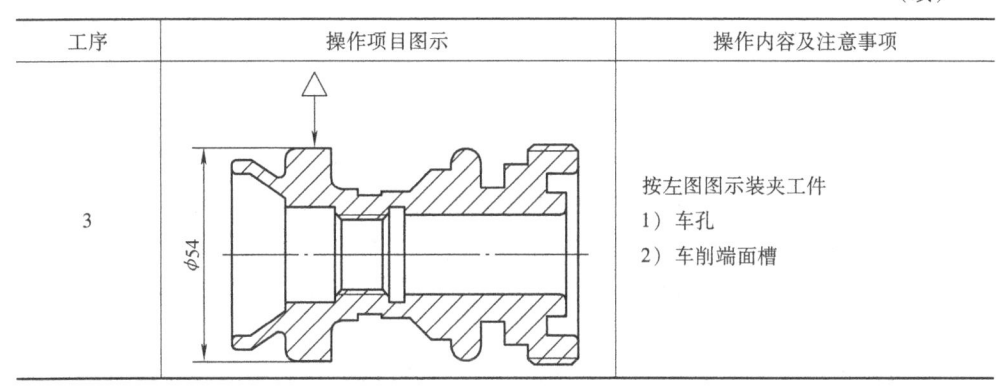

工序	操作项目图示	操作内容及注意事项
3		按左图图示装夹工件 1）车孔 2）车削端面槽

3. 相关知识

（1）内孔加工用刀具　根据不同的加工情况，内孔车刀可分为通孔车刀（图6-2a）和不通孔车刀（图6-2b）两种。

1）通孔车刀。为了减小径向切削力，防止振动，通孔车刀的主偏角一般取60°~75°，副偏角取15°~30°。为了防止内孔车刀后刀面和孔壁摩擦又不使后角磨的太大，一般磨成两个后角。

2）不通孔车刀。不通孔车刀是用来车不通孔或台阶孔的，它的主偏角取90°~95°。刀尖在刀杆的最前端，刀尖与刀杆外端的距离应小于内孔半径，否则孔的底平面就无法车平。车内孔台阶时，只要不碰即可。

为了节省刀具材料和增加刀杆的强度，也可将内孔车刀做成如图6-2所示的机夹式车刀。

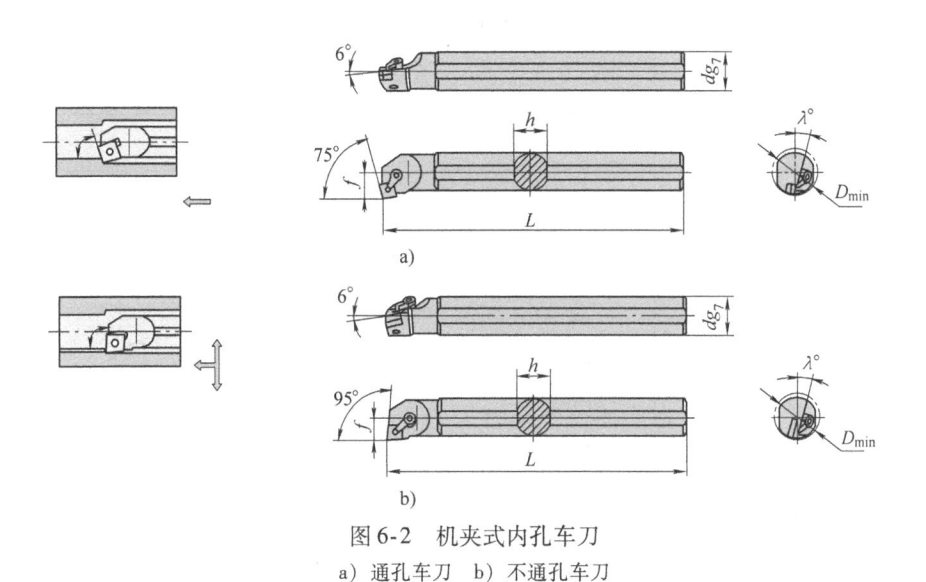

图6-2　机夹式内孔车刀
a）通孔车刀　b）不通孔车刀

(2) 车孔的关键技术　车孔是常用的孔加工方法之一，可用作粗加工，也可用作精加工。车孔精度等级一般可达 IT7～IT8，表面粗糙度值 $Ra1.6～3.2\mu m$，图 6-3 所示为一般钢制内孔车刀。车孔的关键技术是解决内孔车刀的刚性问题和内孔车削过程中的排屑问题。

为了增加车削刚性，防止产生振动，要尽量选择刀杆粗、刀尖位于刀柄的中心线上的刀具，增加刀柄横截面，装夹时刀杆伸出长度尽可能短，只要略大于孔深即可。刀尖要对准工件中心或稍高，刀杆与轴心线平行。为了确保安全，可在车孔前，先用内孔刀在孔内试走一遍。精车内孔时，应保持切削刃锋利，否则容易产生让刀现象，把孔车成锥形。

控制切屑流出方向来解决排屑问题。精车孔时要求切屑流向待加工表面（前排屑），前排屑主要是采用正刃倾角内孔车刀。加工不通孔时，应采用负的刃倾角，使切屑从孔口排出。在深孔车削或刀杆与孔尺寸相差不多的情况下，可通过采用内冷却（或压缩空气）方式提高排屑效果，如图 6-4 所示。

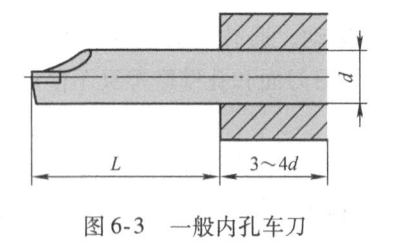

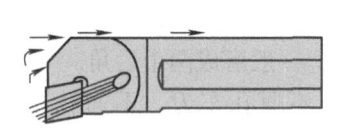

图 6-3　一般内孔车刀

图 6-4　采用内冷却的内孔车刀

(3) 影响刀杆振动的因素　在为振动敏感的工序选择车刀时应考虑的因素见表 6-4，振动趋势向右增加。

表 6-4　不同因素振动趋势

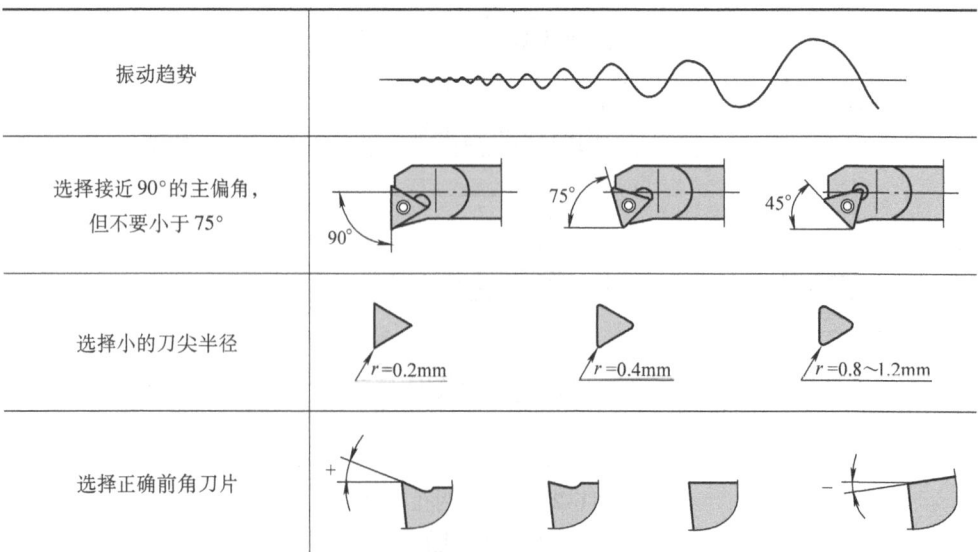

振动趋势			
选择接近 90° 的主偏角，但不要小于 75°	90°	75°	45°
选择小的刀尖半径	$r=0.2mm$	$r=0.4mm$	$r=0.8～1.2mm$
选择正确前角刀片	+		−

(4) 内孔车刀的安装　内孔车刀的安装正确与否，直接影响到车削情况及孔的精度，所以在安装时应注意以下几个问题：

1) 刀尖应与工件中心等高或稍高。如果刀夹低于中心，由于切削抗力的作用，容易将刀柄压低而产生扎刀现象，并可导致孔径扩大。

2) 刀柄伸出刀架不宜过长，一般比被加工孔长 5~6mm。

3) 刀柄基本平行于工件轴线，否则在车削到一定深度时刀柄后半部容易碰到工件孔口。

4) 不通孔车刀装夹时，内偏刀的主切削刃应与孔底平面成 3°~5°的角度，并且在车平面时要求横向有足够的退刀量。

(5) 内孔加工质量分析　内孔加工质量分析见表 6-5。

表 6-5　内孔加工质量分析

误差种类	序号	可能产生原因
尺寸不正确	1	测量不正确
	2	车刀安装不正确，刀柄与孔壁相碰
	3	产生积屑瘤，增加了刀尖长度，使车削后的孔偏大
	4	工件的热胀冷缩
内孔有锥度	5	刀具磨损
	6	刀柄刚性差，产生让刀现象
	7	刀柄与孔壁相碰
	8	车头轴线歪斜、床身不水平、床身导轨磨损等机床原因
内孔不圆	9	孔壁薄，装夹时产生变形
	10	轴承间隙太大，主轴颈成椭圆
	11	工件加工余量和材料组织不均匀
内孔不光	12	车刀磨损
	13	车刀刃磨不良，表面粗糙度值大
	14	车刀几何角度不合理，装刀低于中心
	15	切削用量选择不当
	16	刀柄细长，产生振动

三、程序编制

选择工件的左、右端面回转中心作为编程原点，其加工程序见表 6-6。

表6-6 职业技能鉴定样例6参考程序

FANUC 0i 系统程序	程序说明	华中系统程序
O0001;	程序名	O0001;
T0101;	换外圆车刀	T0101;
M03 S800;	主轴正转,转速为800r/min	M03 S800;
G0 X62 Z2;	到达目测检查点	G0 X62 Z2;
G73 U10 W0 R8;	粗车循环	; G71 U1.0 R0.5 P10 Q20 X0.15 Z0.05 F0.2;
G73 P10 Q20 U0.15 W0.05 F0.2;		
N10 G1 X45 Z0 F0.1;	加工轮廓描述	N10 G1 X45 Z0 F0.1;
G3 X48 Z-1.5 R1.5;		G3 X48 Z-1.5 R1.5;
G1 Z-5;		G1 Z-5;
X40.066 Z-10.882;		X40.066 Z-10.882;
G2 X43.382 Z-14 R2;		G2 X43.382 Z-14 R2;
G1 X54 R3;		G1 X54 R3;
G1 Z-27;		G1 Z-27;
N20 X62;		N20 X62;
G0 X150 Z150;	退回安全距离 程序暂停	G0 X150 Z150;
M5 M9 M0;		M5 M9 M30;
T0101;		
M3 S2000 M8;	设定精车转速	
G0 X62 Z2;		
G70 P10 Q20;	精加工循环	
G0 X150 Z150;	退回安全距离 程序暂停	
M5 M0 M9;		
T0202;	换车孔刀	T0202;
M3 S800 M8;		M3 S800 M8;
G0 X18 Z2;	粗车循环	G0 X18 Z2;
G71 U1 R0.1;		; G71 U1.0 R0.1 P30 Q40 X-0.15 Z0.05 F0.2;
G71 P30 Q40 U-0.15 W0.05 F0.2;		
N30 G0 X44;	加工轮廓描述	N30 G0 X44;
G1 Z0 F0.1;		G1 Z0 F0.1;
G2 X41 Z-1.5 R1.5;		G2 X41 Z-1.5 R1.5;
G1 Z-4.82;		G1 Z-4.82;
X28.62 Z-14;		X28.62 Z-14;

职业技能鉴定样例6 通孔螺纹轴零件的加工

(续)

FANUC 0i 系统程序	程序说明	华中系统程序
X24 C0.3;	加工轮廓描述	X24 C0.3;
SZ-27;		Z-27;
X18.2 C1.5;		X18.2 C1.5;
Z-46;		Z-46;
N40 X18;		N40 X18;
G0 X150 Z150;	退回安全距离	G0 X150 Z150;
M9 M5 M0;	程序暂停,测量	M9 M5 M30;
T0202;		
M3 S2000;	设定精车转速	
G0 X18 Z2 M8;		
G70 P30 Q40;	精加工循环	
G0 X150 Z150;	退回安全距离	
M9 M5 M0;	程序暂停	
T0303;	换内螺纹车刀	T0303;
M3 S1000;		M3 S1000;
G0 X18 Z2 M8;	到达目测检查点	G0 X18 Z2 M8;
Z-24;	加工内螺纹	Z-24;
G92 X18.5 Z-43 F1.5;		G82 X18.5 Z-43 F1.5;
X19;		X19;
X19.4;		X19.4;
X19.8;		X19.8;
X20;		X20;
G0 Z150;	退回安全距离	G0 Z150;
X150;	程序结束	X150;
M5 M30;		M5 M30;
O0002;	程序名	O0002;
T0101;	换外圆车刀	T0101;
M3 S800;	到达目测检查点	M3 S800;
G0 X60 Z2;		G0 X60 Z2;
G73 U14 W0 R10;	粗车循环	; G71 U1.0 R0.5 P10 Q20 X0.15 Z0.05 F0.2;
G73 P10 Q20 U0.15 W0.05 F0.2;		

(续)

FANUC 0i 系统程序	程序说明	华中系统程序
N10 G1 X52.8 Z0 F0.1;	加工轮廓描述	N10 G1 X52.8 Z0 F0.1;
X55.8 Z-1.5;		X55.8 Z-1.5;
Z-11.5;		Z-11.5;
X46 Z-16.5;		X46 Z-16.5;
Z-25;		Z-25;
G3 X54 Z-29 R4;		G3 X54 Z-29 R4;
G1 Z-32.5;		G1 Z-32.5;
X32 Z-43.5;		X32 Z-43.5;
Z-57;		Z-57;
X33 C0.3;		X33 C0.3;
Z-61;		Z-61;
G2 X39 Z-64 R3;		G2 X39 Z-64 R3;
G1 X54 C0.3;		G1 X54 C0.3;
N20 X60;		N20 X60;
G0 X150 Z150;	退回安全距离	G0 X150 Z150;
M5 M9 M0;	程序暂停	M5 M9 M30;
T0101;		
M3 S2000;	设定精车转速	
G0 X60 Z2 M8;	到达目测检查点	
G70 P10 Q20;	精车循环	
G0 X150 Z150;	退回安全距离	
M5 M0 M9;	程序暂停	
T0404;	换切槽刀（刀宽3mm）	T0404;
S600 M3;		S600 M3;
G0 X58 Z2 M8;	到达目测检查点	G0 X58 Z2 M8;
Z-16;	加工外槽	Z-16;
G1 X46 F0.1;		G1 X46 F0.1;
X58;		X58;
Z-19;		Z-19;
X46;		X46;
X58;		X58;
Z-25;		Z-25;
X34;		X34;

职业技能鉴定样例6　通孔螺纹轴零件的加工　　77

（续）

FANUC 0i 系统程序	程序说明	华中系统程序
X58;		X58;
Z-22;		Z-22;
X34;		X34;
X58;		X58;
Z-32;		Z-32;
X54;		X54;
G3 X46 Z-36 R4;		G3 X46 Z-36 R4;
G1 X58;	加工外槽	G1 X58;
Z-57;		Z-57;
X30;		X30;
X35;		X35;
Z-54;		Z-54;
X30;		X30;
X58;		X58;
G0 X150 Z150;		G0 X150 Z150;
M5 M9 M0;		M5 M9 M0;
T0505;	换外螺纹车刀	T0505;
M3 S800;		M3 S800;
G0 X58 Z2;	到达目测检查点	G0 X58 Z2;
G92 X55.2 Z-14 F2;		G82 X55.2 Z-14 F2;
X54.5;	加工外螺纹	X54.5;
X54.1;		X54.1;
X53.4;		X53.4;
G0 X150 Z150;	退回安全距离	G0 X150 Z150;
M5 M9 M0;	程序暂停	M5 M9 M0;
T0202;	换车孔刀	T0202;
M3 S1000;		M3 S1000;
G0 X18 Z2 M8;	到达目测检查点	G0 X18 Z2 M8;
G71 U1 R0.1;	粗车循环	; G71 U1.0 R0.1 P30 Q40
G71 P30 Q40 U-0.15 W0.05 F0.2;		X-0.15 Z0.05 F0.2;
N30 G0 X44;		N30 G0 X44;
G1 Z0 F0.1;	加工轮廓描述	G1 Z0 F0.1;
G2 X41 Z-1.5 R1.5;		G2 X41 Z-1.5 R1.5;

(续)

FANUC 0i 系统程序	程序说明	华中系统程序
G1 Z-3;	加工轮廓描述	G1 Z-3;
X20 R1.5;		X20 R1.5;
Z-46;		Z-46;
N40 X18;		N40 X18;
G0 X150 Z150;	退回安全距离	G0 X150 Z150;
M5 M9 M0;	程序暂停	M5 M9 M30;
T0202;		
M3 S2000;	设定精车转速	
G0 X18 Z2 M8;		
G70 P30 Q40;	精加工循环	
G0 X150 Z150;	退回安全距离	
M5 M9 M0;	程序暂停	
T0606;	换端面车刀（刀宽3mm）	T0606;
M3 S600;		M3 S600;
G0 X31 Z2 M8;	到达目测检查点	G0 X31 Z2 M8;
G1 Z-8 F0.1;	加工端面槽	G1 Z-8 F0.1;
Z2;		Z2;
X33;		X33;
Z-8;		Z-8;
Z2;		Z2;
G0 X150 Z150;	退回安全距离	G0 X150 Z150;
M5 M30;	程序结束	M5 M30;

四、样例小结

在进行右侧外轮廓加工时，合理使用顶尖，加强工件在切削中的刚性，可避免工件受力发生变形、脱落等现象。

深孔加工时如使用整体硬质合金车刀，可提高刀具的刚性，能有效减少刀具的振动。

职业技能鉴定样例 7　梯形螺纹轴零件的加工

> **考核目标**
> 1. 正确选择可转位车刀及刀片。
> 2. 掌握梯形螺纹编程加工的方法。
> 3. 掌握深孔加工的技术并学会应用。
> 4. 掌握加工工艺的编制方法。

一、考核要求及准备

1. 总体要求

按零件图（图 7-1）完成加工操作，本题分值为 100 分，考核时间为 180min。

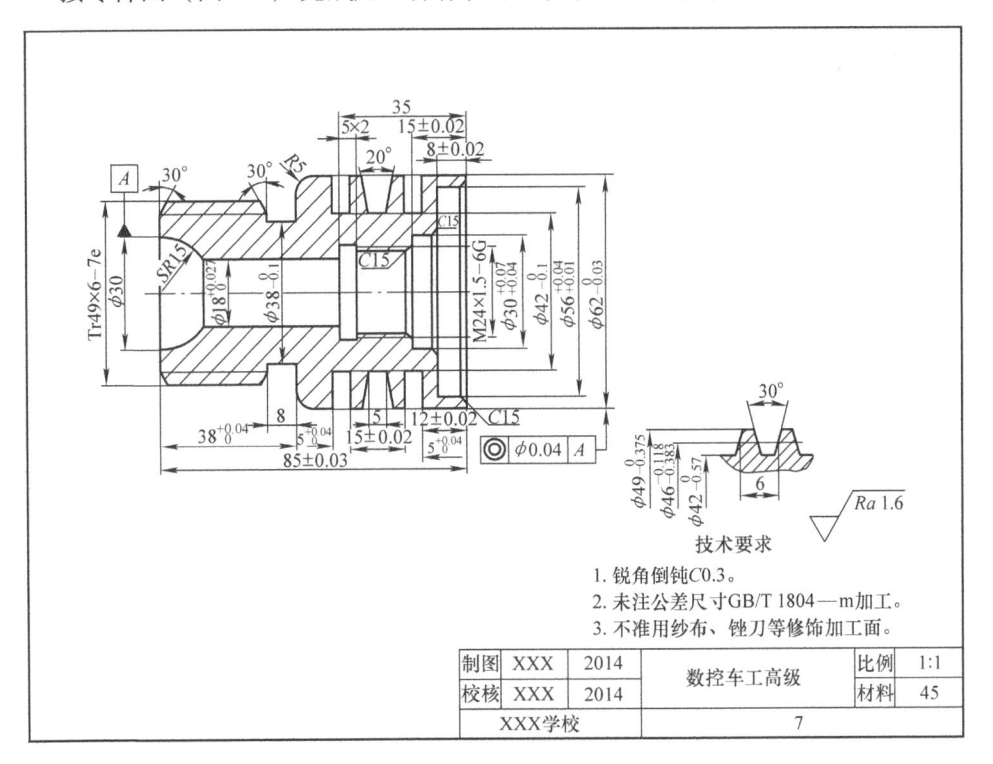

图 7-1　零件图

图 7-1　零件图（续）

2. 评分标准（表 7-1）

表 7-1　职业技能鉴定样例 7 评分表　　　　　　　　　　（单位：mm）

工件编号					总得分		
项目与配分		序号	技术要求	配分	评分标准	检测记录	得分
工件加工评分 (100)	外形轮廓 (58)	1	$\phi 62_{-0.03}^{0}$	5	超差 0.01 扣 1 分		
		2	Tr49×6-7e	10	超差 0.01 扣 1 分		
		3	切槽 $\phi 38_{-0.1}^{0}$	3	超差 0.01 扣 1 分		
		4	切槽 $\phi 42_{-0.1}^{0}$	8	超差 0.01 扣 1 分，2 处		
		5	梯形槽 $\phi 42_{-0.1}^{0}$	5	超差 0.01 扣 1 分		
		6	同轴度 $\phi 0.04$	4	超差 0.01 扣 1 分		
		7	$5_{0}^{+0.04}$	4	超差全扣		
		8	85±0.03	4	超差 0.01 扣 1 分		
		9	$38_{0}^{+0.04}$	4	超差 0.01 扣 1 分		
		10	15±0.02	4	超差 0.01 扣 1 分		
		11	12±0.02	4	超差 0.01 扣 1 分		
		12	R5，20°，30°	3	每错一处扣 1 分		
	内轮廓 (32)	13	$\phi 56_{+0.01}^{+0.04}$	5	超差 0.01 扣 1 分		
		14	$\phi 30_{+0.04}^{+0.07}$	5	超差 0.01 扣 1 分		
		15	内切槽 5×2	3	超差 0.01 扣 1 分		
		16	$\phi 18_{0}^{+0.027}$	5	超差 0.01 扣 1 分		
		17	M24×1.5-6G	5	超差全扣		
		18	8±0.02	3	超差 0.01 扣 1 分		
		19	15±0.02	3	超差 0.01 扣 1 分		
		20	SR15，35，C1.5	3	每错一处扣 1 分		
	其他 (10)	21	Ra1.6μm	3	每错一处扣 1 分		
		22	自由尺寸	2	每错一处扣 0.5 分		
		23	倒角，锐角倒钝	1	每错一处扣 0.5 分		
		24	工件按时完成	2	未按时完成全扣		
		25	工件无缺陷	2	缺陷一处扣 2 分		

(续)

工件编号			总得分			
项目与配分	序号	技术要求	配分	评分标准	检测记录	得分
程序与工艺	26	程序与工艺合理	倒扣	每错一处扣2分		
机床操作	27	机床操作规范		出错一次扣2~5分		
安全文明生产	28	安全操作		停止操作或酌情扣5~20分		

3. 准备清单

1) 材料准备（表7-2）。

表7-2 材料准备

名 称	规 格	数 量	要 求
45钢	φ65mm×90mm	1件/考生	车平两端面，去毛刺

2) 工具、量具、刃具的准备参照表1-4。

二、工艺分析及相关知识

1. 图样分析

1) 图形分析：零件的加工图素有孔、内三角形螺纹、外三角形螺纹、梯形螺纹、梯形槽、径向槽、外轮廓曲线等。梯形螺纹和深孔的加工是主要考核项目。

2) 精度分析：尺寸公差等级多为IT7，位置公差有一个同轴度要求。表面粗糙度值在各种孔和外圆回转面等处均为 $Ra1.6\mu m$。

2. 工艺分析

装夹方式和加工内容见表7-3。

表7-3 加工工艺流程表

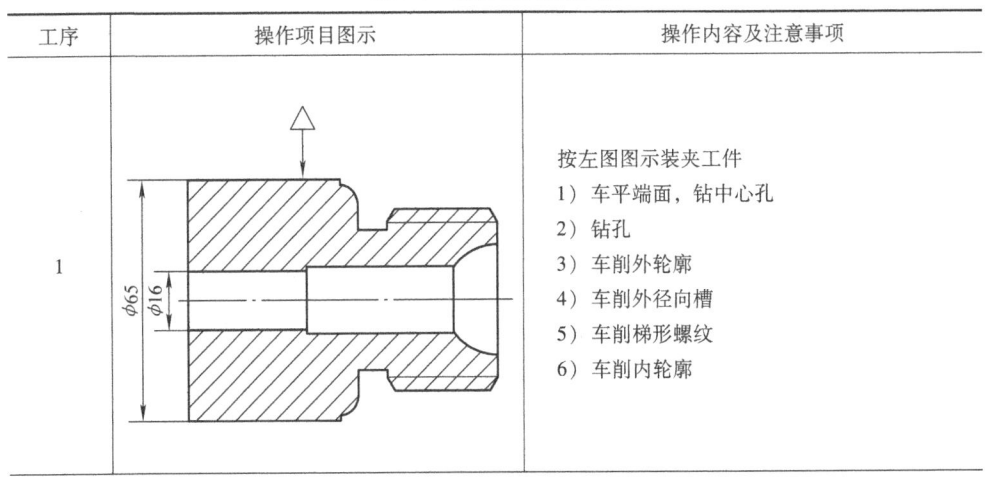

工序	操作项目图示	操作内容及注意事项
1	φ65 φ16	按左图图示装夹工件 1) 车平端面，钻中心孔 2) 钻孔 3) 车削外轮廓 4) 车削外径向槽 5) 车削梯形螺纹 6) 车削内轮廓

(续)

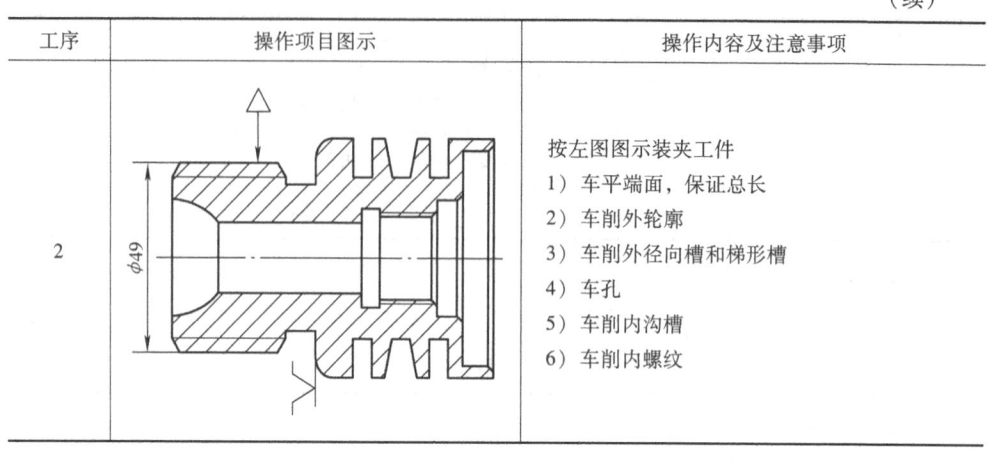

工序	操作项目图示	操作内容及注意事项
2	（φ49 图示）	按左图图示装夹工件 1）车平端面，保证总长 2）车削外轮廓 3）车削外径向槽和梯形槽 4）车孔 5）车削内沟槽 6）车削内螺纹

3. 相关知识

螺纹切削疑难解析见表7-4。

表7-4 螺纹切削疑难解析

问题	原因	措施
后刀面磨损过快	切削速度太高 横向背吃刀量太小 材料不耐磨 切削液供给不足 刀片在中心线以上	减小主轴转速 增大横向背吃刀量，更改侧向进给 应用涂层类刀片 增加切削液供给 调整中心高度
刃边剥落	切削速度太高 横向背吃刀量太大 牌号选择错误 切削控制不良 切削液供给不足 中心高度不正确	减小主轴转速 减小背吃刀量 应用涂层类牌号的刀具 更改侧向进给 增加切削液供给 调整中心高度
塑性变形	塑性变形切削区温度过高 牌号选择错误 切削液供给不足	减小主轴转速 减小背吃刀量 应用涂层类牌号的刀具 增加切削液供给
积屑瘤	切削温度过低 牌号选择错误 切削液供给不足	增加主轴转速 增加背吃刀量 应用涂层类牌号的刀具 增加切削液供给

（续）

问题	原因	措施
刀片破损	切削温度过低 背吃刀量太大 刀具牌号选择错误 中心高度不正确 横向背吃刀量太小 刀具悬伸太长	增加主轴转速 降低背吃刀量 增加进刀次数 应用韧性牌号的刀具 调整中心高度 更改侧向进给 减少刀具悬伸
表面质量差	错误的切削速度 切削区温度过高 切削控制不良 切削液供给不足 刀具悬伸太长 中心高度不正确	增加主轴转速 降低切削速度 减少背吃刀量 更改侧向进给 减少刀具悬伸 调整中心高度
切削控制不良	切削区温度过高 刀具牌号选择错误 切削液供给不足 车削直径不合适	减小主轴转速 减少背吃刀量 应用涂层类牌号的刀具 增加切削液供给 调整车削直径

三、程序编制

选择工件的左、右端面回转中心作为编程原点，其加工程序见表7-5。

表7-5 职业技能鉴定样例7 参考程序

FANUC 0i 系统程序	程序说明	华中系统程序
O0001；	程序名	O0001；
T0101；	换1号外圆车刀	T0101；
M3 S800；	主轴正转，转速为800r/min	M3 S800；
G0 X66 Z2；	到达目测检查点	G0 X66 Z2；
G71 U1 R0.1； G71 P10 Q20 U0.15 W0.05 F0.2；	粗车循环	；G71 U1.0 R0.1 P10 Q20 X0.15 Z0.05 F0.2；
N10 G0 X42； G1 Z0 F0.1； X48.8 Z-2.02； Z-38； X62 R5； N20 X66；	加工轮廓描述	N10 G0 X42； G1 Z0 F0.1； X48.8 Z-2.02； Z-38； X62 R5； N20 X66；

(续)

FANUC 0i 系统程序	程序说明	华中系统程序
G0 X150 Z150;	退回安全距离	G0 X150 Z150;
M5 M9 M0;	程序暂停	M5 M9 M30;
T0101;		
M3 S2000;	到达目测检查点	
G0 X80 Z2 M8;		
G70 P10 Q20;	精车循环	
G0 X150 Z150;	退回安全距离	
M5 M9 M0;	程序暂停	
T0202;	换切槽刀（刀宽3mm）	T0202;
M3 S600;		M3 S600;
G0 X50 M8;	到达目测检查点	G0 X50 M8;
Z-38;		Z-38;
G1 X38 F0.1;	加工外槽	G1 X38 F0.1;
X50;		X50;
Z-35;		Z-35;
X38;		X38;
X50;		X50;
Z-33;		Z-33;
X38;		X38;
X50;		X50;
Z-31.5;		Z-31.5;
X49;		X49;
X42 Z-33;		X42 Z-33;
G0 X50;	退回安全距离	G0 X50;
Z150;		Z150;
T0303;	换梯形螺纹车刀	T0303;
M3 S500;		M3 S500;
G0 X52 Z8 M8;	到达目测检查点	G0 X52 Z8 M8;
G76 P010130 Q20 R0.05;	加工梯形螺纹	G76 C2 A30 X22.05 Z-33 K3.5 U0.1 V0.1 Q0.4 F6;
G76 X22.05 Z-33 P3500 Q400 F6;		
G0 X150 Z150;		G0 X150 Z150;
M5 M0 M9;	程序暂停	M5 M0 M9;

(续)

FANUC 0i 系统程序	程序说明	华中系统程序
T0404；	换内孔车刀	T0404；
M3 S1000；		M3 S1000；
X16 Z2 M8；	到达目测检查点	X16 Z2 M8；
G71 U1 R0.1；	粗车循环	；G71 U1.0 R0.1 P30 Q40 X-0.15 Z0.05 F0.2；
G71 P30 Q40 U-0.15 W0.05 F0.2；		
N30 G0 X30；		N30 G0 X30；
G1 Z0 F0.1；	加工轮廓描述	G1 Z0 F0.1；
G3 X18 Z-12 R15；		G3 X18 Z-12 R15；
G1 Z-52；		G1 Z-52；
N40 X16；		N40 X16；
G0 X150 Z150；	退回安全距离	G0 X150 Z150；
T0404；		M05 M09 M30；
M3 S2000；	设定精车转速	
G0 X16 Z2 M8；		
G70 P10 Q20；	精车循环	
G0 X150 Z150；	退回安全距离	
M5 M30；	程序结束	
O0002；	程序名	O0002；
T0101；	换外圆车刀	T0101；
M03 S800；	主轴正转，转速为800r/min	M03 S800；
G0 X66 Z2 M8；	到达目测检查点	G0 X66 Z2 M8；
G71 U1 R0.5；	粗车循环	；G71 U1.0 R0.5 P10 Q20 X0.15 Z0.05 F0.2；
G71 P10 Q20 U0.15 W0.05 F0.2；		
N10 G0 X60；		N10 G0 X60；
G1 Z0；	加工轮廓描述	G1 Z0；
X62 C0.3；		X62 C0.3；
Z-48；		Z-48；
N20 X66；		N20 X66；
G0 X150 Z150；	退回安全距离	G0 X150 Z150；
M5 M9 M0；	程序暂停	M5 M9 M30；
T0101；		
M3 S2000 M8；	设定精车转速	

(续)

FANUC 0i 系统程序	程序说明	华中系统程序
G0 X66 Z2;	到达目测检查点	
G70 P10 Q20;	精车循环	
G0 X150 Z150;	退回安全距离	
M5 M9 M0;	程序暂停	
T0202;	换外槽车刀（刀宽3mm）	T0202;
M3 S800;		M3 S800;
G0 X64 Z2;	到达目测检查点	G0 X64 Z2;
Z-17 M8;		Z-17 M8;
G1 X42 F0.1;	加工外槽	G1 X42 F0.1;
X64;		X64;
Z-15;		Z-15;
X42;		X42;
Z-17;		Z-17;
X64;		X64;
G0 X150 Z150;	退回安全距离	G0 X150 Z150;
M5 M9 M0;	程序暂停	M5 M9 M0;
T0202;		T0202;
M3 S800 M8;		M3 S800 M8;
G0 X64 Z2;	到达目测检查点	G0 X64 Z2;
Z-37;		Z-37;
G1 X42 F0.1;	加工外槽	G1 X42 F0.1;
X64;		X64;
Z-35;		Z-35;
X42;		X42;
Z-37;		Z-37;
X64;		X64;
G0 X150 Z150;	退回安全距离	G0 X150 Z150;
M5 M9 M0;	程序暂停	M5 M9 M0;
T0202;		T0202;
M3 S800 M8;	到达目测检查点	M3 S800 M8;
G0 X64 Z2;		G0 X64 Z2;
Z-27;	加工外槽	Z-27;
G1 X42 F0.1;		G1 X42 F0.1;

(续)

FANUC 0i 系统程序	程序说明	华中系统程序
X64;		X64;
Z-25;		Z-25;
X42;		X42;
X64;		X64;
Z-28.76;		Z-28.76;
X62;		X62;
X42 Z-27;	加工外槽	X42 Z-27;
X64;		X64;
Z-23.24;		Z-23.24;
X62;		X62;
X42 Z-25;		X42 Z-25;
Z-27;		Z-27;
X64;		X64;
G0 X150 Z150;	退回安全距离	G0 X150 Z150;
M5 M0 M9;	程序暂停	M5 M0 M9;
T0404;	换内孔车刀	T0404;
M3 S1000;	到达目测检查点	M3 S1000;
G0 X16 Z2 M8;		G0 X16 Z2 M8;
G71 U1 R0.1;	粗车循环	; G71 U1 R0.1 P30 Q40 X-0.15 Z0.05 F0.2;
G71 P30 Q40 U-0.15 W0.05 F0.2;		
N30 G0 X59;		N30 G0 X59;
G1 Z0 F0.1;		G1 Z0 F0.1;
X56 Z-1.5;		X56 Z-1.5;
Z-8;		Z-8;
X30 C1.5;	加工轮廓描述	X30 C1.5;
Z-15;		Z-15;
X22.2 C1.5;		X22.2 C1.5;
Z-35;		Z-35;
N40 X16;		N40 X16;
G0 X150 Z150;	退回安全距离	G0 X150 Z150;
M5 M9 M0;	程序暂停	M5 M9 M30;
T0404;		

(续)

FANUC 0i 系统程序	程序说明	华中系统程序
M3 S2000;		
G0 X16 Z2 M8;	到达目测检查点	
G70 P30 Q40;		
G0 X150 Z150;	退回安全距离	
M5 M9 M0;	程序暂停	
T0505;	换内槽车刀（刀宽3mm）	T0505;
M3 S800;		M3 S800;
G0 X20 Z2 M8;	到达目测检查点	G0 X20 Z2 M8;
Z-35;		Z-35;
G1 X26.2 F0.1;		G1 X26.2 F0.1;
X20;		X20;
Z-33;	加工内沟槽	Z-33;
G1 X26.2;		G1 X26.2;
X20;		X20;
G0 Z150;	退回安全距离	G0 Z150;
T0606;	换内螺纹车刀	T0606;
M3 S800;		M3 S800;
G0 X20 Z2 M8;	到达目测检查点	G0 X20 Z2 M8;
G92 X22.5 Z-31 F1.5;		G82 X22.5 Z-31 F1.5;
X23;		X23;
X23.2;		X23.2;
X23.6;	加工内螺纹	X23.6;
X23.9;		X23.9;
X24;		X24;
G0 X150 Z150;	退回安全距离	G0 X150 Z150;
M5 M30;	程序结束	M5 M30;

四、样例小结

加工梯形螺纹时，宜采用单独的程序段，便于修改 Z 向刀具偏置量后重新进行加工，以保证尺寸的精度。对于刚性较差的数控车床，可采用 G92 与宏程序相结合，左右切削法的方法解决。

职业技能鉴定样例 8 椭圆弧面螺纹轴零件的加工

> **考核目标**
> 1. 正确选择可转位车刀及刀片。
> 2. 掌握宏程序与参数的编程方法。
> 3. 掌握非圆曲线的编程方法。
> 4. 掌握加工工艺的编制方法。

一、考核要求及准备

1. 总体要求

按零件图（图 8-1）完成加工操作，本题分值为 100 分，考核时间为 180min。

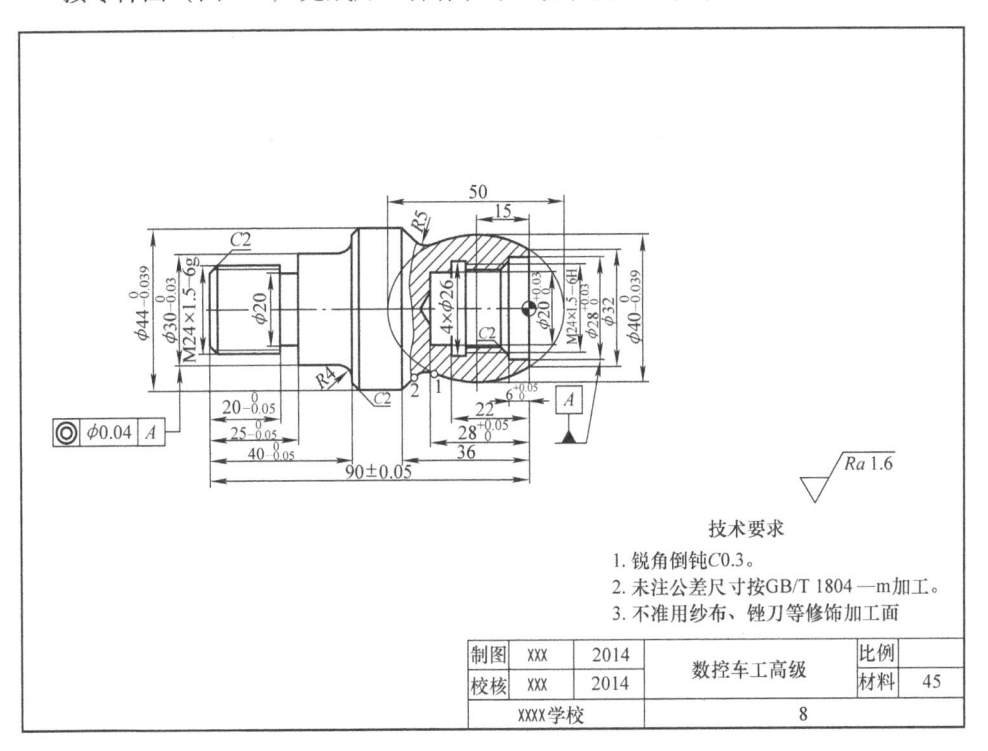

图 8-1 零件图

图 8-1　零件图（续）

2. 评分标准（表 8-1）

表 8-1　职业技能鉴定样例 8 评分表　　　　　　　　（单位：mm）

工件编号				总得分			
项目与配分		序号	技术要求	配分	评分标准	检测记录	得分
工件加工评分（100）	外形轮廓（56）	1	$\phi44_{-0.039}^{0}$	8	超差 0.01 扣 1 分		
		2	$\phi30_{-0.03}^{0}$	8	超差 0.01 扣 1 分		
		3	椭圆轮廓 $\phi40_{-0.039}^{0}$	10	超差 0.01 扣 1 分		
		4	M24×1.5－6g	6	超差全扣		
		5	同轴度 $\phi0.04$	5	超差 0.01 扣 1 分		
		6	R4, R5, C2	3	每错一处扣 1 分		
		7	90±0.05	4	超差 0.01 扣 1 分		
		8	$40_{-0.05}^{0}$	4	超差 0.01 扣 1 分		
		9	$25_{-0.05}^{0}$	4	超差 0.01 扣 1 分		
		10	$20_{-0.05}^{0}$	4	超差 0.01 扣 1 分		
	内轮廓（34）	11	$\phi28_{0}^{+0.03}$	8	超差 0.01 扣 1 分		
		12	$\phi20_{0}^{+0.03}$	8	超差 0.01 扣 1 分		
		13	内切槽 4×$\phi26$	4	超差全扣		
		14	M24×1.5－6H	6	超差全扣		
		15	$6_{0}^{+0.05}$	4	超差 0.01 扣 1 分		
		16	$28_{0}^{+0.05}$	4	超差 0.01 扣 1 分		
	其他（10）	17	$Ra1.6\mu m$	3	每错一处扣 1 分		
		18	自由尺寸	2	每错一处扣 0.5 分		
		19	倒角，锐角倒钝	1	每错一处扣 0.5 分		
		20	工件按时完成	2	未按时完成全扣		
		21	工件无缺陷	2	缺陷一处扣 2 分		
程序与工艺		22	程序与工艺合理	倒扣	每错一处扣 2 分		
机床操作		23	机床操作规范		出错一次扣 2~5 分		
安全文明生产		24	安全操作		停止操作或酌情扣 5~20 分		

3. 准备清单

1) 材料准备（表8-2）。

表8-2 材料准备

名　称	规　格	数　量	要　求
45钢	$\phi50\text{mm}\times95\text{mm}$	1件/考生	车平两端面，去毛刺

2) 工具、量具、刃具的准备参照表1-4。

二、工艺分析及相关知识

1. 图样分析

1) 图形分析：孔、内螺纹、外螺纹、椭圆轮廓等图素是工件的组成部分。加工的要点和重点是椭圆轮廓，而刀具合理选择和宏程序正确应用是保证椭圆轮廓的基础。

2) 精度分析：加工尺寸公差等级多数为IT7，表面粗糙度值均为$Ra1.6\mu m$，要求较高。同轴度要求是唯一的位置精度。

2. 工艺分析

装夹方式和加工内容见表8-3。

表8-3 加工工艺流程表

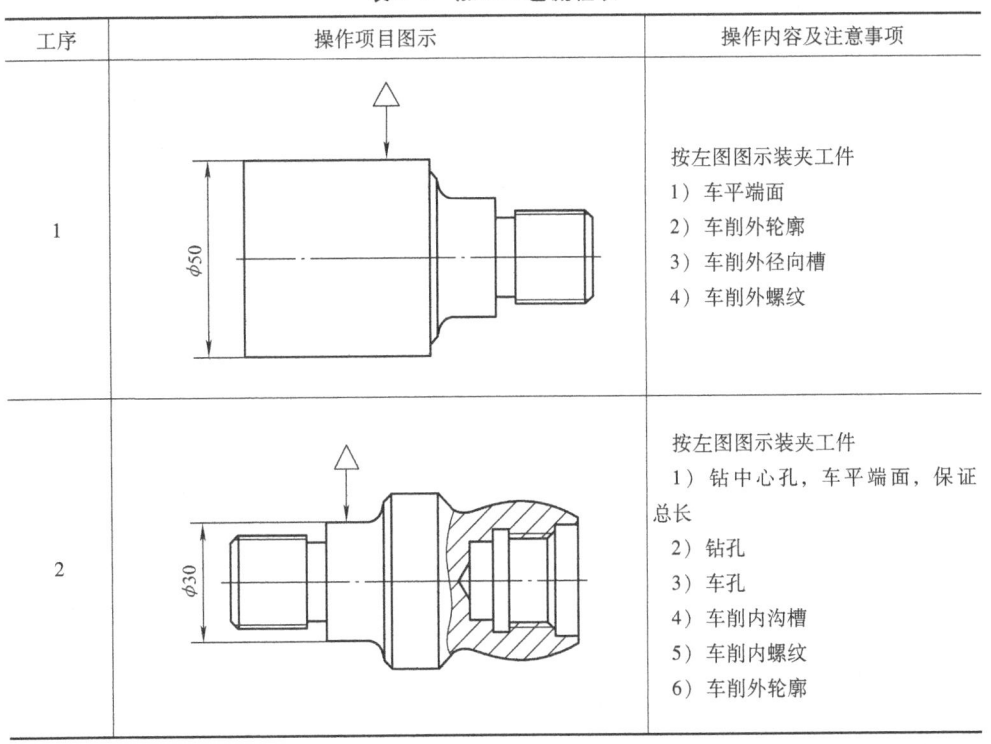

工序	操作项目图示	操作内容及注意事项
1		按左图图示装夹工件 1) 车平端面 2) 车削外轮廓 3) 车削外径向槽 4) 车削外螺纹
2		按左图图示装夹工件 1) 钻中心孔，车平端面，保证总长 2) 钻孔 3) 车孔 4) 车削内沟槽 5) 车削内螺纹 6) 车削外轮廓

3. 相关知识

（1）椭圆曲线的编程思路　图 8-1 所示椭圆的方程为 $X^2/20^2 + (Z+15)^2/25^2 = 1$；该椭圆方程的参数方程为 $X = 20\sin\alpha$，$Z = 25\cos\alpha - 15$；椭圆上各点坐标分别是（$20\sin\alpha$，$25\cos\alpha - 25$），坐标值随角度的变化而变化，α 是自变量，而坐标 X 和 Z 是应变量。

宏程序指令一般用于精加工。其加工余量不能太大，通常在精加工之前要进行去除余量的粗加工，比如粗加工时椭圆可用圆弧拟合。

1）椭圆的近似画法。由于 G71 指令内部不能采用宏程序进行编程。因此，粗加工过程中常用圆弧来代替非圆曲线，采用圆弧代替椭圆的近似画法如图 8-2 所示，其操作步骤如下：

① 画出长轴 AB 和短轴 CD，连接 AC 并在 AC 上截取 CF，使其等于 AO 与 CO 之差 CE。

② 作 AF 的垂直平分线，使其分别交 AB 和 CD 于 O_1 和 O_2 点。

③ 分别以 O_1 和 O_2 圆心，O_1C 和 O_2A 为半径作出圆弧 CG 和 AG，该圆弧即为四分之一的椭圆。

④ 用同样的方法画出整个椭圆。

工件为了保证加工后的精加工余量，将长轴半径设为 25.5mm，短轴半径设为 20.5。采用四心近似画椭圆的方法画出的圆弧 AG 的半径为 R17.78mm，圆弧 CG 的半径为 R30.1mm，G 点相对于 O 点的坐标为（-18.86，13.69）。

2）椭圆标准方程的编程思路。将例题中的非圆曲线分成 N 条线段后，用直线进行拟合，每段直线在 Z 轴方向的间距为 0.05。如图 8-3 所示，根据曲线公式，以 Z 坐标作为自变量，X 坐标作为应变量，Z 坐标每次递减 0.05，计算出对应的 X 坐标值。宏程序或参数编程时使用以下变量进行运算：

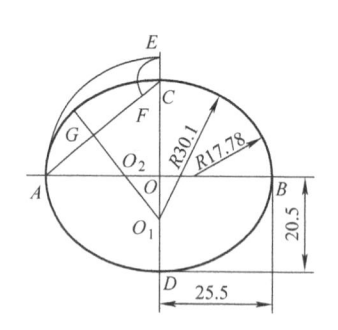

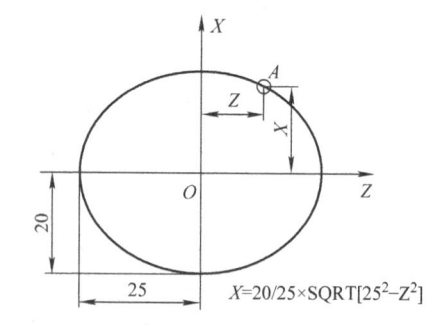

图 8-2　四心近似画椭圆　　　图 8-3　椭圆标准方程的变量计算

#1 或 R1：非圆曲线公式中的 Z 坐标值，初始值为 15。

#2 或 R2：非圆曲线公式中的 X 坐标值（半径量），初始值为 16。

#3 或 R3：非圆曲线在工件坐标系中的 Z 坐标值，其值为 #1 - 15.0。

职业技能鉴定样例 8　椭圆弧面螺纹轴零件的加工　　93

#4 或 R4：非圆曲线在工件坐标系中的 X 坐标值（直径量），其值为#2×2。

标准方程编程流程图如图 8-4 所示。

3）椭圆参数方程的编程思路。本例工件采用极角方式进行宏程序或参数编程，编程过程中以极角 α 为自变量，每次角度增量为 3°，而坐标 X 和 Z 是应变量，则公式中的坐标为：$X = 20 \times \sin\alpha$，$Z = 25 \times \cos\alpha$。编程过程中使用以下变量进行运算：

#1：椭圆上各点对应的角度 α；

#2：$20 \times \sin\alpha \times 2$，椭圆上各点在工件坐标系中的 X 坐标；

#3：$25 \times \cos\alpha - 15$，椭圆上各点在工件坐标系中的 Z 坐标。

参数方程编程流程图如图 8-5 所示。

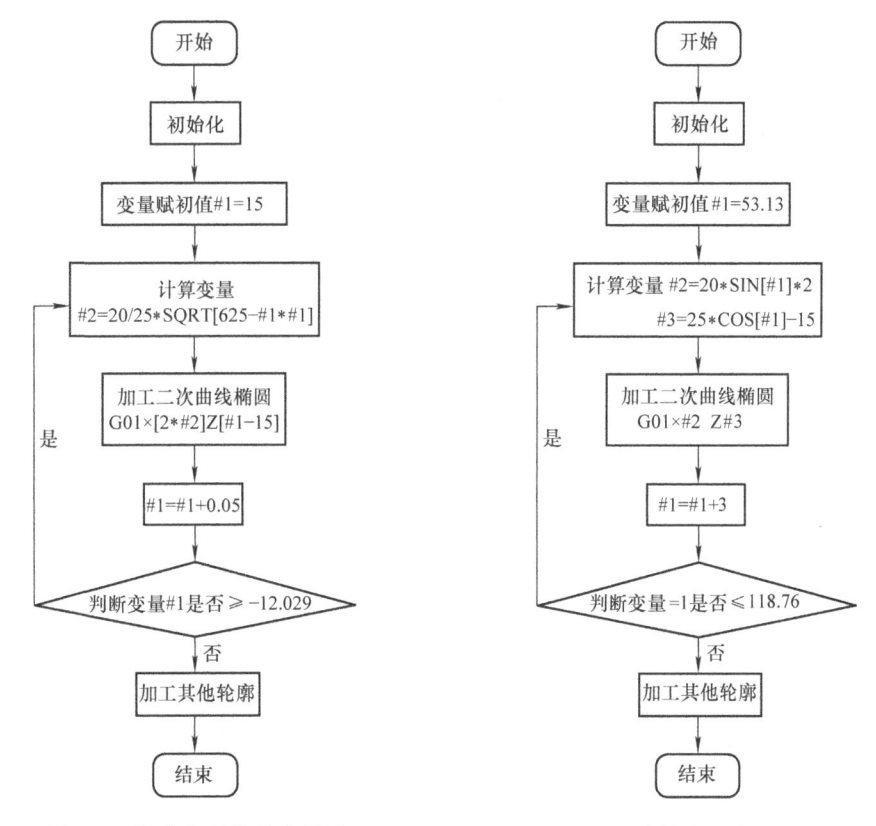

图 8-4　标准方程编程流程图　　　　图 8-5　参数方程编程流程图

4）椭圆参数方程编程中的极角问题。椭圆曲线除了采用公式："$X^2/a^2 + Y^2/b^2 = 1$"（其中，a 和 b 为半轴长度）来表示外，还可采用极坐标来表示，如图 8-6 所示。对于极坐标的极角，应特别注意除了椭圆上四分点处的极角 α 等于几何角度 β 外，其余各点处的极角与几何角度不相等，在编程中一定要加以区分。本例工件的椭圆与圆弧交点处的极角如图 8-7 所示，其中 1 点的几何角度为 46.85°，而其极角为 53.13°；2 点的几何角度为 180° − 55.54° = 124.46°，而其极角为 180° − 61.24° = 118.76°。

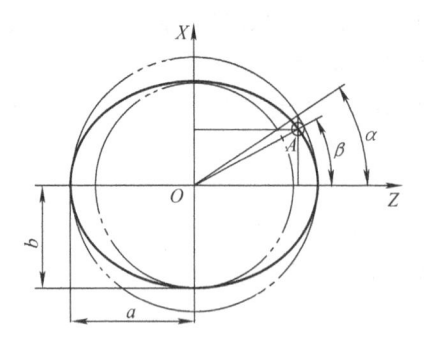

图 8-6　椭圆的极角表示方法

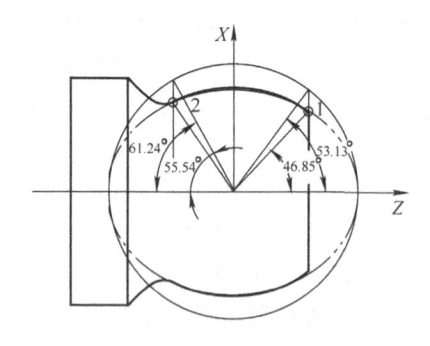

图 8-7　例题中椭圆的极角

（2）曲线表达式　宏程序的应用离不开相关的数学知识，其中三角函数、解析几何是最主要的基础知识，要编制出精良的加工用宏程序，一方面要求编程者具有相应的工艺知识和经验，另一方面也要求具有相应的数学知识，即知道如何将上述的意图通过逻辑严密的数学语言配合标准的格式语句加以表达。表 8-4 列出了一些常见的曲线表达式。

表 8-4　曲线表达式

类别	圆	椭圆
标准方程	$(X-a)^2 + (Y-b)^2 = 1$	$X^2/a^2 + Y^2/b^2 = 1$
参数方程（极坐标）	$X = f(\theta) \rightarrow X = a + r*\cos\theta$ $Y = f(\theta) \rightarrow Y = b + r*\sin\theta$	$X = f(\theta) \rightarrow X = a*\cos\theta$ $Y = f(\theta) \rightarrow Y = b*\sin\theta$
类别	双曲线	抛物线
标准方程	$X^2/a^2 - Y^2/b^2 = 1$	$Y^2 = 2pX$

(续)

参数方程 (极坐标)	$X = f(\theta) \rightarrow X = a/\cos\theta$ $Y = f(\theta) \rightarrow Y = b*\tan\theta$	$r = p/(1-\cos\theta)$
类别	正弦曲线	摆线
参数方程 (极坐标)	$y = A*\sin\theta + k$	$x = f(\theta) \rightarrow x = a*(\theta - \sin\theta)$ $y = f(\theta) \rightarrow y = a*(1 - \cos\theta)$
类别	外摆线（心形线）	内摆线（星形线）
	$x = f(\theta) \rightarrow x = 2a*\cos\theta - a*\cos(2\theta)$ $y = f(\theta) \rightarrow y = 2a*\sin\theta - a*\sin(2\theta)$	$x = f(\theta) \rightarrow x = a*(\cos\theta)^3$ $y = f(\theta) \rightarrow y = a*(\sin\theta)^3$
类别	渐开线	阿基米德螺线
参数方程 (极坐标)	$x = f(\theta) \rightarrow x = a*(\cos\theta + \theta*\sin\theta)$ $y = f(\theta) \rightarrow y = a*(\sin\theta - \theta*\cos\theta)$	$r = a\theta$

三、程序编制

选择工件的左、右端面回转中心作为编程原点，其加工程序见表8-5。

表 8-5　职业技能鉴定样例 8 参考程序

FANUC 0i 系统程序	程序说明	华中系统程序
O0001；	程序名	O0001；
T0101；	换外圆车刀	T0101；
M03 S800；		M03 S800；
G0 X52 Z2 M8；	到达目测检查点	G0 X52 Z2 M8；
G73 U9 W0 R8；	粗车循环	；G71 U1.0 R0.5 P10 Q20 X0.15 Z0.05 F0.2；
G73 P10 Q20 U0.15 W0.05 F0.2；		
N10 G1 X32 Z0 F0.1；	加工轮廓描述	N10 G1 X32 Z0 F0.1；
#1 = 15；		#1 = 15；
N11 #2 = 20/25 * SQRT［625 - #1 * #1］；		WHILE#1 GE［-12.029］；
		#2 = 20/25 * SQRT［625 - #1 * #1］；
G1 X［2 * #2］Z［#1 - 15］；		G1 X［2 * #2］Z［#1 - 15］；
#1 = #1 - 0.1；		#1 = #1 - 0.1；
IF［#1 GE - 12.029］GOTO11；		
X35.064 Z - 27.029；		X35.064 Z - 27.029；
		ENDW；
G2 X37.15 Z - 32.575 R5；		G2 X37.15 Z - 32.575 R5；
G1 X44 Z - 36；		G1 X44 Z - 36；
Z - 50；		Z - 50；
N20 X52；		N20 X52；
G0 X150 Z150；	退回安全距离	G0 X150 Z150；
M5 M0 M9；	程序暂停	M5 M30 M9；
T0101；		
M3 S2000；	设定精车转速	
G0 X52 Z2 M8；	到达目测检查点	
G70 P10 Q20	精车循环	
G0 X150 Z150；	退回安全距离	
M5 M9 M0；	程序暂停	
T0202；	换车孔刀	T0202；
M3 S800；	到达目测检查点	M3 S800；
G0 X18 Z2 M8；		G0 X18 Z2 M8；
G71 U1 R0.1；	粗车循环	；G71 U1 R0.1 P30 Q40 X - 0.15 Z0.05 F0.2；
G71 P30 Q40 U - 0.15 W0.05 F0.2；		

(续)

FANUC 0i 系统程序	程序说明	华中系统程序
N30 G0 X30;	加工轮廓描述	N30 G0 X30;
G1 Z0 F0.1;		G1 Z0 F0.1;
X28 C0.3;		X28 C0.3;
Z-6;		Z-6;
X22.2 C2;		X22.2 C2;
Z-22;		Z-22;
X20;		X20;
Z-28;		Z-28;
N40 X18;	退回安全距离 程序暂停	N40 X18;
G0 X150 Z150;		G0 X150 Z150;
M5 M9 M0;		M5 M9 M30;
T0202;	设定精车转速	
M3 S2000;		
G0 X18 Z2 M8;		
G70 P30 Q40;	精车循环	
G0 X150 Z150;	退回安全距离 程序暂停	
M5 M9 M0;		
T0303;	换内槽车刀	T0303;
M3 S800;		M3 S800;
G0 X20 Z2 M8;	到达目测检查点	G0 X20 Z2 M8;
Z-22;		Z-22;
G1 X26 F0.1;	加工内槽	G1 X26 F0.1;
X20;		X20;
Z-21;		Z-21;
X26;		X26;
X20;		X20;
Z2;		Z2;
G0 X150 Z150;	退回安全距离 程序暂停	G0 X150 Z150;
M5 M0 M9;		M5 M30 M9;
T0404;	换内螺纹车刀	T0404;
M3 S800;		M3 S800;
G0 X20 Z2;	到达目测检查点	G0 X20 Z2;

（续）

FANUC 0i 系统程序	程序说明	华中系统程序
G92 X22.5 Z-19 F1.5;	加工内螺纹	G82 X22.5 Z-19 F1.5;
X23.4;		X23.4;
X23.9;		X23.9;
X24;		X24;
G0 X150 Z150;	退回安全距离	G0 X150 Z150;
M5 M30;	程序结束	M5 M30;

四、样例小结

程序编制过程中，程序变量的设置与赋值是一个重要的环节，根据图样所给定的条件进行分析，从而合理判断与选择应变量与自变量，这样不仅能简化程序，而且也提高了程序的可读性与正确率。编程人员要熟悉常规性曲线方程的标准方程和参数方程，并能熟练地对其进行转换，才能顺利解决编程难题和优化程序。

职业技能鉴定样例 9　抛物线螺纹轴零件的加工

> **考核目标**
> 1. 正确选择可转位车刀及刀片。
> 2. 掌握非圆曲线（抛物线）的编程思路。
> 3. 掌握加工工艺的编制方法。

一、考核要求及准备

1. 总体要求

按零件图（图9-1）完成加工操作，本题分值为100分，考核时间为180min。

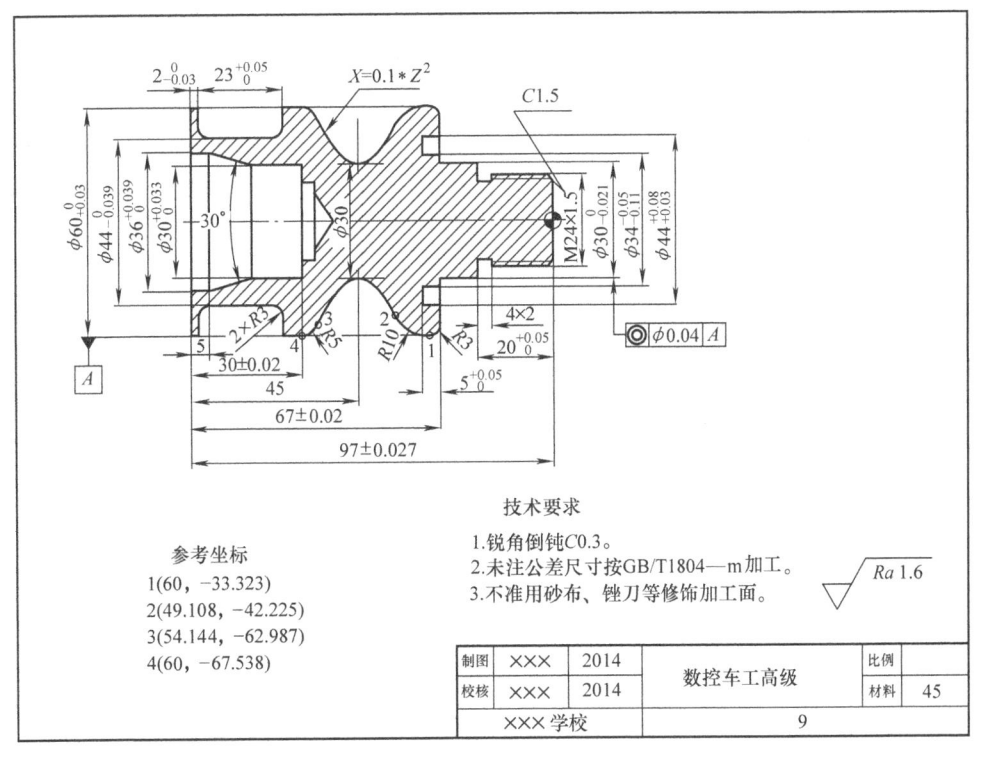

技术要求
1. 锐角倒钝C0.3。
2. 未注公差尺寸按GB/T1804—m加工。
3. 不准用砂布、锉刀等修饰加工面。

参考坐标
1(60，-33.323)
2(49.108，-42.225)
3(54.144，-62.987)
4(60，-67.538)

图中标注：$X=0.1*Z^2$

图 9-1　零件图

图 9-1 零件图（续）

2. 评分标准（表 9-1）

表 9-1 职业技能鉴定样例 9 评分表   （单位：mm）

工件编号			总得分			
项目与配分	序号	技术要求	配分	评分标准	检测记录	得分
工件加工评分（100）						
外形轮廓（59）	1	$\phi 60_{-0.03}^{0}$	6	超差 0.01 扣 1 分		
	2	$\phi 44_{-0.039}^{0}$	6	超差 0.01 扣 1 分		
	3	$\phi 30_{-0.021}^{0}$	6	超差 0.01 扣 1 分		
	4	$M24 \times 1.5$	6	超差 0.01 扣 1 分		
	5	切槽 4×2	2	超差 0.01 扣 1 分		
	6	$X = 0.1 * Z^2$	10	超差 0.01 扣 1 分		
	7	同轴度 $\phi 0.04$	4	超差 0.01 扣 1 分		
	8	$R3$，$R5$，$R10$	3	每错一处扣 1 分		
	9	97 ± 0.027	3	超差 0.01 扣 1 分		
	10	67 ± 0.02	3	超差 0.01 扣 1 分		
	11	$23_{0}^{+0.05}$	4	超差 0.01 扣 1 分		
	12	$20_{0}^{+0.05}$	3	超差 0.01 扣 1 分		
	13	$2_{-0.03}^{0}$	3	超差 0.01 扣 1 分		
内轮廓（31）	14	$\phi 36_{0}^{+0.039}$	6	超差 0.01 扣 1 分		
	15	$\phi 30_{0}^{+0.033}$	6	超差 0.01 扣 1 分		
	16	$\phi 44_{+0.03}^{+0.08}$	6	超差 0.01 扣 1 分		
	17	$\phi 34_{-0.11}^{-0.05}$	6	超差 0.01 扣 1 分		
	18	$5_{0}^{+0.05}$	4	超差 0.01 扣 1 分		
	19	30 ± 0.02	3	超差 0.01 扣 1 分		
其他（10）	20	$Ra1.6\mu m$	3	每错一处扣 1 分		
	21	自由尺寸	2	每错一处扣 0.5 分		
	22	倒角，锐角倒钝	1	每错一处扣 0.5 分		
	23	工件按时完成	2	未按时完成全扣		
	24	工件无缺陷	2	缺陷一处扣 2 分		

(续)

工件编号				总得分		
项目与配分	序号	技术要求	配分	评分标准	检测记录	得分
程序与工艺	25	程序与工艺合理	倒扣	每错一处扣 2 分		
机床操作	26	机床操作规范		出错一次扣 2~5 分		
安全文明生产	27	安全操作		停止操作或酌情扣 5~20 分		

3. 准备清单

1）材料准备（表9-2）。

表9-2 材料准备

名 称	规 格	数 量	要 求
45 钢	φ65mm×100mm	1 件/考生	车平两端面，去毛刺

2）工具、量具、刃具的准备参照表1-4。

二、工艺分析及相关知识

1. 图样分析

1）图形分析：零件需要加工锥孔、外螺纹、径向宽槽、端面槽、抛物线曲线等。工件加工的难点是抛物线和径向宽槽的加工。

2）精度分析：加工尺寸公差等级多数为 IT7，表面粗糙度值均为 $Ra1.6\mu m$，要求较高。主要的位置精度为同轴度要求。

2. 工艺分析

装夹方式和加工内容见表9-3。

表9-3 加工工艺流程表

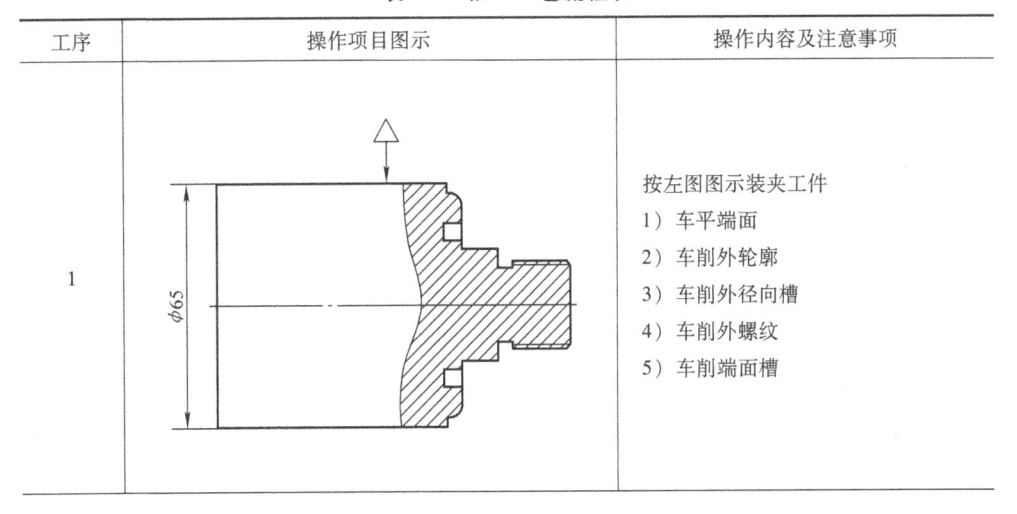

工序	操作项目图示	操作内容及注意事项
1	φ65	按左图图示装夹工件 1）车平端面 2）车削外轮廓 3）车削外径向槽 4）车削外螺纹 5）车削端面槽

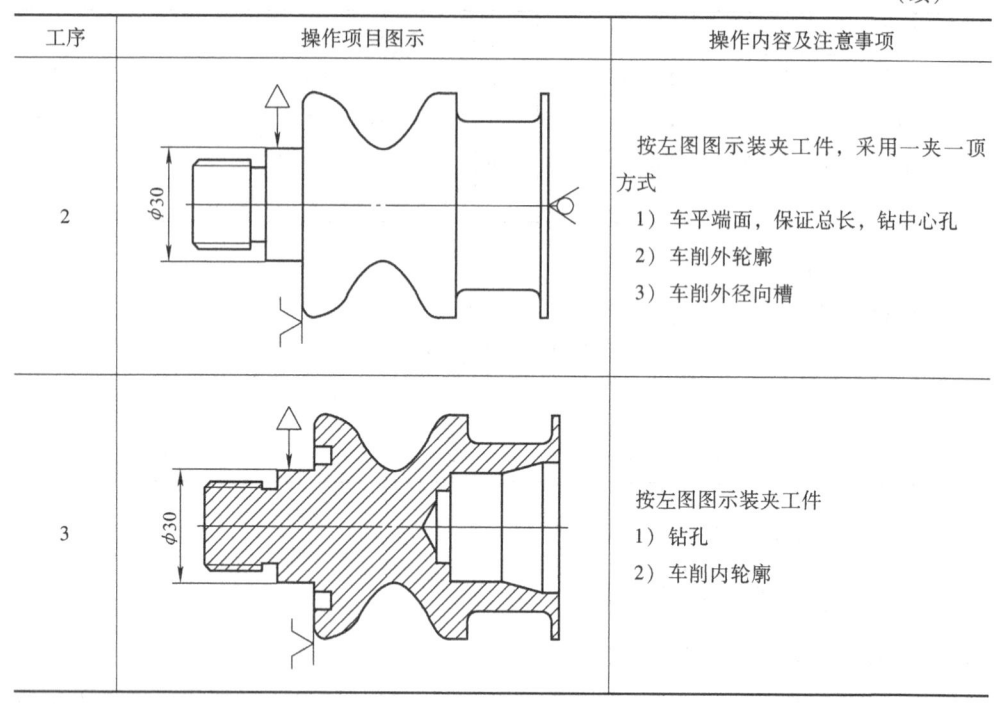

工序	操作项目图示	操作内容及注意事项
2		按左图图示装夹工件,采用一夹一顶方式 1)车平端面,保证总长,钻中心孔 2)车削外轮廓 3)车削外径向槽
3		按左图图示装夹工件 1)钻孔 2)车削内轮廓

3. 相关知识

抛物线的标准方程见表9-4。

表9-4 抛物线的标准方程

标准方程	焦点坐标	准线方程	图形开口
$Y^2 = 2pX$ ($p>0$)	($p/2$, 0)	$X = -p/2$	
$Y^2 = -2pX$ ($p>0$)	($-p/2$, 0)	$X = p/2$	
$X^2 = 2pY$ ($p>0$)	(0, $p/2$)	$Y = -p/2$	
$X^2 = -2pY$ ($p>0$)	(0, $-p/2$)	$Y = p/2$	

分析图样要跟实际加工流程联系起来,要注意抛物线开口,实际加工时工件的方向是不是与图示方向一致;如不一致,则要进行公式的转变,编程原点也随之相应改变。

1) 抛物线方程式为 $X = 0.1 \times Z^2$，判断抛物线正确与否可以通过给定的两坐标（$X24.144$，$Z10.99$）、（$X19.108$，$Z-9.775$）代入验证（注意 X 为半径值）。

2) 以 Z 为变量时，根据上述抛物线方程，将 X 用含 Z 的表达式表示：$X = 0.1 \times Z^2$。Z 的变化范围为 $10.99 \sim -9.775$ mm，流程图如图 9-2 所示。

3) 以 X 为变量时，根据上述抛物线方程，将 Z 用含 X 的表达式表示：$Z = \pm\sqrt{10 \times X}$。$X$ 的变化范围为 $12.072 \sim 0 \sim 9.554$ mm，注意应变量 Z 值的正负号。自变量的范围要分解成两部分，分别为逐渐递减的 $12.072 \sim 0$ mm，此时求解出的 Z 值取正值；逐渐递增的 $0 \sim 9.554$ mm 部分，求解出的 Z 应取负值。流程图如图 9-3 所示，自变量的取值范围仅为递减部分 $12.072 \sim 0$ mm。

4) 无论是以 X 为变量，还是以 Z 为变量，前提条件都是抛物线方程要正确，然后再从图上找出它们的取值范围即可。本例中以 Z 为自变量要方便一些。

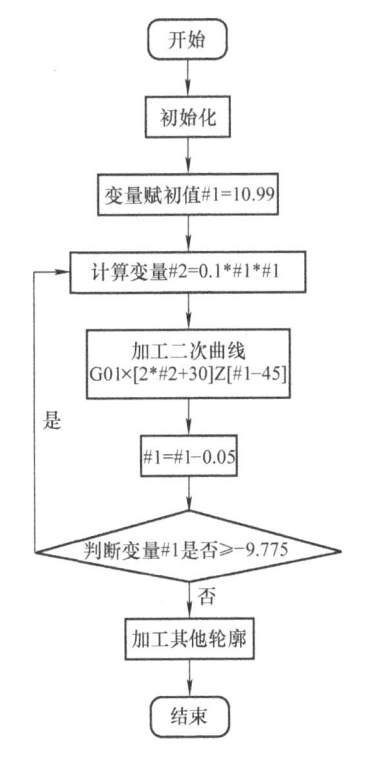

图 9-2　Z 作为应变量时的编程流程图

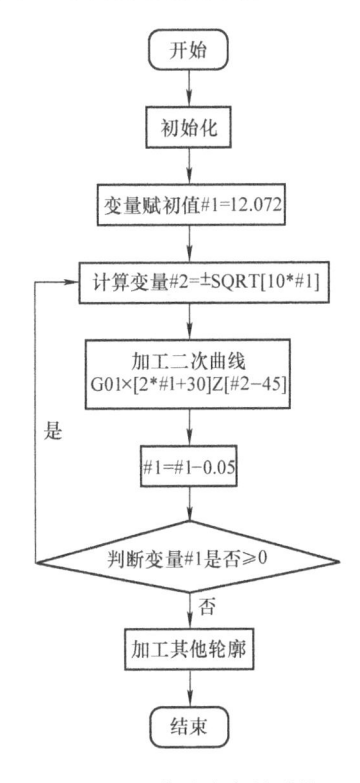

图 9-3　X 作为应变量时的编程流程图

三、程序编制

选择工件的左、右端面回转中心作为编程原点，其加工程序见表 9-5。

表 9-5　职业技能鉴定样例 9 参考程序

FANUC 0i 系统程序	程序说明	华中系统程序
O0001；	程序名	O0001；
T0101；	换外圆车刀	T0101；
M03 S800；	到达目测检查点	M03 S800；
G0 X62 Z5 M8；		G0 X62 Z5 M8；
G71 U1 R0.3；	粗车循环	；G71 U1.0 R0.3 P10 Q20 X0.3 Z0 F0.2；
G71 P10 Q20 U0.3 W0 F0.2；		
N10 G0 X20.8；	加工轮廓描述	N10 G0 X20.8；
G1 Z0 F0.1；		G1 Z0 F0.1；
X23.8 Z−1.5；		X23.8 Z−1.5；
Z−20；		Z−20；
X30 C0.3；		X30 C0.3；
Z−30；		Z−30；
X60 R3；		X60 R3；
N20 X62；		N20 X62；
G0 X150 Z150；	到达安全位置	G0 X150 Z150；
M5 M9 M0；	程序暂停	M5 M9 M30；
T0101；		
M3 S2000；	设定精车转速	
G0 X62 Z2 M8；	到达目测检查点	
G70 P10 Q20；	精车循环	
G0 X150 Z150；	退回安全距离	
M5 M9 M0；	程序暂停	
T0202；	换切槽刀（刀宽3mm）	T0202；
M3 S800；		M3 S800；
G0 X25 Z2 M8；	到达目测检查点	G0 X25 Z2 M8；
Z−20；		Z−20；
G1 X19.8 F0.1；	加工内槽	G1 X19.8 F0.1；
X25；		X25；
Z−19；		Z−19；
X19.8；		X19.8；
X25；		X25；
G0 X150 Z150；	退回安全距离	G0 X150 Z150；
M5 M0 M9；	程序暂停	M5 M0 M9；

职业技能鉴定样例9　抛物线螺纹轴零件的加工　　105

(续)

FANUC 0i 系统程序	程序说明	华中系统程序
T0303;	换内螺纹车刀	T0303;
M3 S800;		M3 S800;
G0 X25 Z5;	到达目测检查点	G0 X25 Z5;
G92 X23.2 Z-19 F1.5;	加工内螺纹	G82 X23.2 Z-19 F1.5;
X22.6;		X22.6;
X22.3;		X22.3;
X22.05;		X22.05;
G0 X150 Z150;	退回安全距离	G0 X150 Z150;
M5 M0 M9;	程序暂停	M5 M0 M9;
T0404;	换端面车刀（刀宽4mm）	T0404;
M3 S600;		M3 S600;
G0 X44 Z2 M8;	到达目测检查点	G0 X44 Z2 M8;
Z-28;		Z-28;
G1 Z-35 F0.1;	加工内槽	G1 Z-35 F0.1;
Z-28;		Z-28;
X43;		X43;
Z-35;		Z-35;
Z-28;		Z-28;
G0 X150 Z150;	退回安全距离	G0 X150 Z150;
M5 M30;	程序结束	M5 M30;
O0002;	程序名	O0002;
T0505;	换球刀	T0505;
M03 S800;	到达目测检查点	M03 S800;
G0 X62 Z5 M8;		G0 X62 Z5 M8;
G73 U15 W0 R10;	粗车循环	; G71 U1.0 R0.5 P10 Q20 X0.3 Z0 F0.2;
G73 P10 Q20 U0.3 W0 F0.2;		
N10 G42 G1 X50 F0.1;	加工轮廓描述	N10 G42 G1 X50 F0.1;
X60 C0.3;		X60 C0.3;
Z-2;		Z-2;
X50;		X50;
G2 X44 Z-5 R3;		G2 X44 Z-5 R3;
G1 Z-25 R3;		G1 Z-25 R3;

（续）

FANUC 0i 系统程序	程序说明	华中系统程序
X60；	加工轮廓描述	X60；
Z-29.46；		Z-29.46；
G3 X54 Z-34.01 R5；		G3 X54 Z-34.01 R5；
#1=10.99；		#1=10.99；
N11 #2=0.1*#1*#1；		WHILE#1GE [-9.77]
G1 X [2*#2+30] Z [#1-45]；		#2=0.1*#1*#1；
#1=#1-0.05；		G1 X [2*#2+30] Z [#1-45]；
IF [#1 GE-9.77] GOTO11；		#1=#1-0.05；
G3 X60 Z-63.68 R10；		ENDW；
N20 G40 G1 X62；		G3 X60 Z-63.68 R10；
G0 X150 Z150；	到达安全位置	N20 G40 G1 X62；
M5 M0 M9；	程序暂停	G0 X150 Z150；
T0505；		M5 M0 M9；
M3 S2000；	设定精车转速	
G0 X62 Z2 M8；	到达目测检查点	
G70 P10 Q20；	精车循环	
G0 X150 Z150；	退回安全距离	
M5 M9 M0；	程序暂停	
T0606；	换内孔车刀	T0606；
M03 S800；	到达目测检查点	M03 S800；
G0 X28 Z2 M8；		G0 X28 Z2 M8；
G71 U1 R0.3；	粗车循环	；G71 U1.0 R0.3 P30 Q40 X-0.3 Z0 F0.2；
G71 P30 Q40 U-0.3 W0 F0.2；		
N30 G0 X36；	加工轮廓描述	N30 G0 X36；
G1 Z0 F0.1；		G1 Z0 F0.1；
Z-5；		Z-5；
X30 Z-16.2；		X30 Z-16.2；
Z-30；		Z-30；
N40 X28；		N40 X28；
G0 X150 Z150；	到达安全位置	G0 X150 Z150；
M5 M9 M0；	程序暂停	M5 M9 M30；
T0606；		
M3 S2000；	设定精车转速	

(续)

FANUC 0i 系统程序	程序说明	华中系统程序
G0 X28 Z2 M8;	到达目测检查点	
G70 P30 Q40;	精车循环	
G0 X150 Z150;	退回安全距离	
M5 M30;	程序结束	

四、样例小结

曲线方程处于不同的象限，所使用的公式也会有变化。正确地判断曲线处于哪个象限，是编制正确的程序，完成工件成形加工的基础。

职业技能鉴定样例 10　非圆曲线螺纹轴零件的加工

考核目标
1. 正确选择可转位车刀及刀片。
2. 掌握非圆曲线的编程思路。
3. 掌握加工工艺的编制方法。

一、考核要求及准备

1. 总体要求

按零件图（图10-1）完成加工操作，本题分值为100分，考核时间为180min。

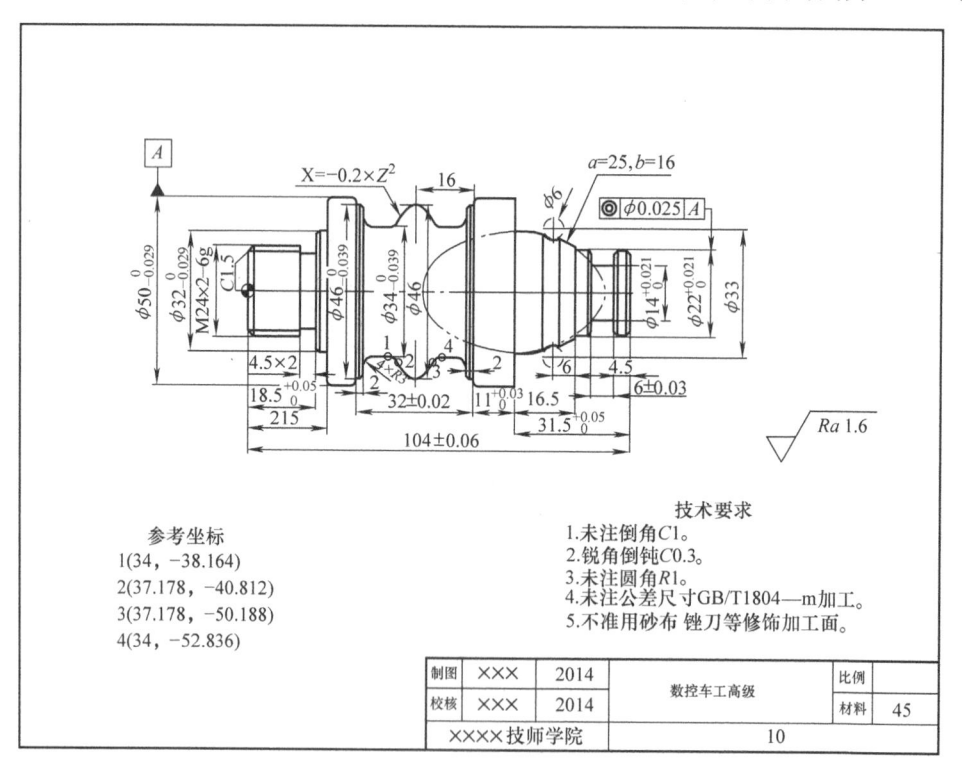

参考坐标
1(34, −38.164)
2(37.178, −40.812)
3(37.178, −50.188)
4(34, −52.836)

技术要求
1. 未注倒角C1。
2. 锐角倒钝C0.3。
3. 未注圆角R1。
4. 未注公差尺寸GB/T1804—m加工。
5. 不准用砂布、锉刀等修饰加工面。

图 10-1　零件图

图 10-1　零件图（续）

2. 评分标准（表 10-1）

表 10-1　职业技能鉴定样例 10 评分表　　　　　　　　（单位：mm）

工件编号				总得分			
项目与配分	序号	技术要求	配分	评分标准	检测记录	得分
工件加工评分（100）	外形轮廓（90）	1	$\phi 50_{-0.029}^{0}$	6	超差 0.01 扣 1 分		
		2	$\phi 32_{-0.029}^{0}$	6	超差 0.01 扣 1 分		
		3	$\phi 46_{-0.039}^{0}$	6	超差 0.01 扣 1 分		
		4	$\phi 34_{-0.039}^{0}$	6	超差 0.01 扣 1 分		
		5	$\phi 22_{0}^{+0.021}$	6	超差 0.01 扣 1 分		
		6	切槽 4.5×2	4	超差全扣		
		7	M24×2－6g	5	超差全扣		
		8	椭圆 $a=25$，$b=16$	8	超差全扣		
		9	$X=-0.2\times Z^2$	10	超差全扣		
		10	$\phi 14_{0}^{+0.021}\times(6\pm 0.03)$	6	超差 0.01 扣 1 分		
		11	同轴度 $\phi 0.025$	5	超差 0.01 扣 1 分		
		12	$R3$，$\phi 6$	2	每错一处扣 1 分		
		13	104±0.06	4	超差 0.01 扣 1 分		
		14	$18.5_{0}^{+0.05}$	4	超差 0.01 扣 1 分		
		15	32±0.02	4	超差 0.01 扣 1 分		
		16	$11_{0}^{+0.03}$	4	超差 0.01 扣 1 分		
		17	$31.5_{0}^{+0.05}$	4	超差 0.01 扣 1 分		
	其他（10）	18	$Ra1.6\mu m$	3	每错一处扣 1 分		
		19	自由尺寸	2	每错一处扣 0.5 分		
		20	倒角，锐角倒钝	1	每错一处扣 0.5 分		
		21	工件按时完成	2	未按时完成全扣		
		22	工件无缺陷	2	缺陷一处扣 2 分		
程序与工艺		23	程序与工艺合理		每错一处扣 2 分		
机床操作		24	机床操作规范	倒扣	出错一次扣 2~5 分		
安全文明生产		25	安全操作		停止操作或酌情扣 5~20 分		

3. 准备清单

1）材料准备（表10-2）。

表10-2　材料准备

名　称	规　格	数　量	要　求
45钢	$\phi 55\text{mm} \times 106\text{mm}$	1件/考生	车平两端面，去毛刺

2）工具、量具、刃具的准备参照表1-4。

二、工艺分析及相关知识

1. 图样分析

1）图形分析：零件为单一件，主要的加工图素有外螺纹、径向槽、抛物线曲线、椭圆曲线等。合理运用宏程序编制出抛物线曲线和椭圆曲线的程序，才能保证二次曲线轮廓正确；而只有对刀具应用、程序的编制、对刀技巧三者有着严格的要求，才能保证径向槽与抛物线衔接处光滑。

2）精度分析：尺寸公差等级多为IT7，位置公差有一个同轴度要求。表面粗糙度值在各种孔和外圆回转面等处均为 $Ra1.6\mu m$。

2. 工艺分析

装夹方式和加工内容见表10-3。

表10-3　加工工艺流程表

工序	操作项目图示	操作内容及注意事项
1	$\phi 55$	按左图图示装夹工件，采用一夹一顶方式 1）车平端面，钻中心孔 2）车削外轮廓 3）车削内异形槽 4）车削外径向槽 5）车削外螺纹
2	$\phi 50$	按左图图示装夹工件，采用一夹一顶方式 1）车平端面，保证总长，钻中心孔 2）车削外轮廓 3）车削外径向槽

3. 相关知识

1）椭圆轮廓的编程思路。根据曲线公式，以 Z 坐标作为自变量，变化范围为

16.5~0mm；X 坐标作为应变量，Z 坐标每次递减 0.05mm，计算出对应的 X 坐标值。宏程序或参数编程时使用以下变量进行运算：

#1 或 R1：非圆曲线公式中的 Z 坐标值，初始值为 16.5。

#2 或 R2：非圆曲线公式中的 X 坐标值（半径量），初始值为 12。

#3 或 R3：非圆曲线在工件坐标系中的 Z 坐标值，其值为#1-31.5。

#4 或 R4：非圆曲线在工件坐标系中的 X 坐标值（直径量），其值为#2×2。

标准方程编程流程图如图 10-2 所示，具体的参数设置请参考程序。

2）抛物线轮廓的编程思路。根据曲线公式，以 Z 坐标作为自变量，变化范围为 4.69~-4.69mm；X 坐标作为应变量，Z 坐标每次递减 0.05，计算出对应的 X 坐标值。宏程序或参数编程时使用以下变量进行运算：

#1 或 R1：非圆曲线公式中的 Z 坐标值，初始值为 4.69。

#2 或 R2：非圆曲线公式中的 X 坐标值（半径量），初始值为-4.4。

#3 或 R3：非圆曲线在工件坐标系中的 Z 坐标值，其值为#1-45.5。

#4 或 R4：非圆曲线在工件坐标系中的 X 坐标值（直径量），其值为 46.0+#2×2。

标准方程编程流程图如图 10-3 所示，具体的参数设置请参考程序。

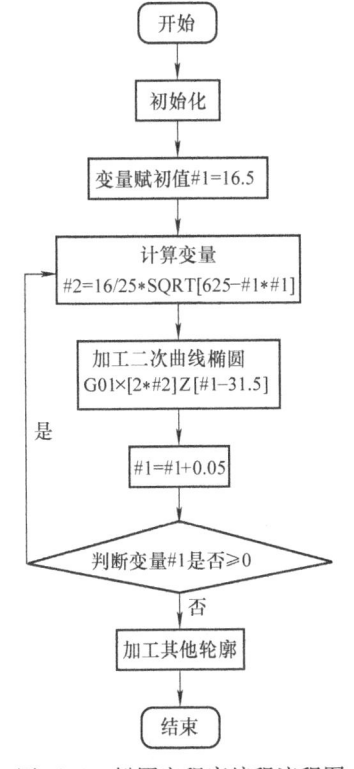

图 10-2 椭圆宏程序编程流程图

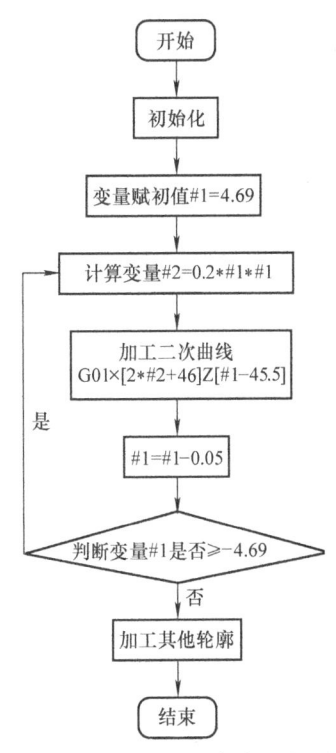

图 10-3 抛物线宏程序编程流程图

三、程序编制

选择工件的左、右端面回转中心作为编程原点，其加工程序见表10-4。

表10-4　职业技能鉴定样例10 参考程序

FANUC 0i 系统程序	程序说明	华中系统程序
O0001;	程序名	O0001;
T0101;	换外圆车刀	T0101;
M3 S800;	主轴正转，转速为800r/min	M3 S800;
G0 X56 Z2 M8;	到达目测检查点	G0 X56 Z2 M8;
G71 U1 R0.2;	粗车循环	; G71 U1.0 R0.2 P10 Q20 X0.15 Z0.05 F0.2
G71 P10 Q20 U0.15 W0.05 F0.2;		
N10 G0 X20.8;	加工轮廓描述	N10 G0 X20.8;
G1 Z0 F0.1;		G1 Z0 F0.1;
X23.8 Z-1.5;		X23.8 Z-1.5;
Z-18.5;		Z-18.5;
X32 C1;		X32 C1;
Z-21.5;		Z-21.5;
X50 R1;		X50 R1;
Z-73;		Z-73;
N20 X56;		N20 X56;
G0 X150 Z150;	退回安全距离	G0 X150 Z150;
M5 M9 M0;	程序暂停	M5 M9 M30;
T0101;		
M3 S2000;	设定精车转速	
G0 X56 Z2 M8;	到达目测检查点	
G70 P10 Q20;	精车循环	
G0 X150 Z150;	退回安全距离	
M5 M9 M0;	程序暂停	
T0202;	换球刀（R2mm）	T0202;
M3 S800;		M3 S800;
G0 X56 Z2 M8;	到达目测检查点	G0 X56 Z2 M8;
Z-25;		Z-25;
G73 U8 W0 R6;	粗车循环	; G71 U1.0 R0.5 P30 Q40 X0.15 Z0.05 F0.2
G73 P30 Q40 U0.15 W0.05 F0.2;		

(续)

FANUC 0i 系统程序	程序说明	华中系统程序
N30 G42 G0 Z-31.5;	加工轮廓描述	N30 G42 G0 Z-31.5;
G1 X40 F0.1;		G1 X40 F0.1;
G2 X34 Z-34.5 R3;		G2 X34 Z-34.5 R3;
G1 Z-38.164;		G1 Z-38.164;
G2 X37.178 Z-40.812 R3;		G2 X37.178 Z-40.812 R3;
#1=4.688;		#1=4.688;
N11 #2=-0.2*#1*#1;		WHILE#1GE [-4.88]
#3=46-2*#2;		#2=-0.2*#1*#1;
#4=#1-45.5;		#3=46-2*#2;
G1 X#3 Z#4;		#4=#1-45.5;
#1=#1-0.1;		G1 X#3 Z#4;
IF [#1 GE -4.88] GOTO11;		#1=#1-0.1;
G1 X37.178 Z-50.188;		ENDW;
G2 X34 Z-52.836 R3;		G1 X37.178 Z-50.188;
G1 Z-56.5;		G2 X34 Z-52.836 R3;
G2 X40 Z-59.5 R3;		G1 Z-56.5;
G1 X50;		G2 X40 Z-59.5 R3;
N40 G40 X56;		G1 X50;
G0 X150 Z150;	退回安全距离	N40 G40 X56;
M5 M9 M0;	程序暂停	G0 X150 Z150;
O202;		M5 M9 M30;
M3 S2000;	设定精车转速	
G0 X56 Z-25 M8;	到达目测检查点	
G70 P30 Q40;	精车循环	
G0 X150 Z150;	退回安全距离	
M5 M9 M0;	程序暂停	
T0303;	换外槽车刀（刀宽3mm）	T0303;
M3 S600;		M3 S600;
G0 X52 Z2 M8;	到达目测检查点	G0 X52 Z2 M8;
Z-62.5;	加工外槽	Z-62.5;
G1 X50 F0.1;		G1 X50 F0.1;
G2 X48 Z-61.5 R1;		G2 X48 Z-61.5 R1;
G1 X46;		G1 X46;

(续)

FANUC 0i 系统程序	程序说明	华中系统程序
Z-60.5;		Z-60.5;
X44 Z-59.5;		X44 Z-59.5;
X52;		X52;
G0 Z-31.5;		G0 Z-31.5;
G1 X50 F0.1;		G1 X50 F0.1;
G3 X48 Z-32.5 R1;		G3 X48 Z-32.5 R1;
G1 X46;		G1 X46;
X44 Z-34.5;	加工外槽	X44 Z-34.5;
G0 X52;		G0 X52;
Z-18.5;		Z-18.5;
G0 X25;		G0 X25;
G1 X20 F0.1;		G1 X20 F0.1;
X25;		X25;
Z-17;		Z-17;
X20;		X20;
X25;		X25;
G0 X150 Z150;	退回安全距离	G0 X150 Z150;
M5 M0 M9;	程序暂停	M5 M0 M9;
T0404;	换外螺纹车刀	T0404;
M3 S800;		M3 S800;
G0 X25 Z2;	到达目测检查点	G0 X25 Z2;
G92 X23.2 Z-15 F1.5;		G82 X23.2 Z-15 F1.5;
X22.7;	加工外螺纹	X22.7;
X22.15;		X22.15;
X22.05;		X22.05;
G0 X150 Z150;	退回安全距离	G0 X150 Z150;
M5 M30;	程序结束	M5 M30;
O002;	程序名	O002;
T0505;	换菱形外圆车刀	T0505;
M03 S800 M8;		M03 S800 M8;
G0 X56 Z2;	到达目测检查点	G0 X56 Z2;

(续)

FANUC 0i 系统程序	程序说明	华中系统程序
G73 U18 W0 R15；	粗车循环	；G71 U1.0 R0.5 P10 Q20 X0.15 Z0.05 F0.2；
G73 P10 Q20 U0.15 W0.05 F0.2；		
N10 G0 X20；	加工轮廓描述	N10 G0 X20；
G1 Z0 F0.1；		G1 Z0 F0.1；
X22 Z-1；		X22 Z-1；
Z-3.5；		Z-3.5；
X20 Z-4.5；		X20 Z-4.5；
Z-10.5；		Z-10.5；
X22 C1；		X22 C1；
Z-15；		Z-15；
X24；		X24；
#1=16.5；		#1=16.5；
N11 #2=16/25*SQRT［625-#1*#1］；		WHILE#1GE［0］；
		#2=16/25*SQRT［625-#1*#1］；
#3=#1-31.5；		#3=#1-31.5；
#4=2*#2；		#4=2*#2；
G1 X#4 Z#3；		G1 X#4 Z#3；
#1=#1-0.1；		#1=#1-0.1；
IF［#1 GE 0］GOTO11；		ENDW；
G1 X50 C0.3；		G1 X50 C0.3；
Z-45；		Z-45；
N20 X56；		N20 X56；
G0 X150 Z150；	退回安全距离	G0 X150 Z150；
M5 M9 M0；	程序暂停	M5 M9 M30；
T0505；		
M3 S2000；	设定精车转速	
G0 X56 Z2 M8；		
G70 P10 Q20 F0.1；	精车循环	
G0 X150 Z150；	退回安全距离	
M5 M9 M0；	程序暂停	
T0303；	换外槽车刀	T0303；
M3 S600；		M3 S600；

(续)

FANUC 0i 系统程序	程序说明	华中系统程序
G0 X23 Z-10.5 M8;	到达目测检查点	G0 X23 Z-10.5 M8;
G1 X14 F0.1;	加工外槽	G1 X14 F0.1;
X23;		X23;
Z-7.5;		Z-7.5;
X14;		X14;
X23;		X23;
G0 X150 Z150;	退回安全距离	G0 X150 Z150;
M5 M9 M0;	程序暂停	M5 M9 M0;
T0606;	换球刀（$R3$mm）	T0606;
G0 X36 Z-21;	加工 $R3$mm 圆弧	G0 X36 Z-21;
G1 X33 F0.1;		G1 X33 F0.1;
X36;		X36;
G0 X150 Z150;	退回安全距离	G0 X150 Z150;
M5 M30;	程序结束	M5 M30;

四、样例小结

根据加工方向，选择工件原点后确定曲线的公式。球刀的半径根据加工的曲率半径选择 $R2$mm，加工时注意刀具半径的补偿。图样中椭圆上的 $\phi6$mm 的圆弧槽，在椭圆加工完毕后，直接用车球刀一次加工而成。

职业技能鉴定样例11　非圆曲线旋转轮廓零件的加工

> **考核目标**
> 1. 正确选择可转位车刀及刀片。
> 2. 掌握非圆曲线旋转轮廓的编程思路。
> 3. 掌握加工工艺的编制方法。

一、考核要求及准备

1. 总体要求

按零件图（图11-1）完成加工操作，本题分值为100分，考核时间为180min。

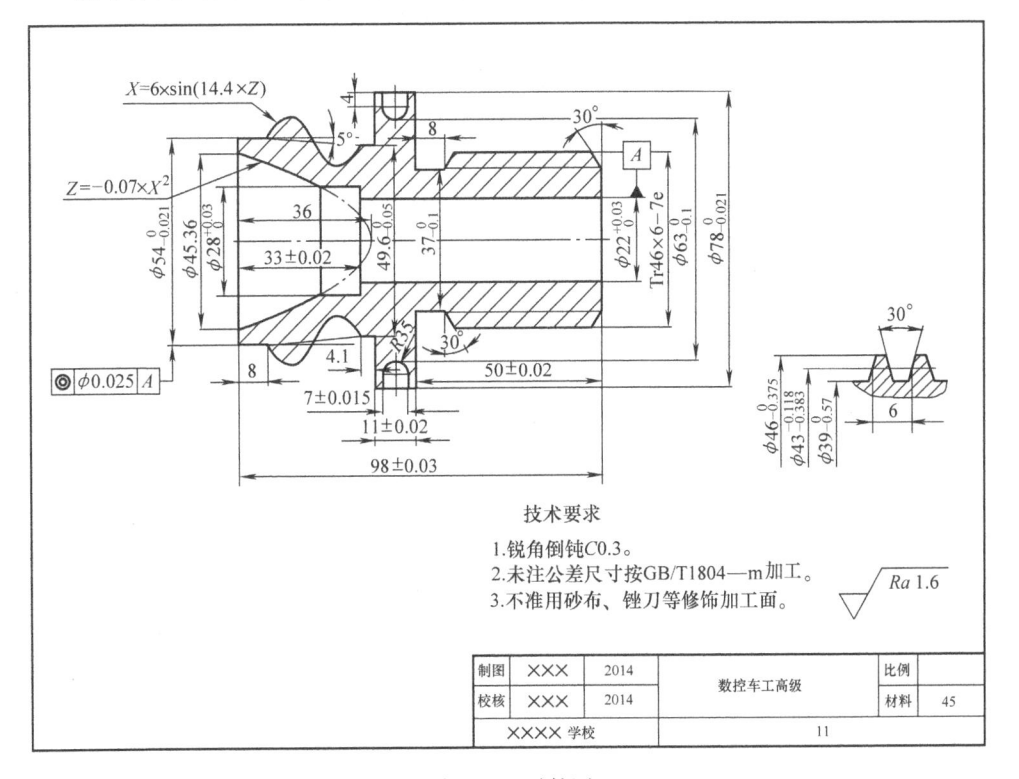

图11-1　零件图

图 11-1　零件图（续）

2. 评分标准（表 11-1）

表 11-1　技能鉴定样例 11 评分表　　　　　　　　　　（单位：mm）

工件编号					总得分		
项目与配分	序号	技术要求	配分	评分标准	检测记录	得分
工件加工评分（100）	外形轮廓（69）	1	$\phi 54_{-0.021}^{0}$	6	超差 0.01 扣 1 分		
		2	$\phi 49.6_{-0.05}^{0}$	6	超差 0.01 扣 1 分		
		3	$\phi 78_{-0.021}^{0}$	6	超差 0.01 扣 1 分		
		4	$\phi 63_{-0.1}^{0}$	4	超差 0.01 扣 1 分		
		5	Tr46×6-7e	8	超差全扣		
		6	$X = 6 \times \sin(14.4 \times Z)$	10	超差全扣		
		7	切槽 $\phi 37_{-0.1}^{0}$	5	超差 0.01 扣 1 分		
		8	同轴度 $\phi 0.025$	5	超差 0.01 扣 1 分		
		9	R3.5，30°	2	每错一处扣 1 分		
		10	98±0.03	4	超差 0.01 扣 1 分		
		11	50±0.02	4	超差 0.01 扣 1 分		
		12	11±0.02	4	超差 0.01 扣 1 分		
		13	7±0.015	5	超差 0.01 扣 1 分		
	内轮廓（21）	14	$\phi 28_{0}^{+0.03}$	6	超差 0.01 扣 2 分		
		15	$\phi 22_{0}^{+0.03}$	6	超差 0.01 扣 2 分		
		16	33±0.02	4	超差 0.01 扣 1 分		
		17	$Z = -0.07 \times X^2$	5	超差全扣		
	其他（10）	18	$Ra1.6\mu m$	3	每错一处扣 1 分		
		19	自由尺寸	2	每错一处扣 0.5 分		
		20	倒角，锐角倒钝	1	每错一处扣 0.5 分		
		21	工件按时完成	2	未按时完成全扣		
		22	工件无缺陷	2	缺陷一处扣 2 分		
程序与工艺		23	程序与工艺合理		每错一处扣 2 分		
机床操作		24	机床操作规范	倒扣	出错一次扣 2~5 分		
安全文明生产		25	安全操作		停止操作或酌情扣 5~20 分		

3. 准备清单

1) 材料准备（表11-2）。

表11-2 材料准备

名 称	规 格	数 量	要 求
45钢	φ80mm×100mm	1件/考生	车平两端面，去毛刺

2) 工具、量具、刃具的准备参照表1-4。

二、工艺分析及相关知识

1. 图样分析

1) 图形分析：图形加工内容为孔、抛物线内轮廓、梯形螺纹、径向圆弧槽、旋转曲线轮廓等。旋转正弦曲线轮廓是工件加工的难点，尺寸计算要遵循公式，加工操作也要有一定的技巧。

2) 精度分析：加工尺寸公差等级多数为IT7，表面粗糙度均为$Ra1.6\mu m$，要求较高。主要的位置精度为同轴度要求。

2. 工艺分析

装夹方式和加工内容见表11-3。

表11-3 加工工艺流程表

工序	操作项目图示	操作内容及注意事项
1	（φ80工件装夹图示）	按左图图示装夹工件 1）车平端面，钻中心孔 2）钻孔 3）车削外轮廓 4）车削异形槽 5）车削外径向槽 6）车削梯形螺纹 7）车孔
2	（φ46工件装夹图示）	按左图图示装夹工件 1）车平端面，保证总长 2）车削外轮廓 3）车削内轮廓

3. 相关知识

（1）二次曲线旋转轮廓　二次曲线形面是数控大赛加工中常见的复杂曲面，对于各种复杂形面，利用 CAM 软件进行自动编程相对简单，但在特殊情况下，数控车床也需要依靠手工编程，而其中以椭圆形面较为常见。二次曲线有两种形式在试题中常出现：一种是椭圆轴线与数控车床 Z 轴重合或平行（图 11-2），该情形相对比较简单，其解决方案也多见于各类文献。另一种为椭圆轮廓的旋转（图 11-3），椭圆轴线与数控车床 Z 轴呈一定夹角，编程和加工难度陡增；这类考题使很多选手束手无策，在编程时占用了大量的时间，最终影响了加工效率或直接放弃该图素的加工。

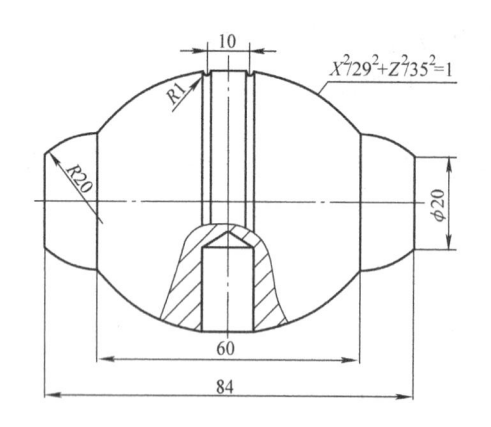

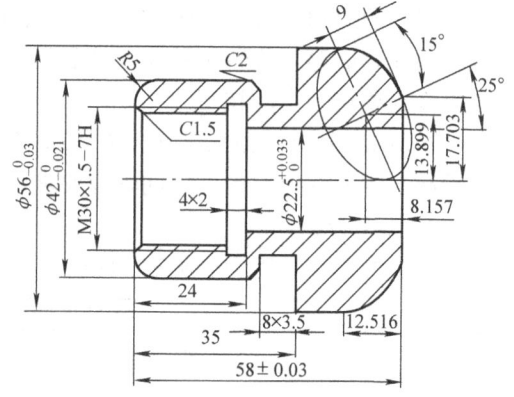

图 11-2　椭圆轴线与数控车床 Z 轴重合或平行

图 11-3　椭圆轮廓的旋转

下面以图 11-3 为例，对椭圆轮廓旋转的编程加以分析，类似的二次曲线旋转轮廓的加工编程可参考此例。

1）要点分析。要编制椭圆的旋转程序，操作者必须要掌握椭圆方程和旋转公式等各种数学公式的计算方法并加以灵活运用。零件中椭圆轮廓坐标轴与 Z 轴成 25°的夹角，椭圆中心点相对于零件右端面回转中心（程序原点）偏置 $X13.899$mm，$Z-8.157$mm。

椭圆的标准方程：$Z^2/a^2 + X^2/b^2 = 1$。

椭圆的参数方程：$Z = f(\theta) \rightarrow Z = a * \cos\alpha$，$X = f(\theta) \rightarrow X = b * \sin\alpha$。

坐标轴旋转公式：$Z' = Z * \cos\theta + X * \sin\theta$，$X' = -Z * \sin\theta + X * \cos\theta$。

其中 X'、Z' 为旋转后的坐标，X、Z 为旋转之前的坐标值，θ 为旋转角度。标准椭圆上各点坐标值，旋转坐标系中的坐标值，工件坐标系中的坐标值三者的关系要理顺，并按照旋转方向判断旋转角度的方向，椭圆凹、凸等情况，合理计算，才能编制出合理、正确的加工程序。

2）参考程序见表 11-4。

表 11-4 参考程序

程序段号	FANUC 程序	程序说明
	O0510;	程序号
N10	G99 G21 G40;	程序初始化
N20	T0101;	选取 1 号刀并执行 1 号刀补
N30	G0 X100 Z50;	刀具快速定位
N40	M03 S1200 M08;	主轴转速为 600r/min，切削液开
N50	G00 X62 Z2;	刀具定位到循环起点
N80	G42 G0 X0;	建立刀补
N90	G1 Z0 F0.15;	接近工件
N100	X35.406;	加工右端面
N110	#1 = 9;	椭圆上 Z 变量赋初值
N120	#2 = 15 * SQRT [1 - #1 * #1/81];	椭圆各点的 X 坐标
N130	#3 = - #1 * SIN [-25] + #2 * COS [-25];	旋转坐标系中 X′坐标值
N140	#4 = #1 * COS [-25] + #2 * SIN [-25];	旋转坐标系中 Z′坐标值
N150	#5 = 27.798 + 2 * #3;	工件坐标系中 X 坐标值
N160	#6 = #4 - 8.157;	工件坐标系中 Z 坐标值
N170	G1 X#5 Z#6;	直线（拟合）插补进给
N180	#1 = #1 - 0.05;	变量计算
N190	IF [#5LE56.0] GOTO120;	条件判断
N200	X56 Z12.516;	轮廓加工
N210	Z - 24;	
N220	G40 X62;	
N230	G0 X100 Z50;	快速退刀
N240	M30;	程序结束

（2）正弦曲线旋转轮廓编程思路 在实际加工中，工件需要调头装夹，要注意二次曲线公式的转换，如图 11-4 所示。例题中二次曲线的公式分别转换为

$$\begin{cases} X = -6 * \sin(14.4 * Z) \\ Z = 0.07 * X * X \end{cases}$$

根据旋转角度的判断原则，顺时针旋转为负，逆时针旋转为正。正弦曲线顺时针旋转 5°，即 $\theta = -5°$。

代入旋转后坐标公式：$Z = Z' \times \cos(-5) + X' \times \sin(-5)$，$X = -Z' \times \sin(-5) + X' \times \cos(-5)$。

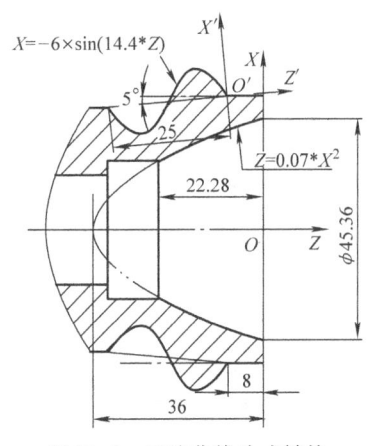

图 11-4 正弦曲线公式转换

正弦曲线旋转轮廓流程图如图 11-5 所示，以 Z 值作为自变量，变化范围 0 ~ -25mm，X 值为应变量。

抛物线轮廓流程图如图 11-6 所示，以 Z 值作为自变量，变化范围 36 ~ 13.72mm，X 值为应变量。

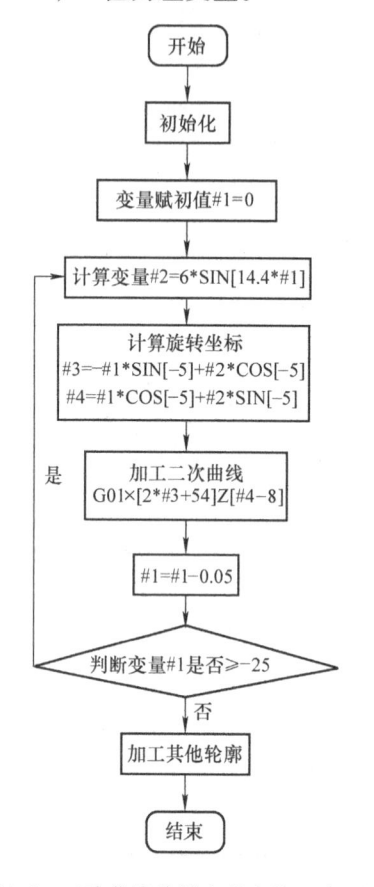

图 11-5　正弦曲线旋转宏程序编程流程图 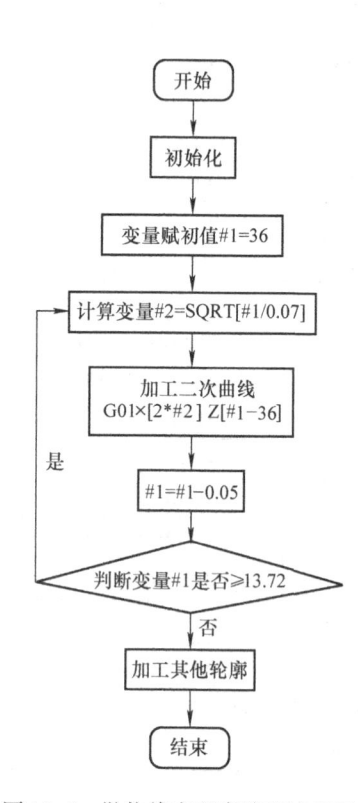　　　图 11-6　抛物线宏程序编程流程图

以 Z 为变量的编程提示：

1) 首先选定编程原点，二次曲线的标准方程式要正确，要注意图样上给出的 X、Y 坐标，与数控加工时的 Z、X 坐标之间的关系。

2) 因为数控车床编程中一般采用直径编程，所以取 X 的值时，含 X 的表达式都要乘以 2。

3) 双曲线上 Z 坐标的起点值和终点值要判断正确。

4) 将二次曲线宏程序放在毛坯循环中，可以很好地提高编程效率，但有时会有报警，此时只要将变量变化时的增量适当变大即可，如将"#1 = #1 - 0.05"改成"#1 = #1 - 0.1"。

三、程序编制

选择工件的左、右端面回转中心作为编程原点，其加工程序见表11-5。

表11-5　职业技能鉴定样例11 参考程序

FANUC 0i 系统程序	程序说明	华中系统程序
O0001;	程序名	O0001;
T0101;	换外圆车刀	T0101;
M3 S800;		M3 S800;
G0 X80 Z2 M8;	到达目测检查点	G0 X80 Z2 M8;
G71 U1 R0.3;	粗车循环	; G71 U1.0 R0.3 P10 Q20 X0.3 Z0.05 F0.2;
G71 P10 Q20 U0.3 W0.05 F0.2;		
N11 G0 X38;	加工轮廓描述	N11 G0 X38;
G1 Z0 F0.1;		G1 Z0 F0.1;
X45.8 Z-2.31;		X45.8 Z-2.31;
Z-50;		Z-50;
X78 C0.3;		X78 C0.3;
Z-62;		Z-62;
N20 X80;		N20 X80;
G0 X150 Z150;	退回安全距离	G0 X150 Z150;
M5 M9 M0;	程序暂停	M5 M9 M30;
T0101;	设定精车转速	
M3 S2000;		
G0 X80 Z2 M8;	到达目测检查点	
G70 P10 Q20;	精车循环	
G0 X150 Z150;	退回安全距离	
M5 M0 M9;	程序暂停	
T0202 M3 S600;	换切槽刀（刀宽4mm）	T0202 M3 S600;
G0 X47 Z2 M8;	加工外槽	G0 X47 Z2 M8;
Z-46;		Z-46;
G1 X37 F0.1;		G1 X37 F0.1;
X47;		X47;
Z-50;		Z-50;
X37;		X37;
X47;		X47;
Z-44;		Z-44;

(续)

FANUC 0i 系统程序	程序说明	华中系统程序
X46;	加工外槽	X46;
X38 Z-46;		X38 Z-46;
X47;		X47;
G0 X150 Z150;	退回安全距离	G0 X150 Z150;
M5 M9 M0;	程序暂停	M5 M9 M0;
T0303;	换梯形螺纹车刀	T0303;
M3 S800;		M3 S800;
G0 X47 Z8 M8;	到达目测检查点	G0 X47 Z8 M8;
G76 P010130 Q20 R0.05;	加工梯形螺纹	G76 C2 A30 X38.8 Z-33 K3.5 U0.1 V0.1 Q0.4 F6;
G76 X38.8 Z-33 P3500 Q400 F6;		
G0 X150 Z150;	退回安全距离	G0 X150 Z150;
M5 M9 M0;	程序暂停	M5 M9 M0;
T0404 M3 S600;	换球刀（R3mm）	T0404 M3 S600;
G0 X85 Z2 M8;		G0 X85 Z2 M8;
Z-55;		Z-55;
G1 X70 F0.1;	加工圆弧槽	G1 X70 F0.1;
G2 Z-56 R0.5;		G2 Z-56 R0.5;
G1 X85;		G1 X85;
G0 X150 Z150;	退回安全距离	G0 X150 Z150;
M5 M30;	程序结束	M5 M30;
O0002;	程序名	O0002;
T0505;	换菱形外圆车刀	T0505;
M03 S800;	到达目测检查点	M03 S800;
G0 X80 Z2 M8;		G0 X80 Z2 M8;
G73 U21 W0 R15;	粗车循环	; G71 U1.0 R0.5 P10 Q20 X0.15 Z0.05 F0.2;
G73 P10 Q20 U0.15 W0.05 F0.2;		
N10 G0 X54;	加工轮廓描述	N10 G0 X54;
G1 Z0 F0.1;		G1 Z0 F0.1;
Z-8;		Z-8;
#1=0;		#1=0;
N11 #2=-6*SIN[14.4*#1];		WHILE#1GE[-25];
#3=-#1*SIN[-5]+#2*COS[-5];		#2=-6*SIN[14.4*#1];

(续)

FANUC 0i 系统程序	程序说明	华中系统程序
#4 = #1 * COS[-5] + #2 * SIN[-5];	加工轮廓描述	#3 = - #1 * SIN [-5] + #2 * COS [-5];
G1 X [54 + 2 * #3] Z [#4 - 8];		#4 = #1 * COS [-5] + #2 * SIN [-5];
#1 = #1 - 0.1;		G1 X [54 + 2 * #3] Z [#4 - 8];
IF [#1GE - 25] GOTO11;		#1 = #1 - 0.1;
X49.6 Z - 32.9;		ENDW;
Z - 37;		X49.6 Z - 32.9;
X78 C0.3;		Z - 37;
N20 X80;		X78 C0.3;
G0 X150 Z150;	退回安全距离	N20 X80;
M5 M9 M0;	程序暂停	G0 X150 Z150;
T0505;	设定精车转速	M5 M9 M30;
M3 S2000;		
G0 X80 Z2 M8;	到达目测检查点	
G70 P10 Q20;	精车循环	
G0 X150 Z150;	退回安全距离	
M5 M9 M0;	程序暂停	
T0606;	换车孔刀	T0606;
M3 S800;	到达目测检查点	M3 S800;
G0 X20 Z2;		G0 X20 Z2;
G73 U12 W0 R8;	粗车循环	; G71 U1.0 R0.5 P30 Q40 X - 0.15 Z0.05 F0.2;
G73 P30 Q40 U - 0.15 W0.05 F0.2;		
N30 G0 X45.36;		N30 G0 X45.36;
G1 Z0 F0.1;		G1 Z0 F0.1;
#1 = 36;		#1 = 36;
N11 #2 = SQRT [#1/0.07];		WHILE#1GE [13.72];
G1 X [2 * #2] Z [#1 - 36];		#2 = SQRT [#1/0.07];
#1 = #1 - 0.1;		G1 X [2 * #2] Z [#1 - 36];
IF [#1GE13.72] GOTO11;		#1 = #1 - 0.1;
X28 Z - 22.28;		ENDW;
Z - 33;		X28 Z - 22.28;
X22 C0.3;		Z - 33;
N40 X20;		X22 C0.3;

（续）

FANUC 0i 系统程序	程序说明	华中系统程序
G0 X150 Z150; M5 M0 M9;	退回安全距离 程序暂停	N40 X20; G0 X150 Z150;
T0606; M3 S2000;	设定精车转速	M5 M30 M9;
G0 X20 Z2 M8;	到达目测检查点	
G70 P30 Q40;	精车循环	
G0 X150 Z150; M5 M30;	退回安全距离 程序暂停	

四、样例小结

自变量的赋值与计算可以按粗加工和精加工来取值。粗加工时自变量的变化值应根据预留加工余量的大小来确定，在保证加工不过切的前提下，可选择较大的变化值，但是也不能过大，变化值过大会使精加工余量不均匀或形成过切；精加工时主要是保证工件的质量，为使工件的几何形状达到要求，需要减少拟合的误差，因此可取一个较小的变化值。

职业技能鉴定样例 12　薄壁轮廓零件的加工

考核目标
1. 正确选择可转位车刀及刀片。
2. 掌握防止和减少薄壁零件变形的方法。
3. 掌握非圆曲线旋转轮廓的编程思路。
4. 掌握加工工艺的编制方法。

一、考核要求及准备

1. 总体要求

按零件图（图12-1）完成加工操作，本题分值为100分，考核时间为180min。

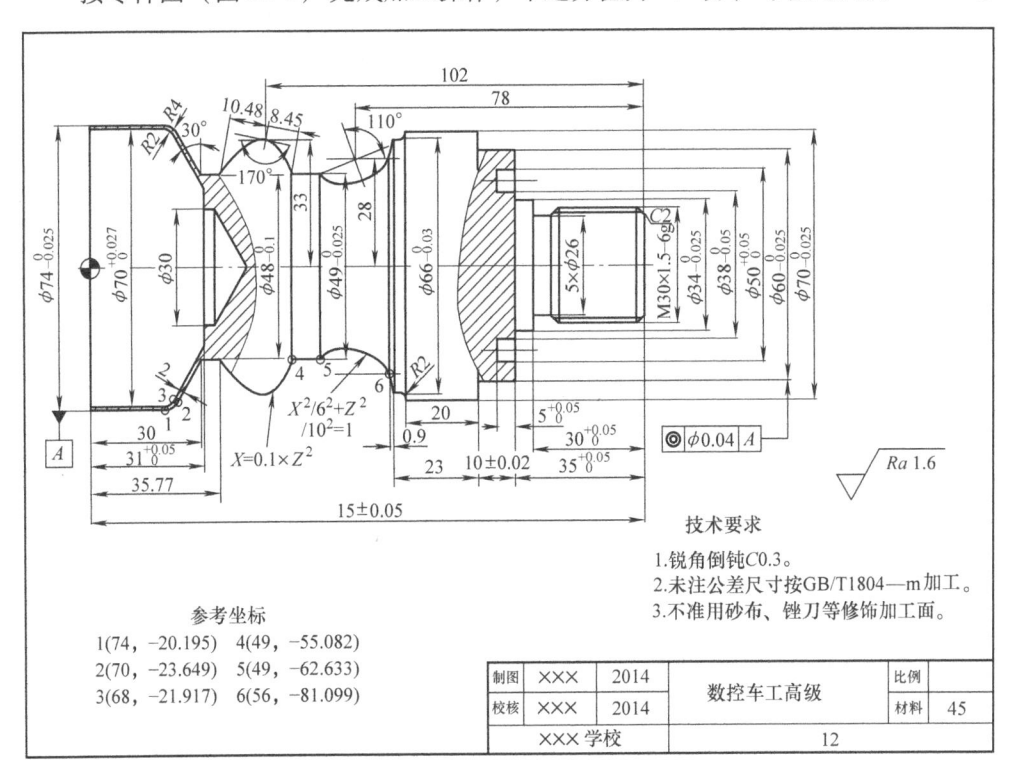

图 12-1　零件图

图 12-1　零件图（续）

2. 评分标准（表 12-1）

表 12-1　职业技能鉴定样例 12 评分表　　　　　　　　（单位：mm）

工件编号				总得分			
项目与配分		序号	技术要求	配分	项目与配分	检测记录	得分
工件加工评分 (100)	外形轮廓 (76)	1	$\phi 74_{-0.025}^{0}$	5	超差 0.01 扣 1 分		
		2	$\phi 60_{-0.025}^{0}$	5	超差 0.01 扣 1 分		
		3	$\phi 50_{0}^{+0.05}$	5	超差 0.01 扣 1 分		
		4	$\phi 38_{-0.05}^{0}$	5	超差 0.01 扣 1 分		
		5	$\phi 34_{-0.025}^{0}$	5	超差 0.01 扣 1 分		
		6	$\phi 66_{-0.03}^{0}$	5	超差 0.01 扣 1 分		
		7	$\phi 49_{-0.025}^{0}$	5	超差 0.01 扣 1 分		
		8	$\phi 48_{-0.1}^{0}$	3	超差 0.01 扣 1 分		
		9	$\phi 74_{-0.025}^{0}$	5	超差 0.01 扣 1 分		
		10	M30×1.5-6g	3	超差全扣		
		11	5×$\phi 26$	2	超差全扣		
		12	150±0.05	3	超差 0.01 扣 1 分		
		13	$30_{0}^{+0.05}$	3	超差 0.01 扣 1 分		
		14	$35_{0}^{+0.05}$	3	超差 0.01 扣 1 分		
		15	端面槽 $5_{0}^{+0.05}$	3	超差 0.01 扣 1 分		
		16	10±0.02	3	超差 0.01 扣 1 分		
		17	$X^2/6^2 + Z^2/10^2 = 1$	4	超差全扣		
		18	$X = 0.1 \times Z^2$	4	超差全扣		
		19	同轴度 $\phi 0.04$	3	超差 0.01 扣 1 分		
		20	R4，R2	2	每错一处扣 1 分		
	内轮廓 (14)	21	$\phi 70_{0}^{+0.027}$	5	超差 0.01 扣 1 分		
		22	薄壁厚 2	4	超差全扣		
		23	$31_{0}^{+0.05}$	3	超差 0.01 扣 1 分		
		24	R2，$\phi 30$	2	每错一处扣 1 分		

(续)

工件编号					总得分			
项目与配分		序号	技术要求	配分	项目与配分		检测记录	得分
工件加工评分（100）	其他（10）	25	$Ra1.6\mu m$	3	每错一处扣1分			
		26	自由尺寸	2	每错一处扣0.5分			
		27	倒角，锐角倒钝	1	每错一处扣0.5分			
		28	工件按时完成	2	未按时完成全扣			
		29	工件无缺陷	2	缺陷一处扣2分			
程序与工艺		30	程序与工艺合理	倒扣	每错一处扣2分			
机床操作		31	机床操作规范		出错一次扣2~5分			
安全文明生产		32	安全操作		停止操作或酌情扣5~20分			

3. 准备清单

1) 材料准备（表12-2）。

表12-2　材料准备

名　称	规　格	数　量	要　求
45钢	$\phi 80mm \times 155mm$	1件/考生	车平两端面，去毛刺

2) 工具、量具、刃具的准备参照表1-4。

二、工艺分析及相关知识

1. 图样分析

1) 图形分析：零件主要的加工图素有外螺纹、端面槽、抛物线曲线（旋转）、椭圆曲线（旋转）等。如何编制抛物线曲线和椭圆曲线的旋转程序，需要操作者对旋转公式、角度的判断等作全面的考虑，而合理考虑刀具的干涉角度，选择合适的刀具可以使加工过程更顺利。

2) 精度分析：尺寸公差等级多为IT7，位置公差有一个同轴度要求。表面粗糙度值在各种孔和外圆回转面等处均为$Ra1.6\mu m$。

2. 工艺分析

装夹方式和加工内容见表12-3。

3. 相关知识

薄壁工件因为具有重量轻、节约材料、结构紧凑等特点，已日益广泛地应用在各工业部门。但薄壁零件的加工是比较棘手的，原因是薄壁零件刚性差、强度弱，在加工中极容易变形，不易保证零件的加工质量。如何提高薄壁零件的加工精度将是业界越来越关心的课题。

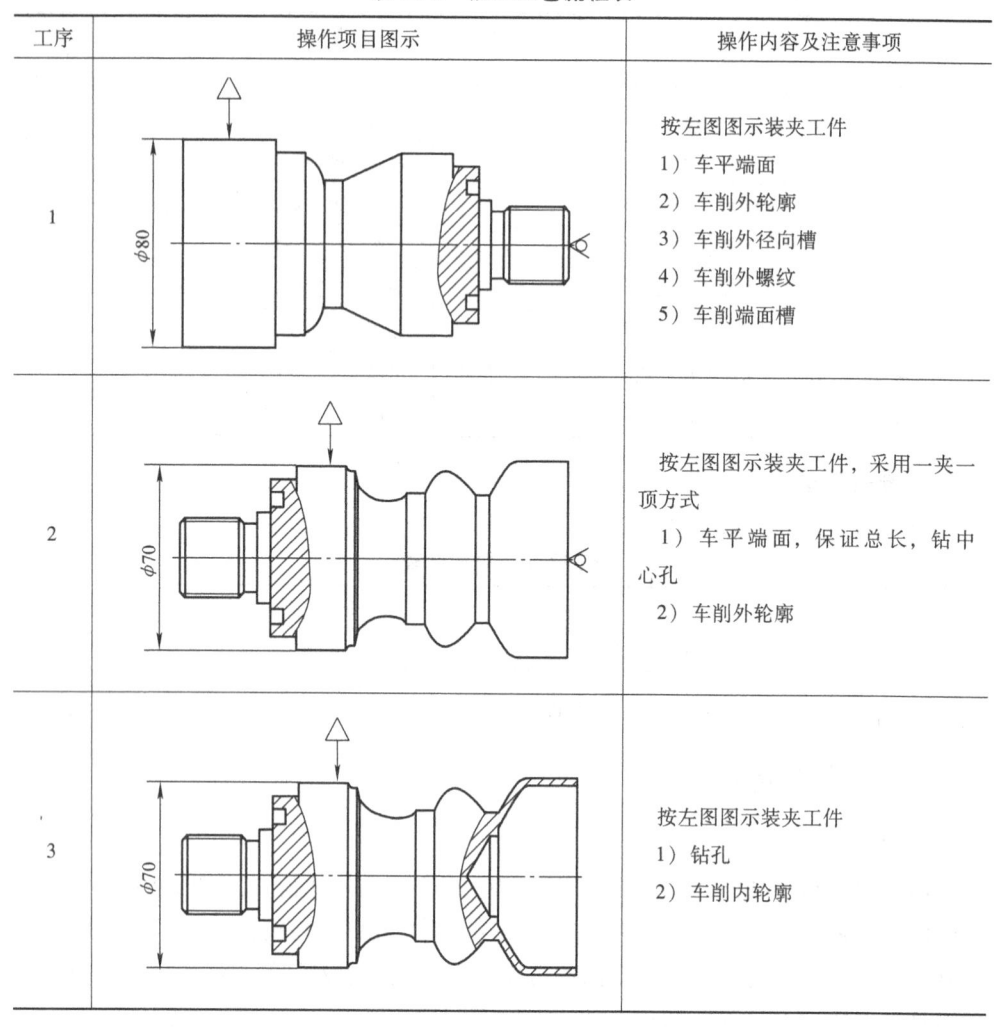

表 12-3　加工工艺流程表

工序	操作项目图示	操作内容及注意事项
1		按左图图示装夹工件 1）车平端面 2）车削外轮廓 3）车削外径向槽 4）车削外螺纹 5）车削端面槽
2		按左图图示装夹工件，采用一夹一顶方式 1）车平端面，保证总长，钻中心孔 2）车削外轮廓
3		按左图图示装夹工件 1）钻孔 2）车削内轮廓

（1）影响薄壁零件加工精度的因素　薄壁件目前一般采用数控车削的方式进行加工，为此要对工件的装夹、刀具几何参数、程序的编制等方面进行试验，从而有效地减小薄壁零件加工过程中出现的变形，保证加工精度。影响薄壁零件加工精度的因素有很多，但归纳起来主要有以下三个方面：

1）在夹紧力的作用下容易产生变形，从而影响工件的尺寸精度和形状精度。当采用如图 12-2a 所示的方式夹紧工件加工内孔时，在夹紧力的作用下，会略微变成三边形，但车孔后得到的是一个圆柱孔，如图 12-2b 所示。当松开卡爪，取下工件后，由于弹性恢复，外圆恢复成圆柱形，而内孔则变成如图 12-2c 所示的弧形三边形。

2）切削热会引起工件热变形，从而使工件尺寸难于控制。对于膨胀系数较大

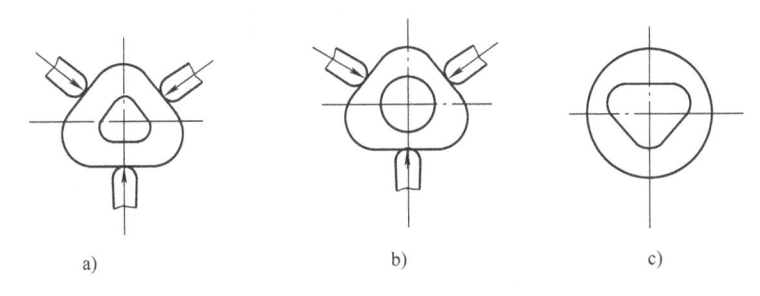

图 12-2 薄壁工件的夹紧变形
a）自定心卡盘装夹 b）车孔后的工件 c）松开后的工件

的金属薄壁工件，如在一次安装中连续完成半精车和精车，由切削热引起工件的热变形，会对其尺寸精度产生极大影响，有时甚至会使工件卡死在夹具上。

3）在切削力（特别是径向切削力）的作用下，容易产生振动和变形，影响工件的尺寸精度、形状、位置精度和表面粗糙度。

（2）防止和减少薄壁工件变形的方法

1）切削用量的要求。工件分粗、精车阶段，选择合理的切削用量是保证零件精度的关键因素。粗车时，由于切削余量较大，夹紧力稍大些，变形也相应大些；精车时，夹紧力可稍小些，一方面夹紧变形小，另一方面精车时还可以消除粗车时因切削力过大而产生的变形。在加工精度要求较高的薄壁类零件时，一般采取对称加工，使相对的两面产生的应力均衡，达到一个稳定状态，加工后工件平整。但当某一工序采取较大的吃刀量时，由于拉伸应力、压应力失去平衡，工件便会产生变形。

2）刀具的要求。应合理选用刀具的几何参数。精车薄壁工件时，刀柄的刚度要求高，车刀的修光刃不宜过长（一般取 0.2~0.3mm），刃口要锋利，一方面可减少刀具与工件的摩擦，另一方面可提高刀具切削工件时的散热能力，从而减少工件上残余的内应力。刀具参数可选取较大的主偏角和较大的前角，目的就是为了减少切削抗力的作用。

3）装夹的要求。由于薄壁类零件的形状和结构的多样性以及本身具有刚度低的特点，装夹时施力的作用点不同，产生的变形就不同。大量实践证明，增大工件与夹具的接触面积或采用轴向夹紧，可有效降低零件装夹时的变形。在车削薄壁套的内径及外圆时，无论是采用简单的开口过渡环（图 12-3），特制的软卡爪，如大面积软爪、扇形软爪（图 12-4），还是使用弹性心轴、液体塑料夹具等，均采用的是增大工件装夹时的接触面积。这种方法有利于承载夹紧力，从而减小零件的变形。

轴向夹紧工装由于制造简单，在实践中被广泛使用。车薄壁工件时，尽量不使用图 12-5a 所示的径向夹紧方式，而应优先选用图 12-5b 所示的轴向夹紧方法。图

12-5b 中，工件靠轴向夹紧套（螺纹套）的端面实现轴向夹紧，由于夹紧力 F 沿工件轴向分布，而工件轴向刚度大，不易产生夹紧变形。

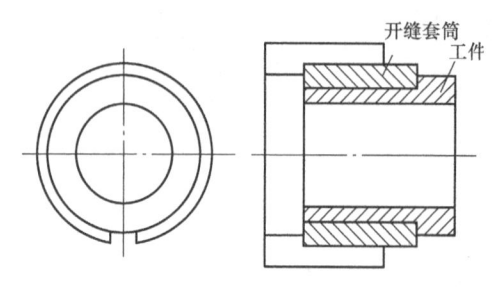

图 12-3 开口过渡环

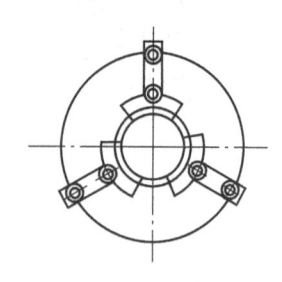

图 12-4 扇形软爪

在工件装夹部位特制几根工艺肋（图 12-6），以增强此处刚性，使夹紧力作用在工艺肋上，以减少工件的变形，加工完毕后，再去掉工艺肋。

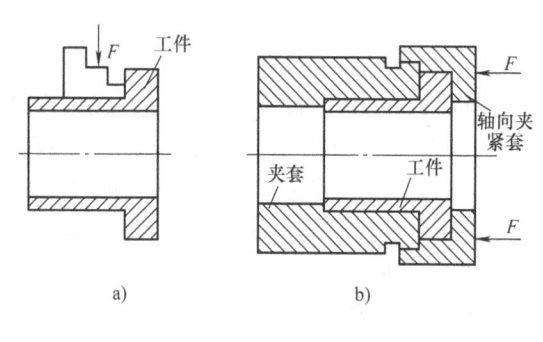

图 12-5 薄壁工件的装夹方式
a）径向夹紧 b）轴向夹紧

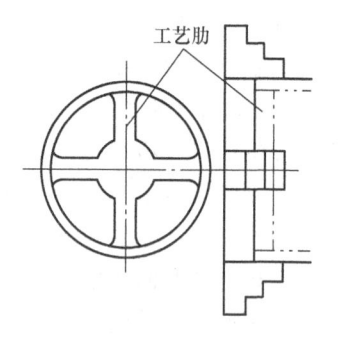

图 12-6 增大工艺肋

4）切削液的要求。切削液主要用来减少切削过程中的摩擦和降低切削温度。合理使用切削液对提高刀具寿命和加工表面质量、加工精度具有重要作用。因此，在加工中为防止零件变形必须合理使用切削液，降低切削温度，减少工件热变形。

5）二次曲线轮廓编程工艺。由于工件的调头装夹，注意二次曲线公式的转换，如图 12-7 所示。二次曲线的公式分别转换为

$$\begin{cases} X^2/6^2 + Z^2/10^2 = 1 \\ X = -0.1 * Z * Z \end{cases}$$

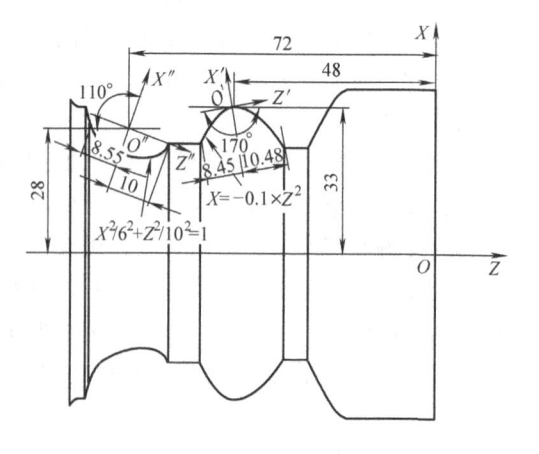

图 12-7 二次曲线公式的转换

抛物线轮廓流程图如图 12-8 所示，以 Z 值作为自变量，变化范围 10.48 ~ -8.45mm，X 值为应变量。根据旋转角度的判断原则，顺时针旋转为负，逆时针旋转为正。抛物线顺时针旋转 10°，即 $\theta = -10°$。

代入旋转后坐标公式：$Z = Z' \times \cos(-10) + X' \times \sin(-10)$，$X = -Z' \times \sin(-10) + X' \times \cos(-10)$。

椭圆旋转轮廓流程图如图 12-9 所示，以 Z 值作为自变量，变化范围为 10.0 ~ -8.55mm，X 值为应变量。根据旋转角度的判断原则，椭圆逆时针旋转 20°，即 $\theta = 20°$。

代入旋转后坐标公式：$Z = Z' \times \cos(20) + X' \times \sin(20)$，$X = -Z' \times \sin(20) + X' \times \cos(20)$。

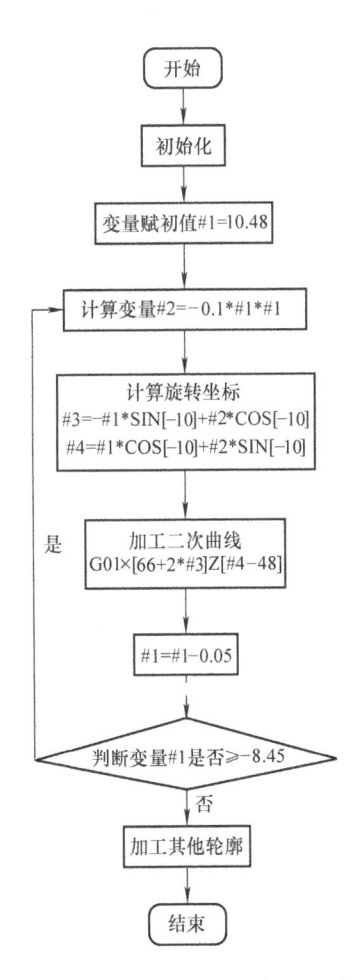

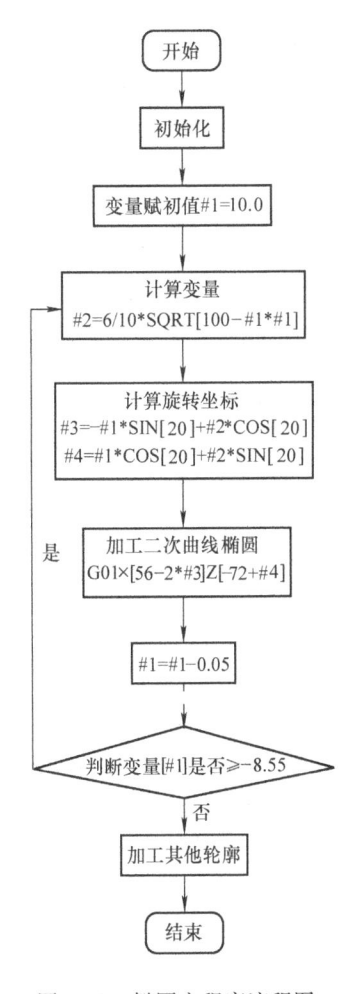

图 12-8 抛物线旋转宏程序流程图

图 12-9 椭圆宏程序流程图

三、程序编制

选择工件的左、右端面回转中心作为编程原点,其加工程序见表12-4。

表12-4　职业技能鉴定样例12 参考程序

FANUC 0i 系统程序	程序说明	华中系统程序
O0001;	程序名	O0001;
T0101;	换外圆车刀	T0101;
M3 S800;		M3 S800;
G0 X80 Z2 M8;	到达目测检查点	G0 X80 Z2 M8;
G73 U27 W0 R20;	粗车循环	; G71 U1.0 R0.5 P10 Q20 X0.15 Z0.05 F0.2;
G73 P10 Q20 U0.15 W0.05 F0.2;		
N10 G1 X25.8 Z0 F0.1;		N10 G1 X25.8 Z0 F0.1;
X29.8 Z-2;		X29.8 Z-2;
Z-23;		Z-23;
X26 Z-25;		X26 Z-25;
Z-30;		Z-30;
X34 C0.3;		X34 C0.3;
Z-35;		Z-35;
X60 C0.3;		X60 C0.3;
Z-45;		Z-45;
X70;		X70;
Z-68;		Z-68;
X49 Z-87.37;	加工轮廓描述	X49 Z-87.37;
Z-94.92;		Z-94.92;
#1=8.45;		#1=8.45;
N11 #2=-0.1*#1*#1;		WHILE#1GE[0];
#3=-#1*SIN[10]+#2*COS[10];		#2=-0.1*#1*#1;
#4=#1*COS[10]+#2*SIN[10];		#3=-#1*SIN[10]+#2*COS[10];
G1 X[66+2*#3] Z[#4-102];		#4=#1*COS[10]+#2*SIN[10];
#1=#1-0.1;		G1 X[66+2*#3] Z[#4-102];
IF [#1GE0] GOTO11;		#1=#1-0.1;
X66 Z-102;		ENDW;
X70;		X66 Z-102;
Z-120;		X70;
N20 X80;		Z-120;

职业技能鉴定样例12 薄壁轮廓零件的加工 135

(续)

FANUC 0i 系统程序	程序说明	华中系统程序
G0 X150 Z150;	退回安全距离	N20 X80;
M5 M9 M0;	程序暂停	G0 X150 Z150;
T0101;	设定精车转速	M5 M9 M30;
M3 S2000;		
G0 X80 Z2 M8;	到达目测检查点	
G70 P10 Q20;	精车循环	
G0 X150 Z150;	退回安全距离	
M5 M0 M9;	程序暂停	
T0202 M3 S600;	换端面槽车刀（刀宽4mm）	T0202 M3 S600;
G0 X50 Z2 M8;		G0 X50 Z2 M8;
G1 Z-5 F0.1;		G1 Z-5 F0.1;
Z2;	加工端面槽	Z2;
X46;		X46;
Z-5;		Z-5;
Z2;		Z2;
G0 X150 Z150;	退回安全距离	G0 X150 Z150;
M5 M9 M0;	程序暂停	M5 M9 M0;
T0303;	换外螺纹车刀	T0303;
M3 S800;		M3 S800;
G0 X31 Z2 M8;	到达目测检查点	G0 X31 Z2 M8;
G92 X29.2 Z-26 F1.5;		G82 X29.2 Z-26 F1.5;
X28.5;	加工螺纹	X28.5;
X28.15;		X28.15;
X28.05;		X28.05;
G0 X150 Z150;	退回安全距离	G0 X150 Z150;
M5 M30;	程序结束	M5 M30;
O0002;	程序名	O0002;
T0101;	换外圆车刀	T0101;
M03 S800;	到达目测检查点	M03 S800;
G0 X80 Z2 M8;		G0 X80 Z2 M8;
G73 U20 W0 R15;	粗车循环	; G71 U1.0 R0.5 P10 Q20 X0.15 Z0.05 F0.2;
G73 P10 Q20 U0.15 W0.05 F0.2;		

(续)

FANUC 0i 系统程序	程序说明	华中系统程序
N10 G0 X74；		N10 G0 X74；
G1 Z0 F0.1；		G1 Z0 F0.1；
Z－22.49；		Z－22.49；
X48 Z－35.77；		X48 Z－35.77；
#1＝10.48；		#1＝10.48；
N11 #2＝－0.1＊#1＊#1；		WHILE#1GE［0］；
#3＝－#1＊SIN［－10］＋#2＊COS［－10］；		#2＝－0.1＊#1＊#1；
#4＝#1＊COS［－10］＋#2＊SIN［－10］；		#3＝－#1＊SIN［－10］＋#2＊COS［－10］；
G1 X［66＋2＊#3］Z［#4－102］；		#4＝#1＊COS［－10］＋#2＊SIN［－10］；
#1＝#1－0.1；		G1 X［66＋2＊#3］Z［#4－102］；
IF［#1GE0］GOTO11；		#1＝#1－0.1；
G1 Z－53.2；	加工轮廓描述	ENDW；
X49 Z－62.633；		G1 Z－53.2；
#10＝10；		X49 Z－62.633；
N12 #11＝6/10＊SQRT［100－#10＊#10］；		#10＝10；
#12＝－#10＊SIN［20］＋#11＊COS［20］；		WHILE#10GE［－8.55］
#13＝#10＊COS［20］＋#11＊SIN［20］；		#11＝6/10＊SQRT［100－#10＊#10］；
G1 X［56－2＊#12］Z［#13－72］；		#12＝－#10＊SIN［20］＋#11＊COS［20］；
#10＝#10－0.1；		#13＝#10＊COS［20］＋#11＊SIN［20］；
IF［#10GE－8.55］GOTO12；		G1 X［56－2＊#12］Z［#13－72］；
G1 X56 Z－81.099；		#10＝#10－0.1；
X66 Z－82；		ENDW；
Z－83.46；		G1 X56 Z－81.099；
G2 X70 Z－85.46 R2；		X66 Z－82；
N20 X80；		Z－83.46；
G0 X150 Z150；	退回安全距离	G2 X70 Z－85.46 R2；
M5 M9 M0；	程序暂停	N20 X80；
T0101；	设定精车转速	G0 X150 Z150；
M3 S2000；		M5 M9 M0；
G0 X80 Z2 M8；	到达目测检查点	
G70 P10 Q20；	精车循环	
G0 X150 Z150；	退回安全距离	
M5 M9 M0；	程序暂停	

(续)

FANUC 0i 系统程序	程序说明	华中系统程序
T0404；	换外槽车刀（刀宽3mm）	T0404；
M3 S800 M8；		M3 S800 M8；
G0 X80 Z2；	加工外槽	G0 X80 Z2；
Z－35.77；		Z－35.77；
G1 X48 F0.1；		G1 X48 F0.1；
X80；		X80；
Z－33；		Z－33；
X48；		X48；
X80；		X80；
Z－30；		Z－30；
X58.4；		X58.4；
X80；		X80；
Z－23.185；		Z－23.185；
X74；		X74；
G3 X70 Z－26.649 R4；		G3 X70 Z－26.649 R4；
G1 X48 Z－33；		G1 X48 Z－33；
Z－35.77；		Z－35.77；
X80；		X80；
G0 X150 Z150；	退回安全距离 程序暂停	G0 X150 Z150；
M5 M0M9；		M5 M0M9；
T0505；	换车孔刀	T0505；
M3 S800；	到达目测检查点	M3 S800；
G0 X28 Z2；		G0 X28 Z2；
G71 U1 R0.1；	粗车循环	；G71 U1.0 R0.1 P30 Q40 X－0.15 Z0.05 F0.2；
G71 P30 Q40 U－0.15 W0.05 F0.2；		
N30 G0 X70；		N30 G0 X70；
G1 Z0 F0.1；		G1 Z0 F0.1；
Z－20.185；		Z－20.185；
G3 X68 Z－21.917 R2；		G3 X68 Z－21.917 R2；
G01 X36.54 Z－31；		G01 X36.54 Z－31；
X30 C0.3；		X30 C0.3；
Z－34；		Z－34；
N40 X28；		N40 X28；

(续)

FANUC 0i 系统程序	程序说明	华中系统程序
G0 X150 Z150;	退回安全距离	G0 X150 Z150;
M5 M0 M9;	程序暂停	M5 M30 M9;
T0505;	设定精车转速	
M3 S2000;		
G0 X28 Z2 M8;	到达目测检查点	
G70 P30 Q40;	精车循环	
G0 X150 Z150;	退回安全距离	
M5 M30;	程序暂停	

四、样例小结

在数控车削加工过程中，经常会碰到一些薄壁零件的加工，加工这类零件时，应采取合适的工艺及加工方案，以防工件加工过程中的变形。

职业技能鉴定样例 13　异形螺纹轴零件的加工（一）

> **考核目标**
> 1. 正确选择可转位车刀及刀片。
> 2. 掌握异形螺纹的编程加工方法。
> 3. 掌握自定心卡盘安装、车削偏心工件的方法。
> 4. 掌握加工工艺的编制方法。

一、考核要求及准备

1. 总体要求

按零件图（图 13-1）完成加工操作，本题分值为 100 分，考核时间为 180min。

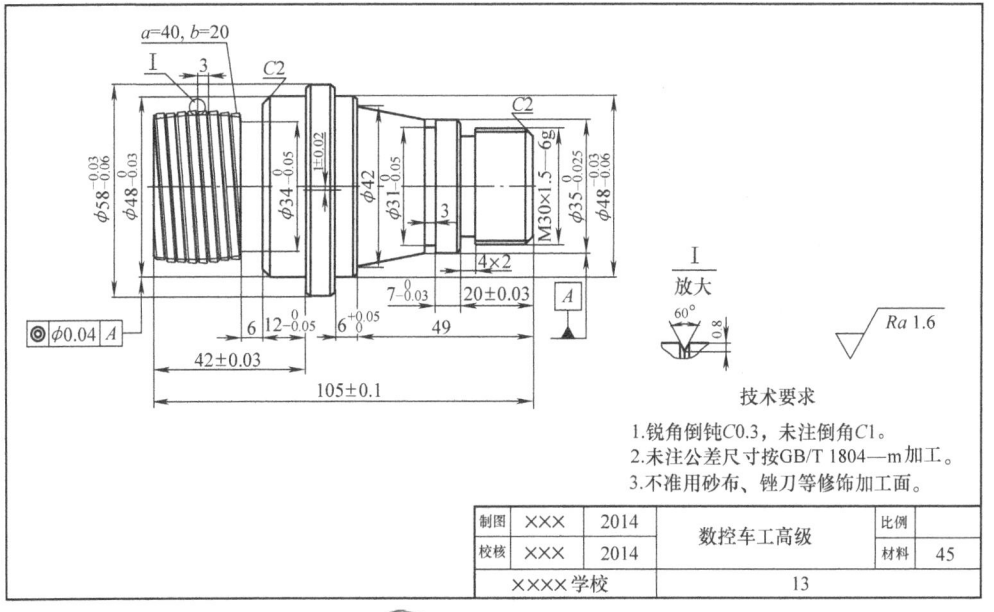

图 13-1　零件图

2. 评分标准（表13-1）

表13-1 职业技能鉴定样例13评分表 （单位：mm）

工件编号				总得分		
项目与配分	序号	技术要求	配分	评分标准	检测记录	得分
工件加工评分（100）	1	$\phi 58_{-0.06}^{-0.03}$	5	超差0.01扣1分		
	2	$\phi 48_{-0.03}^{0}$	5	超差0.01扣1分		
	3	$\phi 48_{-0.06}^{-0.03}$	5	超差0.01扣1分		
	4	$\phi 35_{-0.025}^{0}$	5	超差0.01扣1分		
	5	M30×1.5-6g	6	超差全扣		
	6	切槽4×2	3	超差全扣		
	7	切槽$\phi 34_{-0.05}^{0}×6$	5	超差0.01扣1分		
	8	切槽$\phi 31_{-0.05}^{0}×3$	5	超差0.01扣1分		
外形轮廓（90）	9	同轴度$\phi 0.04$	4	超差0.01扣1分		
	10	椭圆$a=40$，$b=20$	6	超差全扣		
	11	60°异形螺纹	12	超差全扣		
	12	偏心1 ± 0.02	6	超差0.01扣1分		
	13	105 ± 0.1	3	超差0.01扣1分		
	14	42 ± 0.03	4	超差0.01扣1分		
	15	$12_{-0.05}^{0}$	4	超差0.01扣1分		
	16	$6_{0}^{+0.05}$	4	超差0.01扣1分		
	17	$7_{-0.03}^{0}$	4	超差0.01扣1分		
	18	20 ± 0.03	4	超差0.01扣1分		
其他（10）	19	$Ra1.6\mu m$	3	每错一处扣1分		
	20	自由尺寸	2	每错一处扣0.5分		
	21	倒角，锐角倒钝	1	每错一处扣0.5分		
	22	工件按时完成	2	未按时完成全扣		
	23	工件无缺陷	2	缺陷一处扣2分		
程序与工艺	24	程序与工艺合理	倒扣	每错一处扣2分		
机床操作	25	机床操作规范		出错一次扣2~5分		
安全文明生产	26	安全操作		停止操作或酌情扣5~20分		

3. 准备清单

1）材料准备（表13-2）。

表13-2 材料准备

名 称	规 格	数量	要 求
45钢	$\phi 60mm\times 110mm$	1件/考生	车平两端面，去毛刺

2）工具、量具、刀具的准备参照表 1-4。

二、工艺分析及相关知识

1. 图样分析

1）图形分析：零件主要的加工要素有外螺纹、椭圆曲线、异形螺纹等。合理运用宏程序编制出异形螺纹的程序是考核的重点。

2）精度分析：尺寸公差等级多为 IT7，位置公差有一个同轴度要求。表面粗糙度值在各外圆回转面处均为 $Ra1.6\mu m$。

2. 工艺分析

装夹方式和加工内容见表 13-3。

表 13-3 加工工艺流程表

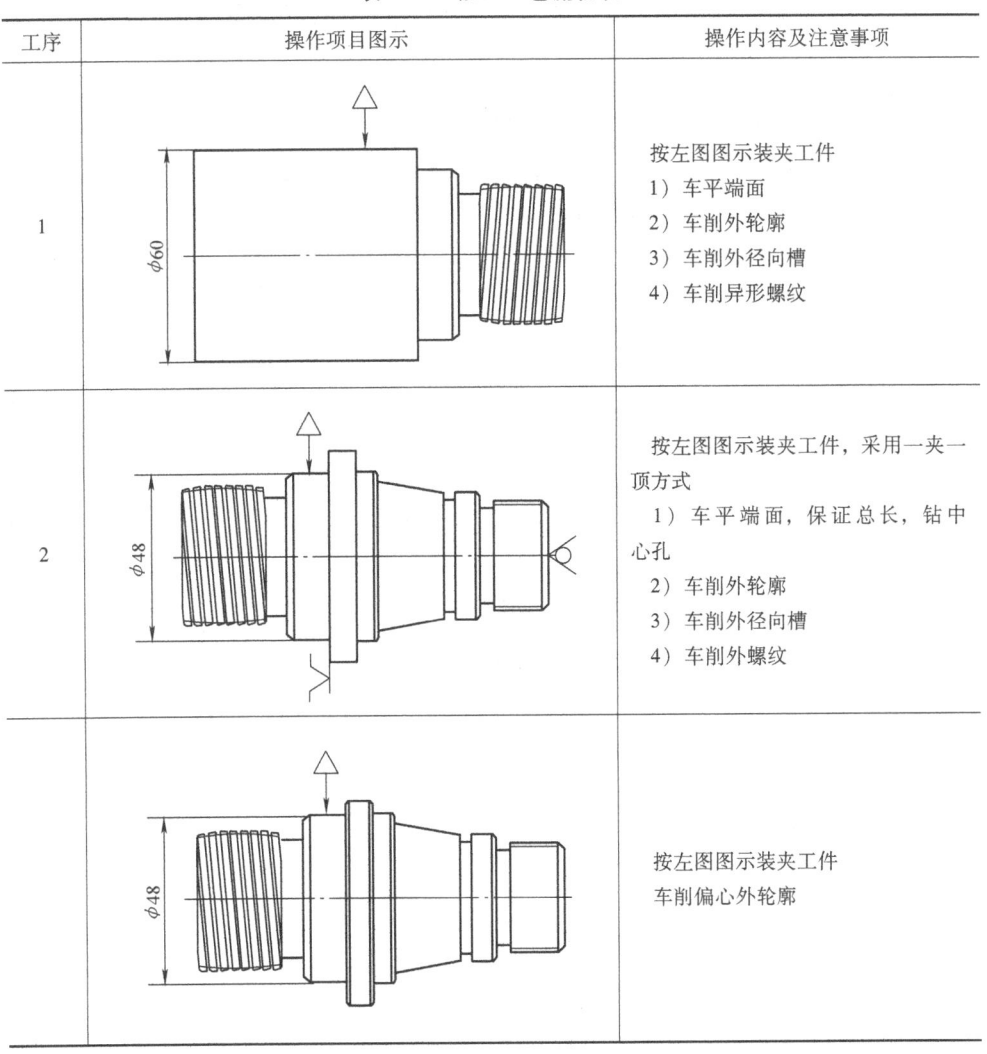

工序	操作项目图示	操作内容及注意事项
1		按左图图示装夹工件 1）车平端面 2）车削外轮廓 3）车削外径向槽 4）车削异形螺纹
2		按左图图示装夹工件，采用一夹一顶方式 1）车平端面，保证总长，钻中心孔 2）车削外轮廓 3）车削外径向槽 4）车削外螺纹
3		按左图图示装夹工件 车削偏心外轮廓

3. 相关知识

（1）异形螺纹编程思路　在机械行业中，常用的螺纹按其牙型不同可分为三角形螺纹、梯形螺纹、锯齿形螺纹、矩形螺纹等。随着机械结构功能要求的不断提高，对一些零件的结构也提出了更高的要求。螺纹的牙型衍生出了圆弧、抛物线或双曲线等规则曲线形状，由这些曲线组合而成的不规则形状，称这样的螺纹为异形螺纹。异形螺纹是一种非标准的螺纹，即其螺纹尺寸参数与标准螺纹不完全一致。

在车床上加工异形螺纹，是一项技术难度较高的工作。尤其在普通车床上车削时，要求工人有比较熟练的操作技巧。螺纹加工精度和效率受人为因素影响比较大。数控车床的高精度加工性能，为异形螺纹的车削提供了良好的加工基础。但在数控车床上加工异形螺纹时，若未能很好地对加工方法、工艺和数控加工程序的编制进行细致分析，也难以加工出合格的工件。

数控机床一般只提供平面直线和圆弧插补功能，对于异形螺纹的两个面，根据牙型角和螺距，得出方程 $X = f(Z)$，将平面轮廓分割成若干小段，编程时，通过建立加工轮廓的基点和节点的数学模型，利用 CNC 强大的数据计算和处理功能，即时计算出加工节点的坐标数据，进行控制加工。

如图 13-1 所示，零件的左端椭圆轮廓上有一段螺旋槽，由于螺旋槽轮廓是椭圆的一部分，用简单的螺纹切削指令不能实现。可将整个螺旋槽平均分解成 24 等份（也可以分解成更多的等份，等份数越多误差越小），在每一个等份中，螺旋槽可以近似地看成一个锥螺纹，整个异形螺纹即由多个锥螺纹组合而成，则可以用宏指令来实现加工目标，流程图如图 13-2 所示。

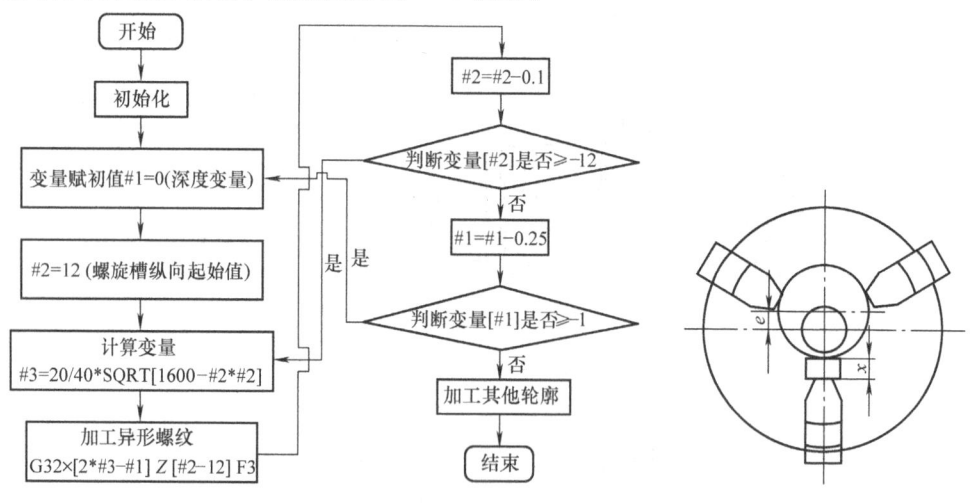

图 13-2　异形螺纹宏程序编程流程图

图 13-3　在自定心卡盘上车偏心工件

（2）偏心工件的加工　偏心回转体类零件就是零件的外圆和外圆或外圆与内孔的轴线相互平行而不重合，偏离一个距离的零件，两条平行轴线之间的距离叫偏心距。外圆与外圆偏心的零件称为偏心轴或偏心盘；外圆与内孔偏心的零件称为偏心套。

在机械传动中，回转运动与往复直线运动之间的相互转换，一般都是利用偏心零件来实现的。如偏心轴带动的油泵，内燃机中的曲轴等。在实际生产中对于加工精度要求不高且偏心距在10mm以下的偏心工件，都是通过在自定心卡盘的一个卡爪上加垫片的方法来加工偏心工件，如图13-3所示。垫片厚度的选择方法，偏心工件的车削步骤如下：

1）垫片厚度的选择。工件的偏心距较小时，采用在自定心卡盘的一个卡爪上加垫片的方法使工件偏心，垫片的厚度 x 与偏心距 e 间的关系为

$$x = 1.5e \times (1 - e/2D)$$

式中　e——偏心工件的偏心距（mm）；
　　　D——夹持部位的工件直径（mm）。

当 D 相对于 e 较大时，上式可简化为

$$x \approx 1.5e \pm k$$

$$k \approx 1.5\Delta e$$

式中　k——偏心距修正值，正负按实测结果确定；
　　　Δe——试切后实测偏心距误差，实测偏心距误差，实测结果比要求的大取负号，反之取正号。

图13-1所示的工件的偏心距 $e = 1.0$mm，先暂不考虑修正值，初步计算垫片厚度：$x = 1.5e = 1.5 \times 1$mm $= 1.5$mm。试切后根据实测的偏心距再计算偏心距修正值。

2）偏心工件的车削步骤。

① 车削偏心工件中不是偏心的轮廓。

② 根据外圆 D 和偏心距计算预垫片厚度。

③ 将试车后的工件缓慢转动，用百分表在工件上测量其径向跳动量，跳动量的一半就是偏心距，也可试车偏心，注意在试车偏心时，只要车削到能在工件上测出偏心距误差即可。

④ 修正垫片厚度，直至合格。

3）加工偏心工件时容易产生的问题及应注意的事项。

① 开始装夹或修正 X 值后重新装夹时，均应用百分表找正工件外圆，使外圆侧素线与车床主轴线平行，保证偏心轴两轴线的平行度。

② 垫片的材料应有一定的硬度，以防装夹时发生变形。垫片与圆弧接触的一面应做成圆弧形，其圆弧的大小应等于或小于卡爪的圆弧。

③ 当外圆精度要求较高时，为防止压坏外圆，其他两卡爪也应垫一薄垫片，但应考虑对偏心距 e 的影响。如果使用软卡爪，则不应考虑对偏心距 e 的影响。

④ 由于工件偏心，车削前车刀不能靠近工件，以防工件碰坏车刀，切削速度

也不宜过高。

⑤ 为防止硬质合金刀头破裂，车刀要有一定的刃倾角，背吃刀量大时进给量要小。

⑥ 车削偏心工件可能一开始为断续切削，因此所选用的刀具要合适。

⑦ 测量后如不能满足工件的质量要求，需修正垫片厚度后重新加工，重新安装工件时，应注意其他垫片的夹持位置。

偏心工件的加工是一个测量、加工不断交替的过程。对于用自定心卡盘无法满足加工要求的偏心工件，可利用单动卡盘或利用两顶尖装夹等方法来加工。

三、程序编制

选择工件的左、右端面回转中心作为编程原点，其加工程序见表13-4。

表13-4 职业技能鉴定样例13 参考程序

FANUC 0i 系统程序	程序说明	华中系统程序
O0001;	程序名	O0001;
T0101;	换外圆车刀	T0101;
M03 S800;	到达目测检查点	M03 S800;
G0 X62 Z2 M8;		G0 X62 Z2 M8;
G73 U12 W0 R10;	粗车循环	; G71 U1.0 R0.5 P10 Q20 X0.3 Z0 F0.2;
G73 P10 Q20 U0.3 W0 F0.2;		
N10 G0 X38.16;	加工轮廓描述	N10 G0 X38.16;
G1 Z0 F0.1;		G1 Z0 F0.1;
#1 = 12;		#1 = 12;
N11 #2 = 20/40 * SQRT [1600 - #1 * #1];		WHILE #1 GE [-12];
#1 = #1 - 0.1;		#2 = 20/40 * SQRT [1600 - #1 * #1];
IF [#1 GE -12] GOTO11;		#1 = #1 - 0.1;
G1 X38.16 Z-24;		ENDW;
Z-30;		G1 X38.16 Z-24;
X48 C2;		Z-30;
Z-42;		X48 C2;
N20 X62;		Z-42;
G0 X150 Z150;	退回安全距离	N20 X62;
M5 M9 M0;	程序暂停，测量	G0 X150 Z150;
T0101;	设定精车转速	M5 M9 M30;
M3 S2000;		
G0 X62 Z2 M8;	到达目测检查点	

(续)

FANUC 0i 系统程序	程序说明	华中系统程序
G70 P10 Q20;	精车循环	
G0 X150 Z150;	退回安全距离	
M5 M9 M0;	程序暂停	
T0202;	换外槽车刀（刀宽3mm）	T0202;
M3 S800;		M3 S800;
G0 X50 Z2 M8;	到达目测检查点	G0 X50 Z2 M8;
Z-27;		Z-27;
G1 X34 F0.1;		G1 X34 F0.1;
X50;		X50;
Z-30;	加工外槽	Z-30;
G1 X34;		G1 X34;
X50;		X50;
G0 X150 Z150;	退回安全距离	G0 X150 Z150;
M5 M9 M0;	程序暂停	M5 M9 M0;
T0303;	换外螺纹车刀	T0303;
M3 S800;		M3 S800;
G0 X41 Z6;	到达目测检查点	G0 X41 Z6;
#1=0;		#1=0;
N30 G32 X [37.08-2*#1] Z3 F3;		WHILE#1GE [1] DO1;
#2=12;		G32 X [37.08-2*#1] Z3 F3;
N40 #3=20/40*SQRT [1600-#2*#2];		#2=12;
G32 X [2*#3-#1] Z [#2-12] F3;	加工异形螺纹	WHILE#2GE [-13];
#2=#2-3;		#3=20/40*SQRT [1600-#2*#2];
IF [#2 GE-13] GOTO40;		G32 X[2*#3-#1] Z[#2-12] F3;
G0 X41;		#2=#2-3;
Z6;		ENDW;
#1=#1+0.25;		G0 X41;
IF [#1 LE1] GOTO30;		Z6;
G0 X150 Z150;	退回安全距离	#1=#1+0.25;
M5 M30;	程序结束	ENDW1;
		G0 X150 Z150;
O0002;	程序名	M5 M30;
T0101;	换外圆车刀	O0002;

(续)

FANUC 0i 系统程序	程序说明	华中系统程序
M3 S800;		T0101;
G0 X62 Z2 M8;	到达目测检查点	M3 S800;
G71 U1 R0.3;	粗车循环	G0 X62 Z2 M8;
G71 P10 Q20 U0.3 W0 F0.2;		G71 U1.0 R0.5 P10 Q20 X0.3 Z0 F0.2;
N10 G0 X24.8;	加工轮廓描述	
G1 Z0 F0.1;		N10 G0 X24.8;
X29.8 Z-2;		G1 Z0 F0.1;
Z-20;		X29.8 Z-2;
X35 C1;		Z-20;
Z-30;		X35 C1;
X42 Z-49;		Z-30;
X48 C1;		X42 Z-49;
Z-55;		X48 C1;
N20 X62;		Z-55;
G0 X150 Z150;	退回安全距离	N20 X62;
M5 M9 M0;	程序暂停,测量	G0 X150 Z150;
T0101;	设定精车转速	M5 M9 M0;
M3 S2000;		
G0 X60 Z2 M8;	到达目测检查点	
G70 P10 Q20;	精车循环	
G0 X150 Z150;	退回安全距离	
M5 M9 M0;	程序暂停	
T0202;	换外槽车刀	T0202;
M3 S800;	到达目测检查点	M3 S800;
G0 X36 Z2;		G0 X36 Z2;
Z-20;		Z-20;
G1 X26 F0.1;	加工外槽	G1 X26 F0.1;
X36;		X36;
Z-19;		Z-19;
X26;		X26;
Z-20;		Z-20;
X36;		X36;
G0 X150 Z150;	退回安全距离	G0 X150 Z150;
M5 M0 M9;	程序暂停	M5 M0 M9;

职业技能鉴定样例13 异形螺纹轴零件的加工(一)

(续)

FANUC 0i 系统程序	程序说明	华中系统程序
T0202;	换外槽车刀	T0202;
M3 S800;		M3 S800;
G0 X36 Z-30 M8;	到达目测检查点	G0 X36 Z-30 M8;
G1 X31;	加工外槽	G1 X31;
X36;		X36;
G0 X150 Z150;	退回安全距离	G0 X150 Z150;
M5 M9 M0;	程序暂停	M5 M9 M0;
T0303;	换螺纹车刀	T0303;
M3 S800;	到达目测检查点	M3 S800;
G0 X32 Z2 M8;		G0 X32 Z2 M8;
G92 X29.2 Z-18 F1.5;	加工外螺纹	G82 X29.2 Z-18 F1.5;
X28.3;		X28.3;
X28.15		X28.15
X28.05;		X28.05;
G0 X150 Z150;	退回安全距离	G0 X150 Z150;
M5 M30;	程序结束	M5 M30;
O0002;	程序名(车偏心外圆)	O0002;
T0101;	换外圆车刀	T0101;
M3 S800;	到达目测检查点	M3 S800;
G0 X65 Z2;		G0 X65 Z2;
G71 U1 R0.2;	粗车循环	; G71 U1.0 R0.2 P10 Q20 X0.3 Z0 F0.3;
G71 P10 Q20 U0.3 W0 F0.3;		
N10 G0 X56;	加工轮廓描述	N10 G0 X56;
G1 Z0 F0.1;		G1 Z0 F0.1;
X58 Z-1;		X58 Z-1;
Z-7;		Z-7;
X56 Z-8;		X56 Z-8;
N20 X65;		N20 X65;
G0 X150 Z150;	退回安全距离	G0 X150 Z150;
M5 M0 M9;	程序暂停	M5 M30 M9;
T0101;	设定精车转速	
M3 S2000;		

（续）

FANUC 0i 系统程序	程序说明	华中系统程序
G0 X65 Z2 M8;	到达目测检查点	
G70P10Q20F0.1;	精车循环	
G0 X150Z150;	退回安全距离	
M5 M30;	程序暂停	

四、样例小结

加工异形螺纹时可以采用宏程序多层嵌套的方式编程，理清思路，选择好自变量和应变量，条件语句的正确判断是保证异形螺纹加工完成的基础。对于偏心工件的加工，可以自制一整套偏心套，便于配合不同尺寸的外圆，不仅可靠性好，又能防止工件夹伤。

职业技能鉴定样例14　异形螺纹轴零件的加工（二）

> **考核目标**
> 1. 正确选择可转位车刀及刀片。
> 2. 掌握异形螺纹的编程加工方法。
> 3. 掌握加工工艺的编制方法。

一、考核要求及准备

1. 总体要求

按零件图（图14-1）完成加工操作，本题分值为100分，考核时间为180min。

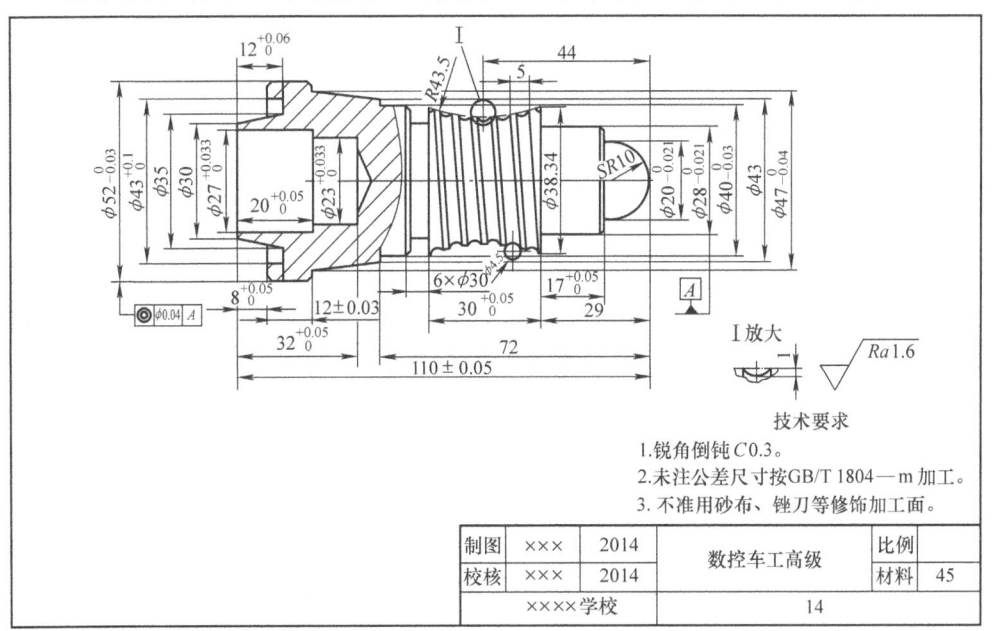

图14-1　零件图

2. 评分标准（表14-1）

表14-1 职业技能鉴定样例14评分表　　　　　（单位：mm）

工件编号			总得分			
项目与配分	序号	技术要求	配分	评分标准	检测记录	得分
工件加工评分（100）	1	$\phi 52_{-0.03}^{0}$	5	超差0.01扣1分		
	2	$\phi 47_{-0.04}^{0}$	5	超差0.01扣1分		
	3	$\phi 40_{-0.03}^{0}$	5	超差0.01扣1分		
	4	$\phi 28_{-0.021}^{0}$	5	超差0.01扣1分		
	5	$\phi 20_{-0.021}^{0}$	5	超差0.01扣1分		
外形轮廓（66）	6	$\phi 4.5$ 圆弧异形螺纹	15	超差全扣		
	7	切槽 $6 \times \phi 30$	3	超差全扣		
	8	同轴度 $\phi 0.04$	4	超差0.01扣1分		
	9	$R43.5$，$SR10$	4	每错一处扣2分		
	10	110 ± 0.05	3	超差0.01扣1分		
	11	$8_{0}^{+0.05}$	3	超差0.01扣1分		
	12	12 ± 0.03	3	超差0.01扣1分		
	13	$17_{0}^{+0.05}$	3	超差0.01扣1分		
	14	$30_{0}^{+0.05}$	3	超差0.01扣1分		
内轮廓（24）	15	$\phi 43_{0}^{+0.1}$	5	超差0.01扣1分		
	16	$\phi 27_{0}^{+0.033}$	5	超差0.01扣1分		
	17	$\phi 23_{0}^{+0.033}$	5	超差0.01扣1分		
	18	$12_{0}^{+0.06}$	3	超差0.01扣1分		
	19	$20_{0}^{+0.05}$	3	超差0.01扣1分		
	20	$32_{0}^{+0.05}$	3	超差0.01扣1分		
其他（10）	21	$Ra1.6\mu m$	3	每错一处扣1分		
	22	自由尺寸	2	每错一处扣0.5分		
	23	倒角，锐角倒钝	1	每错一处扣0.5分		
	24	工件按时完成	2	未按时完成全扣		
	25	工件无缺陷	2	缺陷一处扣2分		
程序与工艺	26	程序与工艺合理	倒扣	每错一处扣2分		
机床操作	27	机床操作规范		出错一次扣2~5分		
安全文明生产	28	安全操作		停止操作或酌情扣5~20分		

3. 准备清单

1）材料准备（表14-2）。

表 14-2　材料准备

名　称	规　格	数　量	要　求
45 钢	φ55mm×115mm	1 件/考生	车平两端面，去毛刺

2）工具、量具、刃具的准备参照表 1-4。

二、工艺分析及相关知识

1. 图样分析

1）图形分析：零件的异形螺纹和端面槽加工是考核的要点，其他的加工图素为一般常见的内、外轮廓。异形螺纹的程序编制对操作者宏程序的掌握程度要求较高。

2）精度分析：尺寸公差等级多为 IT7，同轴度要求是零件唯一的位置公差。表面粗糙度值在各种孔和外圆回转面等处均为 $Ra1.6\mu m$。

2. 工艺分析

装夹方式和加工内容见表 14-3。

表 14-3　加工工艺流程表

工序	操作项目图示	操作内容及注意事项
1	（φ55 外形装夹图示）	按左图图示装夹工件，采用一夹一顶方式 1）车平端面，钻中心孔 2）车削外轮廓 3）车削外径向槽 4）车削异形螺纹
2	（φ40 调头装夹图示）	按左图图示装夹工件 1）车平端面，保证总长，钻中心孔 2）钻孔 3）车削外轮廓 4）车孔 5）车削端面槽

3. 相关知识

（1）异形螺纹编程思路　对于在各项数控技能大赛中屡见不鲜的异形螺纹，合理地选择加工方法，巧用宏程序和螺纹 G 代码，可以提高质量和效率，能为参赛选手增加取得好成绩的砝码。

如图 14-1 所示，螺纹的牙型轮廓是一段圆弧，根据该轮廓，可选图 14-2 所示的菱形外圆车刀或圆弧刀具。假设把每个轮廓分成三份，这个异形螺纹就可以看成是由三个不同深度、不同位移的普通螺纹合成的，如图 14-3 所示。每个位置的螺纹是有规律的，它们都在圆弧的轮廓上。

图 14-2 异形螺纹用刀具　　　图 14-3 异形螺纹编程示意图

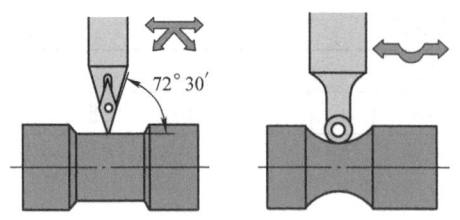

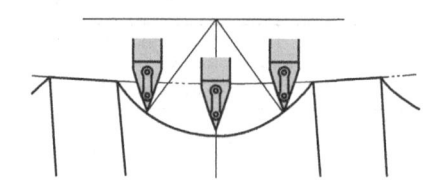

(2) 加工注意事项

1) 车螺纹时的主轴转速　主轴转速的计算公式为

$$n_{螺} \leqslant V/L$$

式中　V——编码器允许的最高切削速度（mm/min）（FANUC 系统通过参数 1422 进行查询）；

　　　L——工件螺纹的螺距（或导程，mm）。

2) 背吃刀量、步距可根据机床与刀具的性能作适当调整。

三、程序编制

选择工件的左、右端面回转中心作为编程原点，其加工程序见表 14-4。

表 14-4　职业技能鉴定样例 14 参考程序

FANUC 0i 系统程序	程序说明	华中系统程序
O0001;	程序名	O0001;
T0101;	换外圆车刀	T0101;
M03 S800;	主轴正转，800r/min	M03 S800;
G0 X56 Z2 M08;	刀具移至目测安全位置	G0 X56 Z2 M08;
G73 U25 W0 R15;	粗车循环	; G71 U1.0 R0.5 P10 Q20 X0.3 Z0 F0.2;
G73 P10 Q20 U0.3 W0 F0.2;		
N10 G0 X0;	加工轮廓描述	N10 G0 X0;
G1 Z0 F0.1;		G1 Z0 F0.1;
G3 X20 Z-10 R10;		G3 X20 Z-10 R10;
G1 Z-12;		G1 Z-12;
X28 C1;		X28 C1;
Z-29;		Z-29;
X38.34;		X38.34;
G2 X38.34 Z-59 R43.5;		G2 X38.34 Z-59 R43.5;
G1 X38 Z-64;		G1 X38 Z-64;
X40 Z-65;		X40 Z-65;
Z-72;		Z-72;

(续)

FANUC 0i 系统程序	程序说明	华中系统程序
X43 C0.3;	加工轮廓描述	X43 C0.3;
G1 X47 Z-90;		G1 X47 Z-90;
X52 C1;		X52 C1;
N20 X56;		N20 X56;
G0 X150 Z150;	退回安全距离	G0 X150 Z150;
M9 M5 M0;	程序暂停	M9 M5 M30;
T0101;	设定精车转速	
M3 S2000;		
G00 X56 Z2 M8;	到达目测检查点	
G70 P10 Q20;	精车循环	
G0 X150 Z150;	退回安全距离	
M9 M5 M0;	程序暂停	
T0202;	换外槽车刀（刀宽3mm）	T0202;
M3 S800;		M3 S800;
G0 X41 Z2 M8;	外槽加工部分	G0 X41 Z2 M8;
Z-62;		Z-62;
G1 X30 F0.1;		G1 X30 F0.1;
X41;		X41;
Z-64;		Z-64;
X30;		X30;
Z-62;		Z-62;
X41;		X41;
G0 X150 Z150;	退回安全距离	G0 X150 Z150;
M9 M5 M0;	程序暂停	M9 M5 M0;
T0303;	异形螺纹加工	T0303;
M3 S500;		M3 S500;
N1 G0 X40 Z12 M8;		N1 G0 X40 Z12 M8;
#10 = 2.0;		#10 = 2.0;
N10 #1 = 20;		WHILE#10GE [-2] DO1;
N20 #2 = SQRT [42.25*42.25 - #1*#1];		#1 = 20;
#3 = 60 - #2;		WHILE#1GE [-15];
#4 = SQRT[2.25*2.25 - #10*#10];		#2 = SQRT [42.25*42.25 - #1*#1];
#5 = 2 * [#3 - #4];		#3 = 60 - #2;

(续)

FANUC 0i 系统程序	程序说明	华中系统程序
#6 = #1 - #10;	异型螺纹加工	#4 = SQRT [2.25 * 2.25 - #10 * #10];
G32 X#5 Z [#6 - 15] F5;		#5 = 2 * [#3 - #4];
#1 = #1 - 5;		#6 = #1 - #10;
IF [#1 GE - 15] GOTO20;		G32 X#5 Z [#6 - 15] F5;
G0 X40;		#1 = #1 - 5;
Z [12 - #10];		ENDW;
#10 = #10 - 0.2;		G0 X40;
IF [#10 GE - 2.0] GOTO10;		Z [12 - #10];
G0 X50;	程序结束部分	#10 = #10 - 0.2;
X150 Z150;		ENDW1;
M5 M30;		G0 X50;
		X150 Z150;
O0002;	程序名	M5 M30;
T0101;	换外圆车刀	O0002;
M03 S800;	主轴正转,转速为800r/min	T0101;
G0 X56 Z2 M08;	刀具移至目测安全位置	M03 S800;
G71 U1 R0.3	粗车循环	G0 X56 Z2 M08;
G71 P10 Q20 U0.3 W0 F0.2;		; G71 U1.0 R0.3 P10 Q20 X0.3 Z0 F0.2;
N10 G0 X30;	加工轮廓描述	N10 G0 X30;
G1 Z0 F0.1;		G1 Z0 F0.1;
X33.33 Z - 8;		X33.33 Z - 8;
X52 C1;		X52 C1;
Z - 22;		Z - 22;
N20 X56;		N20 X56;
G0 X150 Z150;	退回安全距离	G0 X150 Z150;
M9 M5 M0;	程序暂停	M9 M5 M30;
T0101;	设定精车转速	
M3 S2000;		
G00 X56 Z2 M8;	到达目测检查点	
G70 P10 Q20;	精车循环	
G0 X150 Z150;	退回安全距离	
M9 M5 M0;	程序暂停	

职业技能鉴定样例14　异形螺纹轴零件的加工（二）

（续）

FANUC 0i 系统程序	程序说明	华中系统程序
T0404；	换车孔刀	T0404；
M3S1000；	粗车循环	M3S1000；
G0 X20 Z2 M8；		G0 X20 Z2 M8；
G71 U1 R0.3；		；G71 U1.0 R0.3 P30 Q40 X-0.15 Z0 F0.2；
G71 P30 Q40 U-0.15 W0 F0.2；	加工轮廓描述	
N30 G0 X29；		N30 G0 X29；
G1 Z0 F0.1；		G1 Z0 F0.1；
X27 C0.3；		X27 C0.3；
Z-20；		Z-20；
X23 C0.3；		X23 C0.3；
Z-32；		Z-32；
N40 X20；		N40 X20；
G0 X150 Z150；	退回安全距离	G0 X150 Z150；
M9 M5 M0；	程序暂停	M9 M5 M30；
T0404；	设定精车转速	
M3 S2000；		
G00 X56 Z2 M8；	到达目测检查点	
G70 P30 Q40；	精车循环	
G0 X150 Z150；	退回安全距离	
M9 M5 M0；	程序暂停	
T0505；	换端面槽车刀（刀宽3mm）	T0505；
M3 S600；	加工端面槽	M3 S600；
G0 X43 Z2 M8；		G0 X43 Z2 M8；
G1 Z-12 F0.1；		G1 Z-12 F0.1；
Z2；		Z2；
X36.33；		X36.33；
Z-8；		Z-8；
X38 Z-12；		X38 Z-12；
Z2；		Z2；
G0 X150 Z150；	退回安全距离	G0 X150 Z150；
M5 M30；	程序结束部分	M5 M30；

四、样例小结

不同类型的异形螺纹，加工的原理相似。有针对性地选择典型的样例，理解整个编程思路，对于类似的异形螺纹加工问题就能迎刃而解。

职业技能鉴定样例15　三角螺纹配合件的加工

考核目标
1. 正确选择可转位车刀及刀片。
2. 学会应用刀尖圆弧半径补偿指令。
3. 掌握配合件加工工艺的编制方法。

一、考核要求及准备

1. 总体要求

按零件图（图15-1）完成加工操作，本题分值为100分，考核时间为240min。

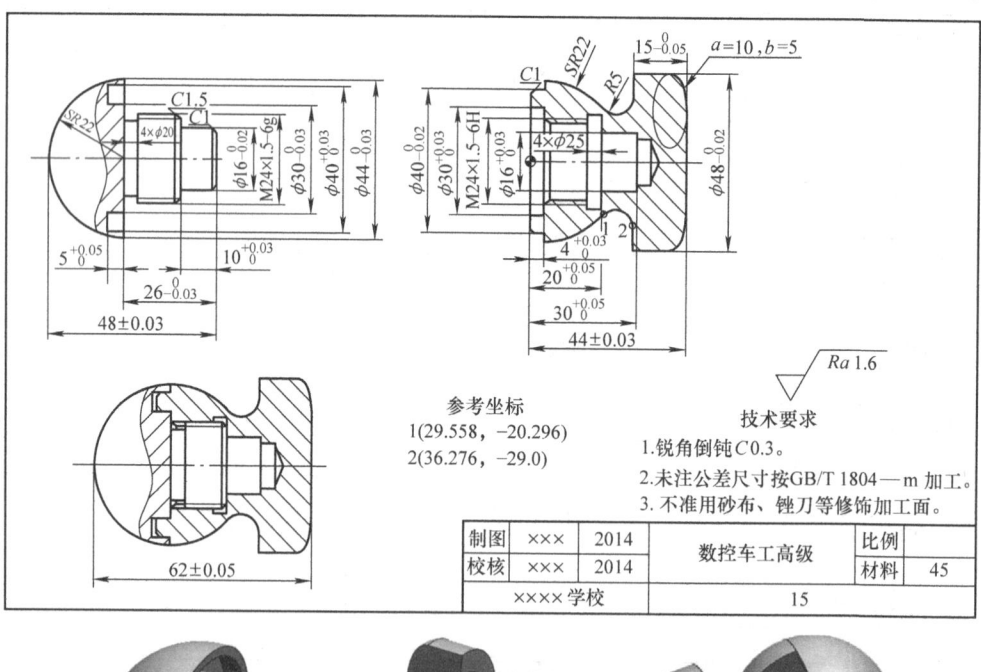

参考坐标
1(29.558，-20.296)
2(36.276，-29.0)

技术要求
1. 锐角倒钝C0.3。
2. 未注公差尺寸按GB/T 1804—m加工。
3. 不准用砂布、锉刀等修饰加工面。

$\sqrt{Ra\,1.6}$

制图	×××	2014	数控车工高级	比例	
校核	×××	2014		材料	45
××××学校			15		

图15-1　零件图

2. 评分标准（表15-1）

表15-1 职业技能鉴定样例15 评分表　　　　　　（单位：mm）

工件编号				总得分		
项目与配分	序号	技术要求	配分	评分标准	检测记录	得分
件1（40%）	1	$\phi 44_{-0.03}^{0}$	4	超差0.01扣1分		
	2	$\phi 40_{0}^{+0.03}$	4	超差0.01扣1分		
	3	$\phi 30_{-0.03}^{0}$	4	超差0.01扣1分		
	4	$\phi 16_{-0.02}^{0}$	4	超差0.01扣1分		
	5	M24×1.5-6g	4	超差全扣		
	6	4×ϕ20	2	超差全扣		
	7	48±0.03	3	超差0.01扣1分		
	8	$26_{-0.03}^{0}$	3	超差0.01扣1分		
	9	$10_{0}^{+0.03}$	3	超差0.01扣1分		
	10	$5_{0}^{+0.05}$	3	超差0.01扣1分		
	11	SR22 半球	2	超差全扣		
	12	一般尺寸及倒角	2	每错一处扣0.5分，不倒扣		
	13	Ra1.6μm	2	每错一处扣1分，不倒扣		
件2（50%）	14	$\phi 48_{-0.02}^{0}$	4	超差0.01扣1分		
	15	$\phi 40_{-0.02}^{0}$	4	超差0.01扣1分		
	16	$\phi 30_{0}^{+0.03}$	4	超差0.01扣1分		
	17	$\phi 16_{0}^{+0.03}$	4	超差0.01扣1分		
	18	内切槽4×ϕ25	2	超差全扣		
	19	44±0.03	3	超差0.01扣1分		
	20	$30_{0}^{+0.05}$	3	超差0.01扣1分		
	21	$20_{0}^{+0.05}$	3	超差0.01扣1分		
	22	$4_{0}^{+0.03}$	3	超差0.01扣1分		
	23	$15_{-0.05}^{0}$	3	超差0.01扣1分		
	24	M24×1.5-6H	4	超差全扣		
	25	SR22，R5	3	每错一处扣1分 1.5分		
	26	椭圆 $a=10$，$b=5$	5	超差全扣		
	27	一般尺寸及倒角	2	每错一处扣1分，不倒扣		
	28	Ra1.6μm	3	每错一处扣1分，不倒扣		
配合（10%）	29	配合尺寸62±0.05	10	超差全扣		
其他	30	工件按时完成	倒扣	每超时5min扣3分		
	31	工件无缺陷		缺陷倒扣3分/处		
安全文明生产	32	安全操作		停止操作或酌情扣5~20分		

3. 准备清单

1) 材料准备（表15-2）。

表15-2 材料准备

名 称	规 格	数 量	要 求
45钢	$\phi 50mm \times 50mm$，$\phi 50mm \times 45mm$	各1件/考生	车平两端面，去毛刺

2) 工具、量具、刃具的准备参照表15-3。

表15-3 工具、量具、刃具的准备 （单位：mm）

类别	序号	名 称	规 格	分度值	数量
量具	1	外径千分尺	0~25，25~50，50~75，75~100	0.01	各1
	2	游标卡尺	0~200	0.02	1
	3	带表游标卡尺	0~150	0.02	1
	4	深度千分尺	0~25	0.01	1
	5	游标深度卡尺	0~200	0.02	1
	6	游标万能角度尺	0~320°	2′	1
	7	内径量表	18~35，35~50	0.01	各1
	8	螺纹塞规和环规	$M30 \times 1.5 - 6g/6H$		各1
	9	钟式百分表	0~10	0.01	1
	10	磁力表座			1
	11	螺纹样板	30°，60°，40°		1块
	12	塞尺	0.02~1		1
	13	半径样板	$R1~R25$		1
	14	量棒	$\phi 3.15$		1
	15	公法线千分尺	0~25，25~50	0.01	各1
	16	内径千分尺	5~25，25~50，50~75	0.01	各1
	17	螺纹千分尺	0~25，25~50		各1套
刃具	1	中心钻	A3		1
	2	钻头	$\phi 18$，$\phi 22$		各1
	3	外圆车刀	$\kappa_r \geq 93°$，$\kappa_r' \geq 15°$		1
	4	外圆车刀	$\kappa_r \geq 93°$，$\kappa_r' \geq 55°$		1
	5	端面车刀	45°		1
	6	圆弧刀	$R<3$		1
	7	外切槽刀	刀宽≤4，长≥9		1
	8	切断刀	刀宽4~5，$L \geq 30$		1
	9	外三角形螺纹车刀	刀尖角60°		1
	10	内三角形螺纹车刀	刀尖角60°，刀杆长度≥30，螺纹小径≤28		1

(续)

类别	序号	名称	规格	分度值	数量
刃具	11	不通孔车刀	$D≥\phi23$，$L≥55$		自定
	12	内切槽刀	$D≥\phi25$，$L≥30$		1
	13	端面切槽刀	槽小径≥30，刀宽<4，长≤20		1
	14	梯形外螺纹车刀	$P=6$		1
操作工具	1	偏心垫块	$e=1$，$e=2$		自定
	2	铜皮	厚0.05~0.2		自定
	3	铜皮	厚0.5~2		自定
	4	铜棒			自定
	5	红丹粉			若干
	6	活扳手	12in		1
	7	螺钉旋具	一字，十字		若干
	8	内六角扳手	6，8，10，12		自定
	9	垫刀块	1，2，3		自定
	10	相应配套钻套	莫氏		1套
	11	钻夹头	1~13 莫氏锥度 No.4		1
	12	固定顶尖			1
	13	回转顶尖	莫氏锥度 No.4、No.5		各1
	14	鸡心卡头			自定
	15	管子钳	夹持直径≤80		1
	16	清除切屑的钩子			1
编写工艺自备工具	1	铅笔		自定	自备
	2	钢笔		自定	自备
	3	橡皮		自定	自备
	4	绘图工具		1套	自备
	5	函数计算器		1	自备

二、工艺分析及相关知识

1. 图样分析

1）图形分析：图形为一般类型的螺纹配合件。该工件的加工图素为孔、内螺纹、外螺纹、圆弧回转面、椭圆曲线轮廓和端面槽等，其中 $SR22$mm 球面需要配合后进行加工。

2）精度分析：加工尺寸公差等级多数为IT7，表面粗糙度值均为 $Ra1.6\mu m$，要求较高。配合尺寸（62±0.05）mm 主要由单件的尺寸精度来保证。

2. 工艺分析

装夹方式和加工内容见表15-4。

表15-4　加工工艺流程表

工序	操作项目图示	操作内容及注意事项
1	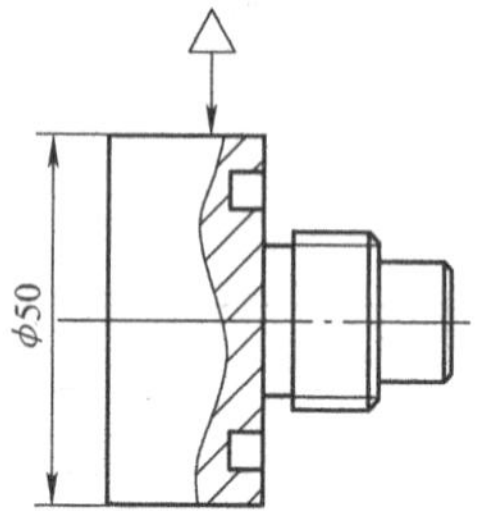 φ50	按左图图示装夹工件 1）车平端面 2）车削外轮廓 3）车削外径向槽 4）车削外螺纹 5）车削端面槽
2	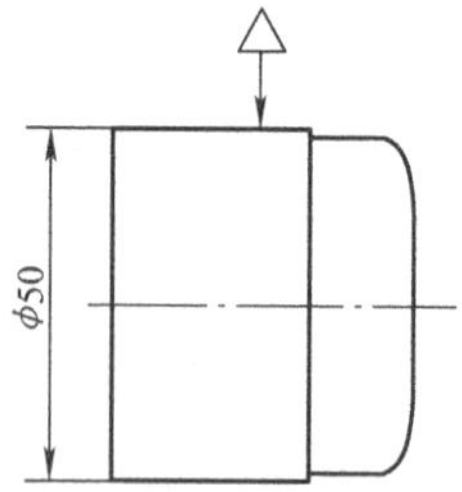 φ50	按左图图示装夹工件 1）车平端面 2）车削外轮廓
3	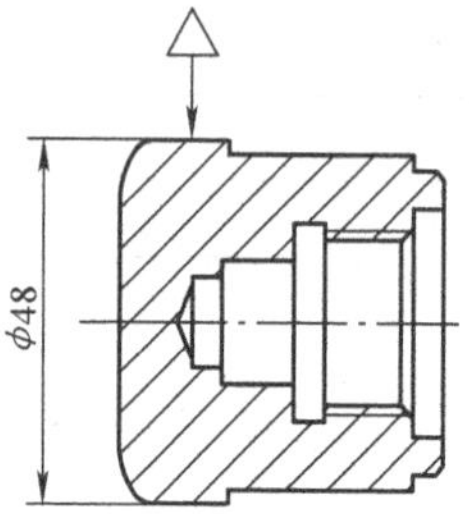 φ48	按左图图示装夹工件 1）车平端面，保证总长，钻中心孔 2）钻孔 3）车削外轮廓 4）车孔 5）车削内沟槽 6）车削内螺纹
4	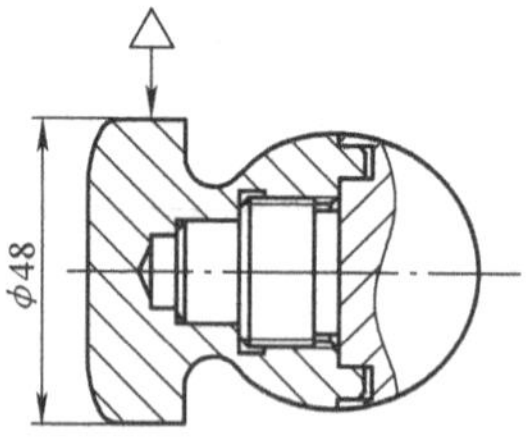 φ48	按左图图示装夹工件 1）车平端面，保证配合总长 2）车削外轮廓

3. 相关知识

（1）刀尖圆弧半径补偿的定义　在实际加工过程中，由于刀具产生磨损及精加工的需要，常将车刀的刀尖修磨成半径较小的圆弧，这时的刀位点为刀尖圆弧的圆心。为确保工件轮廓形状，加工时不允许刀具刀尖圆弧的圆心运动轨迹与被加工工件轮廓重合，而应与工件轮廓偏移一个半径值，这种偏移称为刀尖圆弧半径补偿。圆弧形车刀的切削刃半径偏移也与其相同。

目前，较多车床数控系统都具有刀尖圆弧半径补偿功能。在编程时，只要按工件轮廓进行编程，再通过系统补偿一个刀尖圆弧半径即可。

（2）假想刀尖与刀尖圆弧半径　在理想状态下，尖形车刀的刀位点可假想成一个点，该点即为假想刀尖（如图15-5所示的 A 点），在对刀时也是以假想刀尖进行对刀。但实际加工过程中的车刀，由于工艺或其他要求，刀尖往往不是一个理想的点，而是一段圆弧（如图15-2所示的 BC 圆弧）。

图15-2　假想刀尖示意图

所谓刀尖圆弧半径是指车刀刀尖圆弧所构成的假想圆半径（如图15-2所示的 r）。实践中，所有车刀均有大小不等或近似的刀尖圆弧，假想刀尖在实际加工中是不存在的。

（3）未使用刀尖圆弧半径补偿时的加工误差分析　用圆弧刀尖的外圆车刀切削加工时，圆弧刃车刀（见图15-2）的对刀点分别为 B 点和 C 点，所形成的假想刀位点为 A 点，但在实际加工过程中，刀具切削点在刀尖圆弧上变动，从而在加工过程中可能产生过切或少切现象。因此，采用圆弧刃车刀在不使用刀尖圆弧半径补偿功能的情况下，加工工件会出现以下几种误差情况。

1）加工台阶面或端面时，对加工表面的尺寸和形状影响不大，但在端面的中心位置和台阶的清角位置会产生残留误差，如图15-3a所示。

2）加工圆锥面时，对圆锥的锥度不会产生影响，但对锥面的大小端尺寸会产生较大的影响，通常情况下，会使外锥面的尺寸变大（见图15-3b），而使内锥面的尺寸变小。

3）加工圆弧时，会对圆弧的圆度和圆弧半径产生影响。加工外凸圆弧时，会使加工后的圆弧半径变小，实际圆弧半径值 = 理论轮廓半径 R − 刀尖圆弧半径 r，如图15-3c所示。加工内凹圆弧时，会使加工后的圆弧半径变大，实际圆弧半径 = 理论轮廓半径 R + 刀尖圆弧半径 r，如图15-3d所示。

（4）刀尖圆弧半径补偿指令

1）指令格式。

G41 G01/G00　X ＿＿ Z ＿ F ＿；　　（刀尖圆弧半径左补偿）

G42 G01/G00　X ＿＿ Z ＿ F ＿；　　（刀尖圆弧半径右补偿）

G40 G01/G00　X ＿＿ Z ＿；　　　　（取消刀尖圆弧半径补偿）

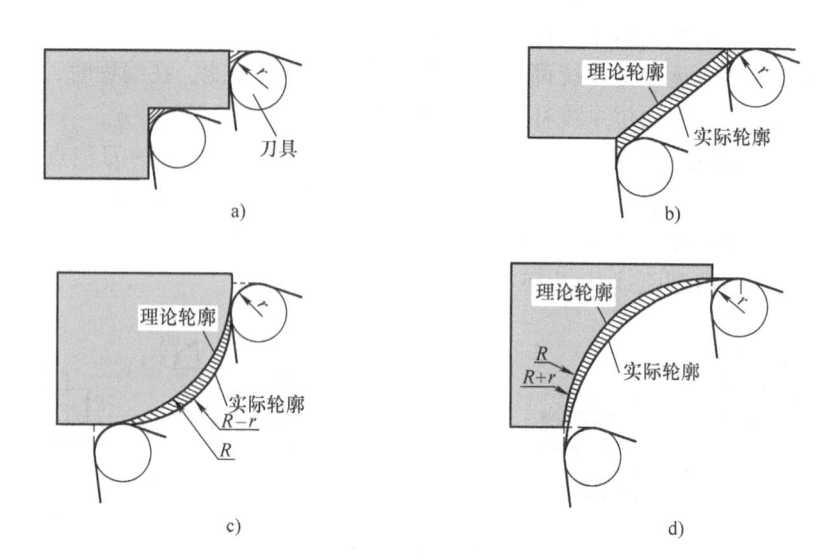

图 15-3　未使用刀尖圆弧补偿功能时的误差分析

a）加工台阶面式端面时　b）加工圆锥面时　c）加工外凸圆弧时　d）加工内凹圆弧时

2）指令说明。编程时，刀尖圆弧半径补偿偏置方向的判别如图 15-4 所示。向着 Y 坐标轴的负方向并沿刀具的移动方向看，当刀具处在加工轮廓左侧时，称为刀尖圆弧半径左补偿，用 G41 表示；当刀具处在加工轮廓右侧时，称为刀尖圆弧半径右补偿，用 G42 表示。

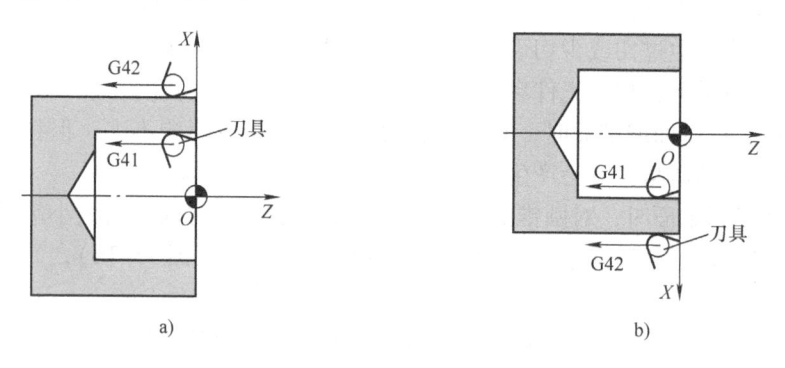

图 15-4　刀尖圆弧半径补偿偏置方向的判别

a）前置刀架，+Y 轴朝外　b）后置刀架，+Y 轴朝内

在判别刀尖圆弧半径补偿偏置方向时，一定要沿 Y 轴由正向负观察刀具所处的位置，故应特别注意前置刀架（见图 15-4a）和后置刀架（图 15-4b）对刀尖圆弧半径补偿偏置方向的区别。对于前置刀架，为防止判别过程中出错，可在图样上将工件、刀具及 X 轴同时绕 Z 轴旋转 180°后再进行偏置方向的判别，此时正 Y 轴向外，刀补的偏置方向则与后置刀架的判别方向相同。

(5) 圆弧车刀刀沿位置的确定　数控车床采用刀尖圆弧补偿进行加工时，如果刀具的刀尖形状和切削时所处的位置（即刀沿位置）不同，那么刀具的补偿量与补偿方向也不同。根据各种刀尖形状及刀尖位置的不同，数控车刀的刀沿位置共有 9 种，如图 15-5 所示。图 15-6 所示的为部分典型刀具的刀沿号。

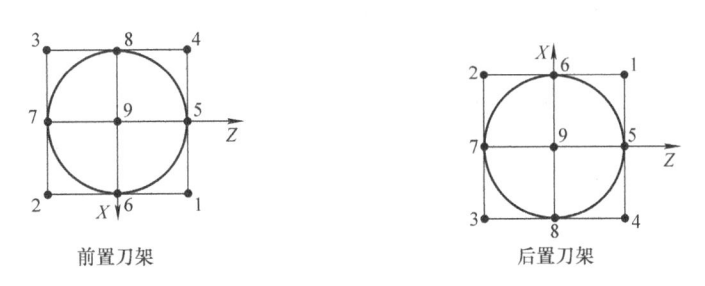

图 15-5　数控车床的刀具刀沿位置号

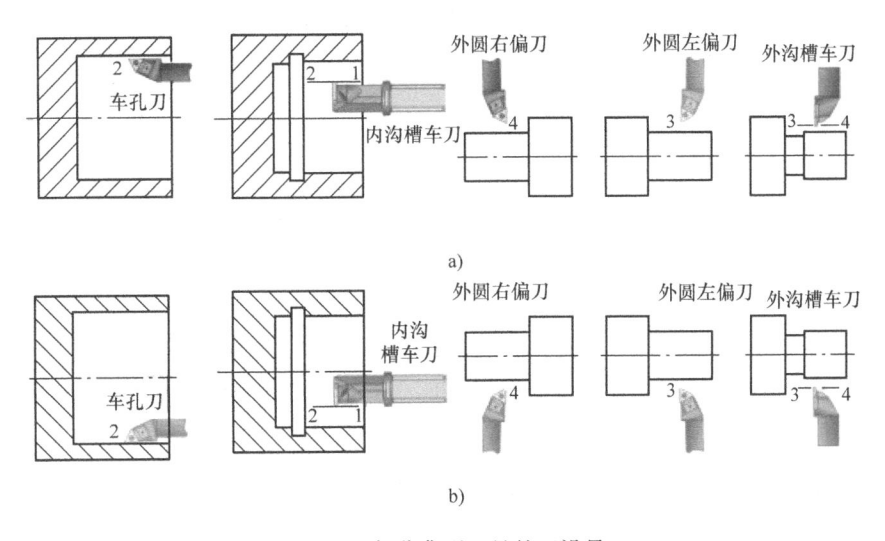

图 15-6　部分典型刀具的刀沿号
a) 后置刀架时的刀沿位置号　b) 前置刀架时的刀沿位置号

除 9 号刀沿外，数控车床的对刀均是以假想刀位点来进行的。也就是说，在刀具偏移存储器中或 G54 坐标系设定的值是通过假想刀尖点进行对刀后，所得的机床坐标系中的绝对坐标值。

在判别刀沿位置时，同样要沿 Y 轴由正向负方向观察刀具，同时也要特别注意前、后置刀架的区别。前置刀架的刀沿位置判别方法与刀尖圆弧补偿偏置方向判别方法相似，也可将刀具、工件、X 轴绕 Z 轴旋转 180°，使正 Y 轴向外，从而使前置刀架转换成后置刀架来进行判别。例如当刀尖靠近卡盘侧时，不管是前置刀架还是后置刀架，其外圆车刀的刀沿位置号均为 3 号。

(6) 进行刀具半径补偿时应注意的事项

1) 刀具半径补偿模式的建立与取消程序段只能在 G00 或 G01 移动指令模式下才有效。虽然现在有部分系统也支持 G02、G03 模式，但为防止出现差错，在半径补偿建立与取消程序段最好不使用 G02、G03 指令。

2) G41/G42 不带参数，其补偿号（代表所用刀具对应的刀尖半径补偿值）由 T 指令指定。该刀尖圆弧半径补偿号与刀具偏置补偿号对应。

3) 采用切线切入方式或法线切入方式建立或取消刀补。对于不便于沿工件轮廓线方向切向或法向切入切出的情况，可根据情况增加一个过渡圆弧的辅助程序段。

4) 为了防止在刀具半径补偿建立与取消过程中刀具产生过切现象，在建立与取消补偿时，程序段的起始位置与终点位置最好与补偿方向在同一侧。

5) 在刀具补偿模式下，一般不允许存在连续两段以上的补偿平面内非移动指令，否则刀具也会出现过切等危险动作。补偿平面非移动指令通常指：仅有 G、M、S、F、T 指令的程序段（如 G90，M05）及程序暂停程序段（G04 X10.0）。

6) 在选择刀尖圆弧偏置方向和刀沿位置时，要特别注意前置刀架和后置刀架的区别。

三、程序编制

选择工件的左、右端面回转中心作为编程原点，加工程序见表 15-5。

表 15-5　职业技能鉴定样例 15 参考程序

FANUC 0i 系统程序	程序说明	华中系统程序
O0001;	加工件 1 右端内外轮廓	O0001;
T0101;	换外圆车刀	T0101;
M03 S800;	主轴正转，转速为 800r/min	M03 S800;
G00 X52 Z2 M08;	到达目测检验点	G00 X52 Z2 M08;
G71 U1 R0.5;	粗车轮廓循环	; G71 U1.0 R0.5 P1 Q2 X0.5 Z0 F0.2;
G71 P1 Q2 U0.5 W0 F0.2;		
N1 G42 G0 X0;	加工轮廓描述	N1 G42 G0 X0;
G1 Z0 F0.1;		G1 Z0 F0.1;
X16 C1;		X16 C1;
Z-10;		Z-10;
X23.8 C1.5;		X23.8 C1.5;
Z-26;		Z-26;
N2 G40 X52;		N2 G40 X52;
G0 X150 Z150;	退回安全位置	G0 X150 Z150;
M9 M5 M0;	程序暂停，测量	M9 M5 M30;

(续)

FANUC 0i 系统程序	程序说明	华中系统程序
T0101；	设定精加工转速	
M3 S2000 M8；		
G0 X52 Z2；	到达目测检验点	T0202 M3 S600；
G70 P1 Q2；	精加工循环	G0 X26 Z-25；
G0 X150 Z150；	退回安全位置，换切槽刀（刀宽3mm）	G01 X20 F0.1；
T0202 M3 S600；		X26；
G0 X26 Z-25；		Z-26；
G75 R0.5；	径向槽加工	X20；
G75 X20 Z-26 P1500 Q1000 F0.1；		X26；
G0 X150 Z150；	退回安全位置，换外螺纹车刀	G0 X150 Z150；
T0303 M3 S1000；		T0303 M3 S1000；
G0 X25 Z-8；		G0 X25 Z-8；
G76 P010160 Q50 R0.1；	外螺纹加工	G76 C2 A60 X22.05 Z-23 K0.975 U0.1 V0.1 Q0.4 F1.5；
G76 X22.05 Z-23 P975 Q400 F1.5；		
G0 X150 Z150；	程序结束	G0 X150 Z150；
M5 M30；		M5 M30；
O0002；	加工件1端面槽	O0002；
T0404；	换端面车刀（刀宽3mm）	T0404；
M03 S500；	主轴正转，500r/min	M03 S500；
G00 X37 Z2 M08；	到达目测检验点	G00 X37 Z2 M08；
G1 Z-5 F0.1；	端面槽轮廓描述	G1 Z-5 F0.1；
Z2；		Z2；
X33；		X33；
Z-5；		Z-5；
Z2；		Z2；
X30；		X30；
Z-5；		Z-5；
Z2；		Z2；
G00 Z150；	程序结束	G00 Z150；
M05 M30；		M05 M30；
O0003；	加工件2右端轮廓	O0003；

(续)

FANUC 0i 系统程序	程序说明	华中系统程序
T0101;	换外圆车刀	T0101;
M3 S800;	主轴正转，转速为800r/min	M3 S800;
G0 X52 Z2 M8;	刀具移至目测安全位置	G0 X52 Z2 M8;
G73 U11 W0 R10;	粗车轮廓循环	; G71 U1.0 R0.5 P1 Q2 X0.3 Z0 F0.2;
G73 P1 Q2 U0.3 W0 F0.2;		
N1 G42 G0 X28;	加工轮廓描述	N1 G42 G0 X28;
G1 Z0 F0.1;		G1 Z0 F0.1;
#1 = 5;		#1 = 5;
N20 #2 = 10/5 * SQRT[5*5 - #1*#1];		WHILE #1 GE [0];
G1 X [28+2*#2] Z [#1-5];		#2 = 10/5 * SQRT[5*5 - #1*#1];
#1 = #1 - 0.1;		G1 X [28+2*#2] Z [#1-5];
IF [#1 GE 0] GOTO20;		#1 = #1 - 0.1;
G1 X48;		ENDW;
Z-16;		G1 X48;
N2 G40 G1 X52;		Z-16;
G0 X150 Z150;	退回安全位置	N2 G40 G1 X52;
M9 M5 M0;	程序暂停，测量	G0 X150 Z150;
T0101;	设定精加工转速	M9 M5 M0;
M3 S2000 M8;		
G0 X52 Z2;	到达目测检验点	
G70 P1 Q2;	精加工循环	
G0 X150 Z150;	程序结束	
M5 M30;		
O0004;	加工件2内轮廓	O0004;
T0505;	换车孔刀	T0505;
M3 S800;	主轴正转，转速为800r/min	M3 S800;
G0 X13 Z2 M8;	刀具移至目测安全位置	G0 X13 Z2 M8;
G71 U1 R0.3;	粗车轮廓循环	; G71 U1.0 R0.3 P1 Q2 X-0.3 Z0 F0.2;
G71 P1 Q2 U-0.3 W0 F0.2;		
N1 G41 G0 X40;	加工轮廓描述	N1 G41 G0 X40;
G1 Z0 F0.1;		G1 Z0 F0.1;
X30 C0.3;		X30 C0.3;

（续）

FANUC 0i 系统程序	程序说明	华中系统程序
Z-4.0;	加工轮廓描述	Z-4.0;
X23.05 C1.5;		X23.05 C1.5;
Z-20;		Z-20;
X16 C0.3;		X16 C0.3;
Z-30;		Z-30;
N2 G40 G1 X13;		N2 G40 G1 X13;
G0 X150 Z150;	退回安全位置 程序暂停，测量	G0 X150 Z150;
M9 M5 M0;		M9 M5 M30;
T0505;	设定精加工转速	
M3 S2000 M8;		
G0 X13 Z2;	到达目测检验点	T0606 M3 S600;
G70 P1 Q2;	精加工孔轮廓	G0 X13;
G0 Z150;	换内槽车刀（刀宽3mm）	Z-19;
T0606 M3 S600;		G01 X25 F0.1;
G0 X13;	切内槽	X13;
Z-19;		Z-20;
G75 R0.5;		X25;
G75 X25 Z-20 P1500 Q1000 F0.1;		X13;
G0 Z150;	换内螺纹车刀	G0 Z150;
T0707 M3 S1000;		T0707 M3 S1000;
G0 X21 Z2;	加工内螺纹	G0 X21 Z2;
G76 P010160 Q50 R0.1;		G76 C2 A60 X24 Z-18 K0.975 U0.1 V0.1 Q0.4 F1.5;
G76 X24 Z-18 P975 Q400 F1.5;		
G0 X150 Z150;	移动到安全位置	G0 X150 Z150;
M5 M30;	程序结束	M5 M30;
O0005	加工件1右端内外轮廓	O0005;
T0101;	换外圆车刀	T0101;
M03 S800;	主轴正转，转速为800r/min	M03 S800;
G00 X52 Z2 M08;	到达目测检验点	G00 X52 Z2 M08;
G71 U1.5 R0.5;		; G71 U1.5 R0.5 P1 Q2 X0.3 Z0 F0.2;
G71 P1 Q2 U0.3 W0 F0.2;		

(续)

FANUC 0i 系统程序	程序说明	华中系统程序
N1 G42 G0 X28；	精加工轮廓描述	N1 G42 G0 X28；
G1 Z0 F0.1；		G1 Z0 F0.1；
X40 C1；		X40 C1；
Z-4；		Z-4；
N2 G40 G1 X52；		N2 G40 G1 X52；
G0 X150 Z150；	退回安全位置	G0 X150 Z150；
M9 M5 M0；	程序暂停，测量	M9 M5 M30；
T0101；	设定精加工转速	
M3 S2000 M8；		
G0 X52 Z2；	到达目测检验点	
G70 P1 Q2 F150；	精加工左端台阶	
G0 X150 Z150；	移动到安全位置	
M5 M30；	程序结束	
O0006；	配合，加工 SR22mm 外圆	O0006；
T0808；	换菱形外圆车刀	T0808；
M3 S800；	主轴正转，转速为 800r/min	M3 S800；
G0 X52 Z2 M8；	刀具至目测安全位置	G0 X52 Z2 M8；
G73 U13 W0 R10；	粗车轮廓循环	；G71 U1.0 R0.5 P1 Q2 X1 Z0 F0.2；
G73 P1 Q2 U1 W0 F0.2；		
N1 G42 G0 X0；	加工轮廓描述	N1 G42 G0 X0；
G1 Z0 F0.1；		G1 Z0 F0.1；
G3 X29.588 Z-38.276 R22；		G3 X29.588 Z-38.276 R22；
G2 X36.276 Z-47 R5；		G2 X36.276 Z-47 R5；
G1 X48 C0.3；		G1 X48 C0.3；
N2 G40 G1 X52；		N2 G40 G1 X52；
G0 X150 Z150；	退回安全位置	G0 X150 Z150；
M9 M5 M0；	程序暂停，测量	M9 M5 M30；
T0808；	设定精加工转速	
M3 S2000 M8；		
G0 X52 Z2；	到达目测检验点	
G70 P1 Q2；	精加工 SR22mm 外圆	
G0 X150 Z150；	移动到安全位置	
M5 M30；	程序结束	

四、样例小结

由于刀尖圆弧半径补偿编程对圆柱和端面尺寸没有影响，而对圆锥和圆弧表面尺寸有较大影响，所以工件在加工圆弧时要采用刀尖圆弧半径补偿进行编程。

职业技能鉴定样例16　内外弧面配合件的加工

> **考核目标**
> 1. 正确选择可转位车刀及刀片。
> 2. 掌握内凹轮廓的加工方法。
> 3. 掌握配合件加工工艺的编制方法。

一、考核要求及准备

1. 总体要求

按零件图（图16-1）完成加工操作，本题分值为100分，考核时间为240min。

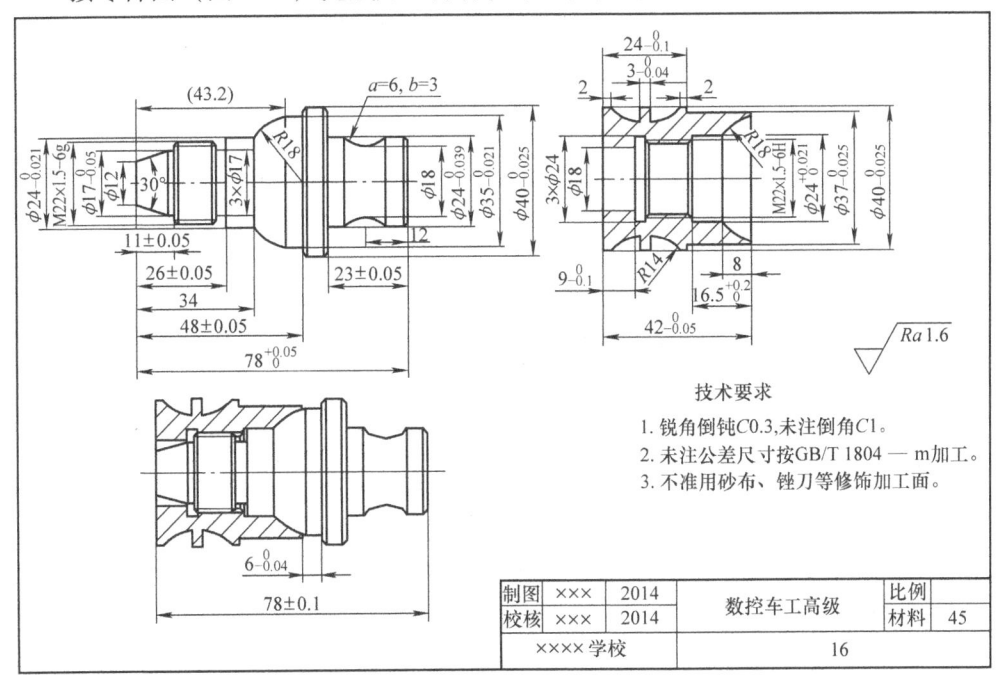

技术要求
1. 锐角倒钝C0.3，未注倒角C1。
2. 未注公差尺寸按GB/T 1804 — m加工。
3. 不准用砂布、锉刀等修饰加工面。

图16-1　零件图

2. 评分标准（表 16-1）

表 16-1　职业技能鉴定样例 16 评分表　　　　（单位：mm）

工件编号 项目与配分	序号	技术要求	配分	评分标准	检测记录	得分
件1（50%）	1	$\phi 40_{-0.025}^{0}$	4	超差 0.01 扣 1 分		
	2	$\phi 35_{-0.021}^{0}$	4	超差 0.01 扣 1 分		
	3	$\phi 24_{-0.039}^{0}$	4	超差 0.01 扣 1 分		
	4	$\phi 24_{-0.021}^{0}$	4	超差 0.01 扣 1 分		
	5	$\phi 17_{-0.05}^{0}$	2	超差 0.01 扣 1 分		
	6	$3 \times \phi 17$	2	超差全扣		
	7	$M22 \times 1.5 - 6g$	4	超差 0.01 扣 1 分		
	8	$78_{0}^{+0.05}$	3	超差 0.01 扣 1 分		
	9	48 ± 0.05	3	超差 0.01 扣 1 分		
	10	23 ± 0.05	3	超差 0.01 扣 1 分		
	11	26 ± 0.05	3	超差 0.01 扣 1 分		
	12	11 ± 0.05	3	超差 0.01 扣 1 分		
	13	$R18$, $30°$	2	每错一处扣 1 分		
	14	椭圆 $a = 6$, $b = 3$	4	超差全扣		
	15	一般尺寸及倒角	2	每错一处扣 0.5 分，不倒扣		
	16	$Ra1.6\mu m$	3	每错一处扣 1 分，不倒扣		
件2（40%）	17	$\phi 40_{-0.025}^{0}$	4	超差 0.01 扣 1 分		
	18	$\phi 37_{-0.025}^{0}$	4	超差 0.01 扣 1 分		
	19	$\phi 24_{0}^{+0.021}$	4	超差 0.01 扣 1 分		
	20	$\phi 18$	2	超差 0.01 扣 1 分		
	21	$3 \times \phi 24$	2	超差 0.01 扣 1 分		
	22	$42_{-0.05}^{0}$	3	超差 0.01 扣 1 分		
	23	$16.5_{0}^{+0.2}$	2	超差 0.01 扣 1 分		
	24	$9_{-0.1}^{0}$	2	超差 0.01 扣 1 分		
	25	$24_{-0.1}^{0}$	3	超差 0.01 扣 1 分		
	26	$3_{-0.04}^{0}$	3	超差 0.01 扣 1 分		
	27	$M22 \times 1.5 - 6H$	4	超差全扣		
	28	$R18$, $R14$	2	每错一处扣 1 分		
	29	一般尺寸及倒角	2	每错一处扣 0.5 分，不倒扣		
	30	$Ra1.6\mu m$	3	每错一处扣 1 分，不倒扣		

(续)

工件编号			总得分			
项目与配分	序号	技术要求	配分	评分标准	检测记录	得分
配合（10%）	31	配合尺寸 78±0.1	5	超差全扣		
	32	间隙 $6_{-0.04}^{0}$	5	超差全扣		
其他	33	工件按时完成	倒扣	每超时 5min 扣 3 分		
	34	工件无缺陷		缺陷倒扣 3 分/处		
安全文明生产	35	安全操作		停止操作或酌情扣 5~20 分		

3. 准备清单

1) 材料准备（表 16-2）。

表 16-2 材料准备

名 称	规 格	数 量	要 求
45 钢	φ45mm×80mm，φ45mm×45mm	各 1 件/考生	车平两端面，去毛刺

2) 工具、量具、刃具的准备参照表 15-3。

二、工艺分析及相关知识

1. 图样分析

1) 图形分析：图形为一般螺纹配合件，分别加工后进行组合。工件的加工图素主要有孔、锥面、内外螺纹、圆弧回转面等。

2) 精度分析：加工尺寸公差等级多数为 IT7，表面粗糙度值均为 $Ra1.6\mu m$，要求较高。单件的编程与加工均较为简便，其加工难点在于如何保证本例工件的组合精度。工件组合后，难保证精度的尺寸主要有间隙尺寸 $6_{-0.04}^{0}$ mm 和组合尺寸 (78±0.1) mm。其他难保证的尺寸有接触面积要大于 60%、螺纹配合松紧适中等要求。

2. 工艺分析

装夹方式和加工内容见表 16-3。

表 16-3 加工工艺流程表

工序	操作项目图示	操作内容及注意事项
1	φ45	按左图图示装夹工件 1) 车平端面 2) 车削外轮廓

(续)

工序	操作项目图示	操作内容及注意事项
2		按左图图示装夹工件，采用一夹一顶方式 1）车平端面，保证总长，钻中心孔 2）车削外轮廓 3）车削外径向槽 4）车削外螺纹
3		按左图图示装夹工件 1）车平端面，钻中心孔，钻孔 2）车削外轮廓 3）车削内轮廓 4）车削内沟槽 5）车削内螺纹
4		按左图图示装夹工件 1）车平端面，保证总长 2）车削外轮廓

3. 相关知识

（1）偏刀的选择　根据曲线曲率半径的规律，图16-2所示的凹轮廓所需刀具最大副偏角为45.58°，而圆弧中间90°台阶面的限制，凹轮廓使用刀具选择如图16-3所示的93°菱形刀，副偏角≤50°。

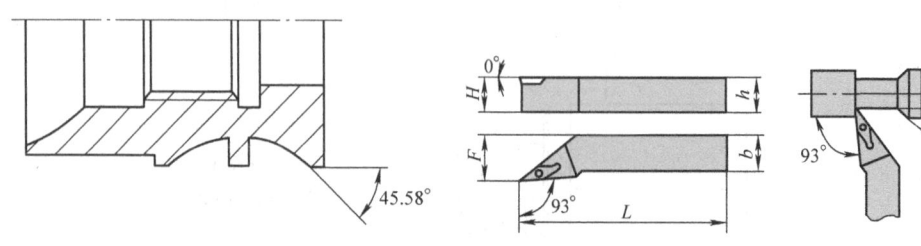

图16-2　凹轮廓切线角度

图16-3　外圆车刀的选择

(2) 加工注意事项　为了保证各项配合精度，在加工过程中应注意以下几点：

1) 在加工前要明确件1和件2的加工次序，在确定加工次序时，要考虑各单件的加工精度，组合件的配合精度及工件加工过程中的装夹与找正等各方面因素。

2) 配合件的配合精度要求，主要受工件几何精度和尺寸精度影响。因此，在数控加工中，工件在夹具中的定位与精确找正显得尤为重要。

3) 为了保证圆柱面和圆弧面的配合要求，在精加工过程中应采用刀尖圆弧半径补偿进行编程与加工。

4) 对于局部没有标出其尺寸及公差要求的工件，编程时应根据配合要求进行精确的计算，并按照配合原则确定其公差。

三、程序编制

选择工件的左、右端面回转中心作为编程原点，加工程序见表16-4。

表16-4　职业技能鉴定样例16　参考程序

FANUC 0i 系统程序	程序说明	华中系统程序
O0001；	加工件1右端外轮廓	O0001；
T0101；	换外圆车刀	T0101；
M03 S800；	主轴正转，转速为800r/min	M03 S800；
G00 X52 Z2 M08；	到达目测检验点	G00 X52 Z2 M08；
G71 U1 R0.5；	粗车轮廓循环	；G71 U1.0 R0.5 P1 Q2 X0.5 Z0 F0.2；
G71 P1 Q2 U0.5 W0 F0.2；		
N1 G42 G0 X10；	加工轮廓描述	N1 G42 G0 X10；
G1 Z0 F0.1；		G1 Z0 F0.1；
X24 C1；		X24 C1；
Z-23；		Z-23；
X40 C1；		X40 C1；
Z-31；		Z-31；
N2 G40 X52；		N2 G40 X52；
G0 X150 Z150；	退回安全位置	G0 X150 Z150；
M9 M5 M0；	程序暂停，测量	M9 M5 M30；
T0101；	设定精加工转速	
M3 S2000 M8；		
G0 X52 Z2；	到达目测检验点	
G70 P1 Q2；	精加工循环	
G0 X150 Z150；	程序结束	
M5 M30；		

(续)

FANUC 0i 系统程序	程序说明	华中系统程序
O0002;	件1右端椭圆凹轮廓精加工程序	O0002;
T0202;	换圆弧外圆车刀	T0202;
M03 S1200;	主轴正转,转速为1200r/min	M03 S1200;
G00 X26 Z2 M08;	到达目测检验点	G00 X26 Z2 M08;
G42 Z-6;		G42 Z-6;
G1 X24 F0.1;		G1 X24 F0.1;
#1=6;		#1=6;
N10 #2=3/6*SQRT[6*6-#1*#1];	凹椭圆轮廓描述	WHILE #1 GE [-6];
G1 X[24-2*#2] Z[#1-12];		#2=3/6*SQRT[6*6-#1*#1];
#1=#1-0.1;		G1 X[24-2*#2] Z[#1-12];
IF[#1GE-6]GOTO10;		#1=#1-0.1;
G1 X28;		ENDW;
G40 G0 X150 Z150;	程序结束	G1 X28;
M5 M30;		G40 G0 X150 Z150;
		M5 M30;
O0003;	加工件1左端外轮廓	O0003;
T0101;	换外圆车刀	T0101;
M03 S800;	主轴正转,转速为800r/min	M03 S800;
G00 X52 Z2 M08;	到达目测检验点	G00 X52 Z2 M08;
G71 U1 R0.5;	粗车轮廓循环	; G71 U1.0 R0.5 P1 Q2 X0.3 Z0 F0.2;
G71 P1 Q2 U0.3 W0 F0.2;		
N1 G42 G0 X12;		N1 G42 G0 X12;
G1 Z0 F0.1;		G1 Z0 F0.1;
X17 Z-9.33;		X17 Z-9.33;
Z-11;		Z-11;
X21.8 C1;	加工轮廓描述	X21.8 C1;
Z-26;		Z-26;
X24 C0.3;		X24 C0.3;
Z-34;		Z-34;
G3 X35 Z-43.2 R18;		G3 X35 Z-43.2 R18;
G1 Z-48;		G1 Z-48;

(续)

FANUC 0i 系统程序	程序说明	华中系统程序
X40 C1;	加工轮廓描述	X40 C1;
N2 G40 X52;		N2 G40 X52;
G0 X150 Z150;	退回安全位置	G0 X150 Z150;
M9 M5 M0;	程序暂停，测量	M9 M5 M30;
T0101;	设定精加工转速	
M3 S2000 M8;		
G0 X52 Z2;	到达目测检验点	
G70 P1 Q2;	精加工循环	
G0 X150 Z150;	退回安全位置，换切槽刀（刀宽3mm）	
T0303 M3 S500;		T0303 M3 S500;
G0 X23 Z-26;		G0 X23 Z-26;
G1 X17 F0.1;	径向槽加工	G1 X17 F0.1;
X23;		X23;
Z-25;		Z-25;
X21.8;		X21.8;
X19.8 Z-26;		X19.8 Z-26;
X23;		X23;
G0 X150;	退回安全位置，换外螺纹车刀	G0 X150;
Z150;		Z150;
T0404 M3 S1200;		T0404 M3 S1200;
G0 X23 Z-8;		G0 X23 Z-8;
G76 P010160 Q50 R0.1;	外螺纹加工	G76 C2 A60 X20.05 Z-24 K0.975 U0.1 V0.1 Q0.4 F1.5;
G76 X20.05 Z-24 P975 Q400 F1.5;		
G0 X150 Z150;	程序结束	G0 X150 Z150;
M5 M30;		M5 M30;
O0004;	加工件2内轮廓	O0004;
T0505;	换内孔车刀	T0505;
M03 S800;	主轴正转，转速为800r/min	M03 S800;
G00 X17 Z2 M08;	到达目测检验点	G00 X17 Z2 M08;
G71 U1 R0.5;	粗车轮廓循环	; G71 U1.0 R0.5 P1 Q2 X-0.3 Z0 F0.2;
G71 P1 Q2 U-0.3 W0 F0.2;		

（续）

FANUC 0i 系统程序	程序说明	华中系统程序
N1 G41 G0 X34.33;	加工轮廓描述	N1 G41 G0 X34.33;
G1 Z0 F0.1;		G1 Z0 F0.1;
G2 X24 Z-8 R18;		G2 X24 Z-8 R18;
G1 Z-16.5;		G1 Z-16.5;
X20 C1;		X20 C1;
Z-33;		Z-33;
X18;		X18;
Z-43;		Z-43;
N2 G40 X17;		N2 G40 X17;
G0 X150 Z150;	退回安全位置	G0 X150 Z150;
M9 M5 M0;	程序暂停，测量	M9 M5 M30;
T0505;	设定精加工转速	
M3 S2000 M8;		
G0 X17 Z2;	到达目测检验点	
G70 P1 Q2;	精加工孔轮廓	
G0 Z150;	换内槽车刀（刀宽3mm）	
T0606 M3 S600;		T0606 M3 S600;
G0 X19;	切内槽	G0 X19;
Z-33;		Z-33;
G1 X24 F0.1;		G1 X24 F0.1;
X19;		X19;
Z-32;		Z-32;
X20;		X20;
X22 Z-33;		X22 Z-33;
X19;		X19;
G0 Z150;	换内螺纹车刀	G0 Z150;
T0707 M3 S1000;		T0707 M3 S1000;
G0 X19 Z2;	加工内螺纹	G0 X19 Z2;
G76 P010160 Q50 R0.1;		G76 C2 A60 X22 Z-32 K0.975 U0.1 V0.1 Q0.4 F1.5;
G76 X22 Z-32 P975 Q400 F1.5;		
G0 X150 Z150;	移动到安全位置	G0 X150 Z150;
M5 M30;	程序结束	M5 M30;

(续)

FANUC 0i 系统程序	程序说明	华中系统程序
O0005;	加工件1右端台阶轮廓	O0005;
T0101;	换外圆车刀	T0101;
M03 S800;	主轴正转，转速为800r/min	M03 S800;
G00 X52 Z2 M08;	到达目测检验点	G00 X52 Z2 M08;
G71 U1.5 R0.5;	粗车轮廓循环	; G71 U1.5 R0.5 P1 Q2 X0.3 Z0 F0.2;
G71 P1 Q2 U0.3 W0 F0.2;		
N1 G42 G0 X30;	加工轮廓描述	N1 G42 G0 X30;
G1 Z0 F0.1;		G1 Z0 F0.1;
X37 C0.3;		X37 C0.3;
Z-18;		Z-18;
X40 C0.3;		X40 C0.3;
Z-29;		Z-29;
N2 G40 G1 X52;		N2 G40 G1 X52;
G0 X150 Z150;	退回安全位置	G0 X150 Z150;
M9 M5 M0;	程序暂停，测量	M9 M5 M30;
T0101;	设定精加工转速	
M3 S2000 M8;		
G0 X52 Z2;	到达目测检验点	
G70 P1 Q2;	精加工右端台阶	
G0 X150 Z150;	移动到安全位置	
M5 M30;	程序结束	
O0006;	加工件2，R14mm内凹轮廓	O0006;
T0808;	换菱形外圆车刀	T0808;
M3 S800;	主轴正转，转速为800r/min	M3 S800;
G0 X42 Z2 M8;	刀具移至目测安全位置	G0 X42 Z2 M8;
G73 U5 W0 R5;	粗车轮廓循环	; G71 U1.0 R0.5 P1 Q2 X0.3 Z0 F0.2;
G73 P1 Q2 U0.3 W0 F0.2;		
N1 G42 G0 Z-2;	加工轮廓描述	N1 G42 G0 Z-2;
G1 X40 F0.1;		G1 X40 F0.1;
G2 X31.76 Z-10.5 R14;		G2 X31.76 Z-10.5 R14;
G1 X40 C0.3;		G1 X40 C0.3;
N2 G40 G1 X42;		N2 G40 G1 X42;

FANUC 0i 系统程序	程序说明	华中系统程序
G0 X150 Z150;	退回安全位置	G0 X150 Z150;
M9 M5 M0;	程序暂停，测量	M9 M5 M30;
T0808;	设定精加工转速	
M3 S2000 M8;		
G0 X52 Z2;	到达目测检验点	
G70 P1 Q2;	精加工 R14mm 外圆	
G0 X150 Z150;	移动到安全位置	
M5 M30;	程序结束	
O0007;	加工件 2 左端 $\phi 40_{-0.025}^{0}$ mm 轮廓	O0007;
T0101;	换外圆车刀	T0101;
M03 S800;	主轴正转，转速为 800r/min	M03 S800;
G00 X52 Z2 M08;	到达目测检验点	G00 X52 Z2 M08;
G71 U1.5 R0.5;	粗车轮廓循环	; G71 U1.5 R0.5 P1 Q2 X0.3 Z0 F0.2
G71 P1 Q2 U0.3 W0 F0.2;		
N1 G42 G0 X30;	加工轮廓描述	N1 G42 G0 X30;
G1 Z0 F0.1;		G1 Z0 F0.1;
X40 C0.3;		X40 C0.3;
Z-15;		Z-15;
N2 G40 G1 X52;		N2 G40 G1 X52;
G0 X150 Z150;	退回安全位置	G0 X150 Z150;
M9 M5 M0;	程序暂停，测量	M9 M5 M30;
T0101;	设定精加工转速	
M3 S2000 M8;		
G0 X52 Z2;	到达目测检验点	
G70 P1 Q2;	精加工轮廓	
G0 X150 Z150;	移动到安全位置	
M5 M30;	程序结束	

四、样例小结

加工内凹圆弧轮廓时，注意偏刀副偏角的选择，以不发生干涉为准。对于该轮廓的程序，可以单独编写。调头加工该类似轮廓，重新对刀后，即可再次运用该程序，既能保证程序的正确性，又能简化程序。

职业技能鉴定样例 17　对称椭圆螺纹配合件的加工

> **考核目标**
> 1. 正确选择可转位车刀及刀片。
> 2. 掌握螺纹加工问题及其对策。
> 3. 掌握二次曲线的编制加工方法。
> 4. 掌握配合件加工工艺的编制方法。

一、考核要求及准备

1. 总体要求

按零件图（图17-1）完成加工操作，本题分值为100分，考核时间为240min。

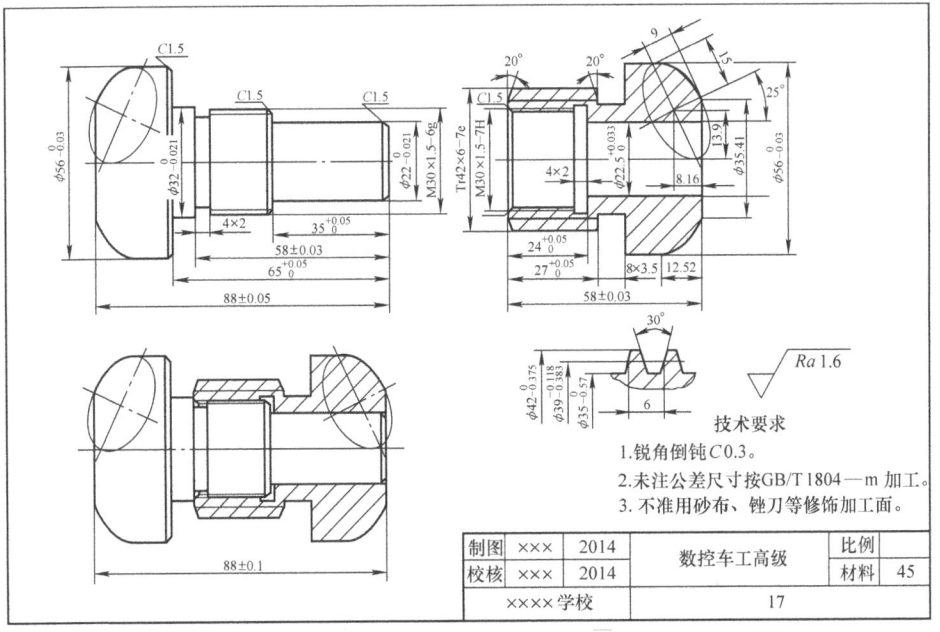

图 17-1　零件图

2. 评分标准（表17-1）

表17-1 职业技能鉴定样例17评分表 （单位：mm）

工件编号				总得分		
项目与配分	序号	技术要求	配分	评分标准	检测记录	得分
件1（42%）	1	$\phi56_{-0.03}^{0}$	5	超差0.01扣1分		
	2	$\phi32_{-0.021}^{0}$	5	超差0.01扣1分		
	3	$\phi22_{-0.021}^{0}$	5	超差0.01扣1分		
	4	4×2	2	超差0.01扣1分		
	5	M30×1.5-6g	3	超差全扣		
	6	88±0.05	3	超差0.01扣1分		
	7	$65_{0}^{+0.05}$	3	超差0.01扣1分		
	8	58±0.03	3	超差0.01扣1分		
	9	$35_{0}^{+0.05}$	3	超差0.01扣1分		
	10	椭圆 $a=15$，$b=9$	5	超差全扣		
	11	一般尺寸及倒角	2	每错一处扣0.5分，不倒扣		
	12	$Ra1.6\mu m$	3	每错一处扣1分，不倒扣		
件2（48%）	13	$\phi56_{-0.03}^{0}$	5	超差0.01扣1分		
	14	$\phi22.5_{0}^{+0.033}$	5	超差0.01扣1分		
	15	8×3.5	2	超差0.01扣1分		
	16	内切槽4×2	2	超差0.01扣1分		
	17	58±0.03	3	超差0.01扣1分		
	18	$27_{0}^{+0.05}$	3	超差0.01扣1分		
	19	$24_{0}^{+0.05}$	3	超差0.01扣1分		
	20	Tr42×6-7e	10	超差全扣		
	21	M30×1.5-7H	4	超差全扣		
	22	椭圆 $a=15$，$b=9$	5	超差全扣		
	23	一般尺寸及倒角	3	每错一处扣0.5分，不倒扣		
	24	$Ra1.6\mu m$	3	每错一处扣1分，不倒扣		
配合（10%）	25	配合尺寸88±0.1	10	超差全扣		
其他	26	工件按时完成		每超时5min扣3分		
	27	工件无缺陷	倒扣	缺陷倒扣3分/处		
安全文明生产	28	安全操作		停止操作或酌情扣5~20分		

3. 准备清单

1）材料准备（表17-2）。

表17-2 材料准备

名 称	规 格	数 量	要 求
45钢	φ60mm×90mm，φ60mm×60mm	各1件/考生	车平两端面，去毛刺

2）工具、量具、刃具的准备参照表15-3。

二、工艺分析及相关知识

1. 图样分析

1）图形分析：图形为一般类型配合件，单件加工后组合。孔、内三角形螺纹、外三角形螺纹、梯形螺纹、椭圆曲线旋转轮廓是该工件的主要加工图素。

2）精度分析：加工尺寸公差等级多数为IT7，表面粗糙度值均为$Ra1.6\mu m$，要求较高。

2. 工艺分析

装夹方式和加工内容见表17-3。

表17-3 加工工艺流程表

工序	操作项目图示	操作内容及注意事项
1	（φ60工件图示）	按左图图示装夹工件 1）车平端面，钻中心孔 2）车削外轮廓 3）车削外径向槽 4）车削梯形螺纹 5）钻孔，车孔 6）车削内沟槽 7）车削内螺纹
2	（φ42工件图示）	按左图图示装夹工件 1）车平端面，保证总长 2）车削外轮廓
3	（φ60工件图示）	按左图图示装夹工件 1）车平端面 2）车削外轮廓

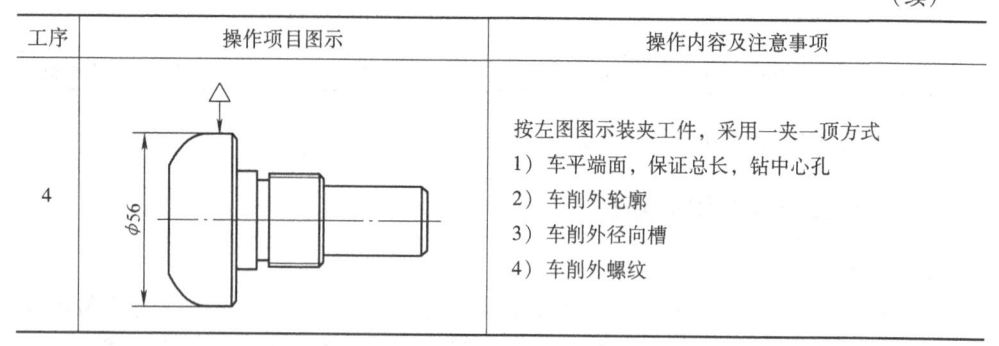

工序	操作项目图示	操作内容及注意事项
4		按左图图示装夹工件，采用一夹一顶方式 1）车平端面，保证总长，钻中心孔 2）车削外轮廓 3）车削外径向槽 4）车削外螺纹

3. 相关知识

1）常见螺纹进刀方式见表17-4。

表17-4 螺纹加工方法

加工方法	特　点
径向切削	螺距比较小的螺纹最一般的加工方法 左、右切削刃均等，形成均匀的磨损，但接触长度变长后，容易造成振动 切削处理较难
单刃切削	对大螺距和韧性大的被切削材料有效 因切屑的走向单一，切屑处理性好 右侧的后刀面磨损大
单刃切削	对大螺距和韧性大的被切削材料有效 因切屑的走向单一，切屑处理性好 可减少右侧的后刀面磨损
交互单刃切削	对大螺距和韧性大的被切削材料有效 左、右切削刃的磨损均衡 因切削处理时左右交互，有时较难 机床需要特殊的编程技术

2）车螺纹加工问题与对策。数控车床加工螺纹过程中产生螺纹精度降低的原因是多方面的，具体原因参见表17-5。

表 17-5 螺纹加工问题及产生原因

问题现象	序号	产生原因
螺纹牙顶呈刀口状或过平	1	刀具角度选择不正确
	2	工件外径尺寸不正确
	3	螺纹背吃刀量过大或切削深度不足
	4	刀具中心错误
螺纹牙底圆弧过大或过宽	5	刀具选择错误
	6	刀具磨损严重
	7	螺纹有乱牙现象
螺纹牙型半角不正确	8	刀具安装不正确
	9	刀具角度刃磨不正确
螺纹表面粗糙度值大	10	切削速度过低
	11	刀具中心过高
	12	切削液选用不合理
	13	刀尖产生积屑瘤
	14	刀具与工件安装不正确，产生振动
	15	切削参数选用不正确，产生振动
螺距误差	16	伺服系统滞后效应
	17	加工程序不正确

3）加工梯形螺纹注意要点。梯形螺纹的加工需要合理选择装夹方法和车削方法，夹持一端因为没有台阶，要防止工件轴向窜动而造成螺纹误差。

刀具在其位移的始终，都将受到伺服系统升、降频率和数控装置插补运算速度的约束，由于升、降频率特性满足不了加工需要等原因，则可能因主、进给运动的超前和滞后，而导致开始和结束部位的部分螺纹螺距不符合要求，因此，螺纹加工程序中的刀具导入长度和切出长度应充分考虑。

三、程序编制

选择工件的左、右端面回转中心作为编程原点，加工程序见表 17-6。

表 17-6 职业技能鉴定样例 17 参考程序

FANUC 0i 系统程序	程序说明	华中系统程序
O0001；	加工件 2 外轮廓	O0001；
T0101；	换外圆车刀	T0101；
M03 S800；	主轴正转，转速为 800r/min	M03 S800；
G00 X62 Z2 M08；	到达目测检验点	G00 X62 Z2 M08；

(续)

FANUC 0i 系统程序	程序说明	华中系统程序
G71 U1 R0.5；	粗车轮廓循环	；G71 U1.0 R0.5 P1 Q2 X0.5 Z0 F0.2；
G71 P1 Q2 U0.5 W0 F0.2；		
N1 G42 G0 X35；	加工轮廓描述	N1 G42 G0 X35；
G1 Z0 F0.1；		G1 Z0 F0.1；
X41.8 Z-1.27；		X41.8 Z-1.27；
Z-35；		Z-35；
X56 C0.3；		X56 C0.3；
N2 G40 X62；		N2 G40 X62；
G0 X150 Z150；	退回安全位置 程序暂停，测量	G0 X150 Z150；
M9 M5 M0；		M9 M5 M30；
T0101；	设定精加工转速	T0202 M3 S500；
M3 S2000 M8；		G0 X62 Z-30；
G0 X62 Z2；	到达目测检验点	G01 X35 F0.1；
G70 P1 Q2；	精加工循环	X62；
G0 X150 Z150；	换切槽刀（刀宽3mm）	Z-32.5；
T0202 M3 S500；		X35；
G0 X62 Z-30；		X62；
G75 R0.5；	径向槽加工	Z-35；
G75 X35 Z-35 P2000 Q2500 F0.1；		X35；
G0 X43 Z-25.73；		X62；
G1 X42 F0.1；		G0 X43 Z-25.73；
X35 Z-27；		G1 X42 F0.1；
G0 X150；	退回安全位置，换梯形螺纹车刀	X35 Z-27；
Z150；		G0 X150；
T0303 M3 S500；		Z150；
G0 X43 Z8；		T0303 M3 S500；
G76 P010130 Q20 R0.05；	外螺纹加工	G0 X43 Z8；
G76 X35 Z-31 P3500 Q400 F6；		G76 C2 A30 X35 Z-31 K3.5 U0.1 V0.1 Q0.4 F6；
G0 X150 Z150；	程序结束	G0 X150 Z150；
M5 M30；		M5 M30；
O0002；	加工件2内轮廓	O0002；
T0404；	换内孔车刀	T0404；

(续)

FANUC 0i 系统程序	程序说明	华中系统程序
M03 S800；	主轴正转，转速为800r/min	M03 S800；
G00 X20 Z2 M08；	到达目测检验点	G00 X20 Z2 M08；
G71 U1 R0.5； G71 P1 Q2 U-0.3 W0 F0.2；	粗车轮廓循环	；G71 U1.0 R0.5 P1 Q2 X-0.3 Z0 F0.2；
N1 G41 G0 X35； G1 Z0 F0.1； X28.2 C1.5； Z-24； X22.5 C0.3； Z-60； N2 G40 X20；	加工轮廓描述	N1 G41 G0 X35； G1 Z0 F0.1； X28.2 C1.5； Z-24； X22.5 C0.3； Z-60； N2 G40 X20；
G0 X150 Z150； M9 M5 M0；	退回安全位置 程序暂停，测量	G0 X150 Z150； M9 M5 M30；
T0404； M3 S1500 M8；	设定精加工转速	
G0 X20 Z2；	到达目测检验点	
G70 P1 Q2；	精加工孔轮廓	T0505 M3 S600；
G0 Z150； T0505 M3 S600；	换内槽车刀（刀宽3mm）	G0 X20； Z-23；
G0 X20； Z-23； G75 R0.5； G75 X32.2 Z-24 P1500 Q1000 F0.1； X20；	切内槽	G01 X32.2 F0.1； X20； Z-24； G01 X32.2； X20；
G0 Z150； T0606 M3 S1000；	换螺纹车刀	G0 Z150； T0606 M3 S1000；
G0 X27 Z2； G76 P010160 Q50 R0.1； G76 X30 Z-22 P975 Q400 F1.5；	加工内螺纹	G0 X27 Z2； G76 C2 A60 X30 Z-22 K0.975 U0.1 V0.1 Q0.4 F1.5；
G0 X150 Z150；	移动到安全位置	G0 X150 Z150；
M5 M30；	程序结束	M5 M30；
O0003；	加工件1、2的斜椭圆轮廓	O0003；

(续)

FANUC 0i 系统程序	程序说明	华中系统程序
T0101;	换外圆车刀	T0101;
M03 S800;	主轴正转，转速为 800r/min	M03 S800;
G00 X62 Z2 M08;	到达目测检验点	G00 X62 Z2 M08;
G73 U13 W0 R10;	粗车轮廓循环	; G71 U1.0 R0.5 P1 Q2 X0.3 Z0 F0.2;
G73 P1 Q2 U0.3 W0 F0.2;		
N1 G42 G0 X35.41;	旋转椭圆轮廓描述	N1 G42 G0 X35.41;
G1 Z0 F0.1;		G1 Z0 F0.1;
#1 = 9;		#1 = 9;
#10 = -25;		WHILE#1GE [2.84];
N5 #2 = 15/9 * SQRT [9*9 - #1*#1];		#10 = -25;
#3 = -#1 * SIN[#10] + #2 * COS[#10];		#2 = 15/9 * SQRT [9*9 - #1*#1];
#4 = #1 * COS[#10] + #2 * SIN[#10];		#3 = -#1 * SIN [#10] + #2 * COS [#10];
G1X [27.8+2*#3] Z [#4-8.16];		#4 = #1 * COS [#10] + #2 * SIN [#10];
#1 = #1 - 0.2;		G1X [27.8+2*#3] Z [#4-8.16];
IF [#1GE2.84] GOTO5;		#1 = #1 - 0.2;
X56;		ENDW;
Z-25;		X56;
N2 G40 G1 X62;		Z-25;
G0 X150 Z150;	退回安全位置	N2 G40 G1 X62;
M9 M5 M0;	程序暂停，测量	G0 X150 Z150;
T0101;	设定精加工转速	M9 M5 M30;
M3 S2000 M8;		
G0 X62 Z2;	到达目测检验点	
G70 P1 Q2;	精加工左端台阶	
G0 X150 Z150;	移动到安全位置	
M5 M30;	程序结束	
O0004;	加工件 1 右端外轮廓	O0004;
T0101;	换外圆车刀	T0101;
M03 S800;	主轴正转，转速为 800r/min	M03 S800;
G00 X62 Z2 M08;	到达目测检验点	G00 X62 Z2 M08;
G71 U1.0 R0.5;	粗车轮廓循环	; G71 U1.0 R0.5 P1 Q2 X0.5 Z0 F0.2;
G71 P1 Q2 U0.5 W0 F0.2;		

(续)

FANUC 0i 系统程序	程序说明	华中系统程序
N1 G42 G0 X19;	加工轮廓描述	N1 G42 G0 X19;
G1 Z0 F0.1;		G1 Z0 F0.1;
X22 Z-1.5;		X22 Z-1.5;
Z-35;		Z-35;
X30 C1.5;		X30 C1.5;
Z-58;		Z-58;
X32 C0.3;		X32 C0.3;
Z-65;		Z-65;
X56 C1.5;		X56 C1.5;
N2 G40 X62;		N2 G40 X62;
G0 X150 Z150;	退回安全位置	G0 X150 Z150;
M9 M5 M0;	程序暂停,测量	M9 M5 M30;
T0101;	设定精加工转速	
M3 S2000 M8;		
G0 X62 Z2;	到达目测检验点	T0202 M3 S500;
G70 P1 Q2;	精加工循环	G0 X33 Z-57;
G0 X150 Z150;	退回安全位置,换切槽刀（刀宽3mm）	G01 X26 F0.1;
T0202 M3 S500;		X33;
G0 X33 Z-57;		Z-58;
G75 R0.5;	径向槽加工	X26;
G75 X26 Z-58 P1500 Q1000 F0.1;		X33;
G0 X150;	退回安全位置,换外螺纹车刀	G0 X150;
Z150;		Z150;
T0707 M3 S1000;		T0707 M3 S1000;
G0 X31 Z-33;		G0 X31 Z-33;
G76 P010160 Q50 R0.1;	外螺纹加工	G76 C2 A60 X28.05 Z-56 K0.975 U0.1 V0.1 Q0.4 F1.5;
G76 X28.05 Z-56 P975 Q400 F1.5;		
G0 X150 Z150;	程序结束	G0 X150 Z150;
M5 M30;		M5 M30;

四、样例小结

注意相同轮廓程序的重复利用,便于提高加工效率。

职业技能鉴定样例18　椭圆弧面配合件的加工

考核目标
1. 正确选择可转位车刀及刀片。
2. 掌握提高螺纹切削质量的方法。
3. 掌握二次曲线的编制加工方法。
4. 掌握配合件加工工艺的编制方法。

一、考核要求及准备

1. 总体要求

按零件图（图18-1）完成加工操作，本题分值为100分，考核时间为240min。

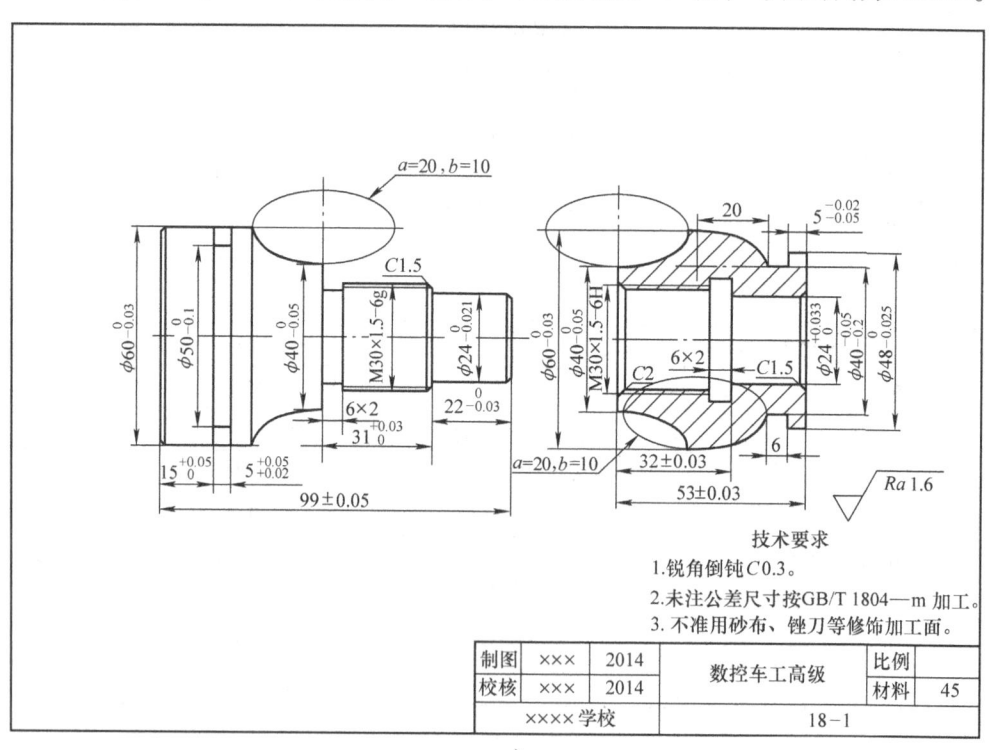

图18-1　零件图

职业技能鉴定样例18　椭圆弧面配合件的加工　　　　　　　　　　　　　　189

b)

技术要求
1. 锐角倒钝C0.3。
2. 未注公差尺寸按GB/T 1804—m加工。
3. 不准用砂布、锉刀等修饰加工面。

$Ra\,1.6$

制图	×××	2014	数控车工高级	比例	
校核	×××	2014		材料	45
××××学校			18-2		

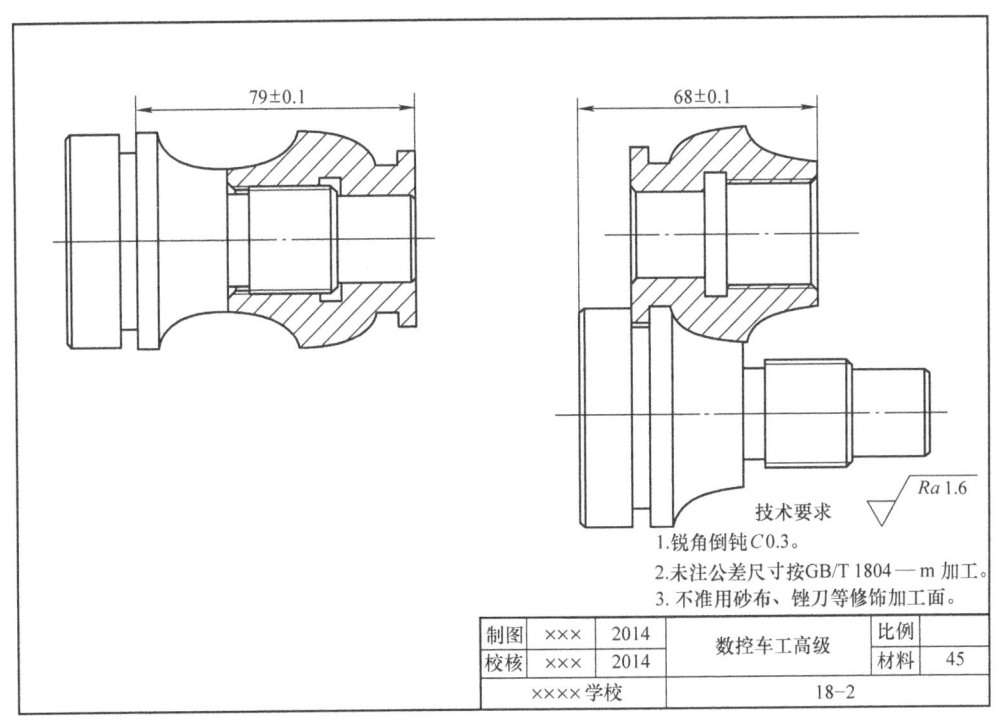

c)

图18-1　零件图（续）

2. 评分标准（表18-1）

表18-1　高级职业技能鉴定实例18评分表　　　　　　　　（单位：mm）

工件编号		总得分				
项目与配分	序号	技术要求	配分	评分标准	检测记录	得分
件1（45%）	1	$\phi 60_{-0.03}^{0}$	4	超差0.01扣1分		
	2	$\phi 50_{-0.1}^{0}$	2	超差0.01扣1分		
	3	$\phi 40_{-0.05}^{0}$	4	超差0.01扣1分		
	4	$\phi 24_{-0.021}^{0}$	4	超差0.01扣1分		

(续)

工件编号 项目与配分	序号	技术要求	配分	总得分		检测记录	得分
				评分标准			
件1（45%）	5	M30×1.5-6g	4	超差0.01扣1分			
	6	6×2	2	超差全扣			
	7	99±0.05	3	超差0.01扣1分			
	8	$15^{+0.05}_{0}$	3	超差0.01扣1分			
	9	$5^{+0.05}_{+0.02}$	3	超差全扣			
	10	$31^{+0.03}_{0}$	3	超差0.01扣1分			
	11	$22^{0}_{-0.03}$	3	超差0.01扣1分			
	12	椭圆 $a=20$，$b=10$	5	超差全扣			
	13	一般尺寸及倒角	2	每错一处扣0.5分，不倒扣			
	14	$Ra1.6\mu m$	3	每错一处扣1分，不倒扣			
件2（43%）	15	$\phi 60^{0}_{-0.03}$	4	超差0.01扣1分			
	16	$\phi 40^{0}_{-0.05}$	4	超差0.01扣1分			
	17	$\phi 48^{0}_{-0.025}$	4	超差0.01扣1分			
	18	$\phi 40^{-0.05}_{-0.2}$	4	超差0.01扣1分			
	19	$\phi 24^{+0.033}_{0}$	4	超差0.01扣1分			
	20	内切槽6×2	2	超差全扣			
	21	53±0.03	3	超差0.01扣1分			
	22	32±0.03	3	超差0.01扣1分			
	23	$5^{-0.02}_{-0.05}$	3	超差0.01扣1分			
	24	M30×1.5-6H	4	超差全扣			
	25	椭圆 $a=20$，$b=10$	5	超差全扣			
	26	一般尺寸及倒角	2	每错一处扣0.5分，不倒扣			
	27	$Ra1.6\mu m$	3	每错一处扣1分，不倒扣			
配合（12%）	28	配合尺寸79±0.1	6	超差全扣			
	29	配合尺寸68±0.1	6	超差全扣			
其他	30	工件按时完成	倒扣	每超时5min扣3分			
	31	工件无缺陷		缺陷倒扣3分/处			
安全文明生产	32	安全操作		停止操作或酌情扣5~20分			

3. 准备清单

1）材料准备（表18-2）。

2）工具、量具、刃具的准备参照表15-3。

表 18-2　材料准备

名　称	规　格	数　量	要　求
45 钢	$\phi65\text{mm}\times100\text{mm}$，$\phi65\text{mm}\times55\text{mm}$	各 1 件/考生	车平两端面，去毛刺

二、工艺分析及相关知识

1. 图样分析

1）图形分析：图形为一般类型配合件，孔、内三角形螺纹、外三角形螺纹、椭圆曲线轮廓是该工件的主要加工图素。为保证配合后椭圆轮廓的光滑性，椭圆轮廓需要两单件配合后进行加工成形。

2）精度分析：有严格精度要求的尺寸主要有：$\phi24_{-0.021}^{0}$ mm，$\phi24_{0}^{+0.033}$ mm，配合尺寸（68±0.1）mm，（79±0.1）mm；其他有精度要求的配合有：圆柱配合，螺纹配合松紧适中，配合后的线轮廓度。为了保证件 1 与件 2 的椭圆轮廓，件 1 和件 2 采用螺纹配合的装夹方式进行加工；螺纹有效配合，松紧合适是保证椭圆轮廓精度的基础。

2. 工艺分析

装夹方式和加工内容见表 18-3。

表 18-3　加工工艺流程表

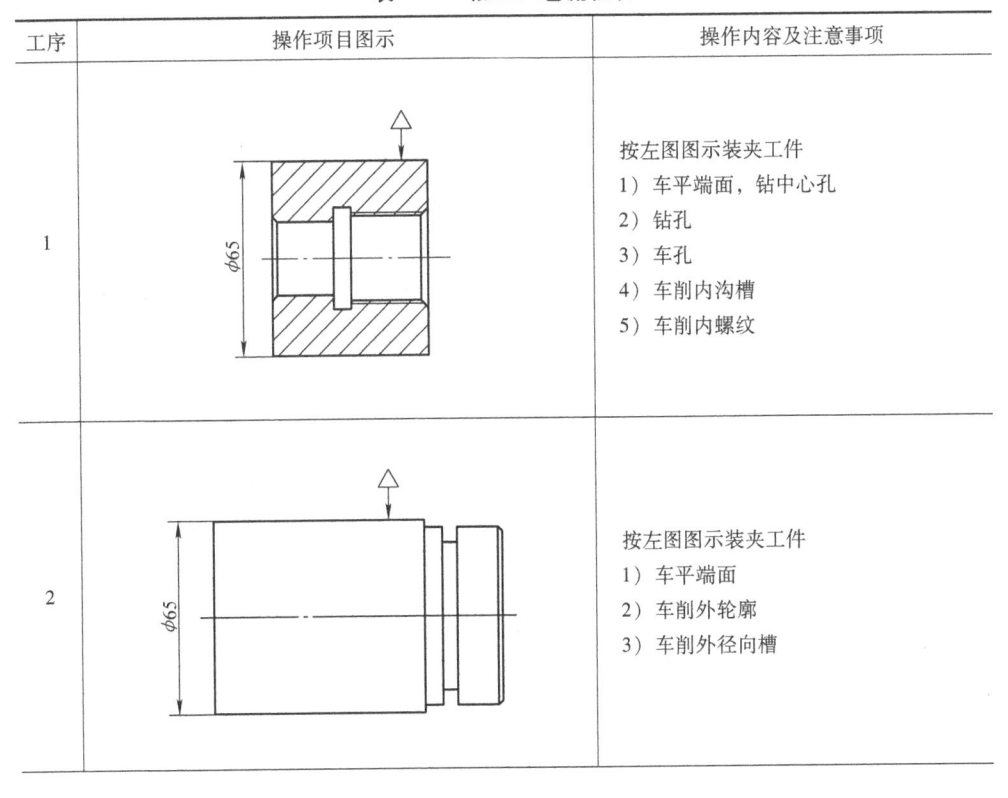

工序	操作项目图示	操作内容及注意事项
1		按左图图示装夹工件 1）车平端面，钻中心孔 2）钻孔 3）车孔 4）车削内沟槽 5）车削内螺纹
2		按左图图示装夹工件 1）车平端面 2）车削外轮廓 3）车削外径向槽

（续）

工序	操作项目图示	操作内容及注意事项
3		按左图图示装夹工件，采用一夹一顶方式 1）车平端面，保证总长，钻中心孔 2）车削外轮廓 3）车削外径向槽 4）车削外螺纹
4		按左图图示装夹工件，采用一夹一顶方式 1）车平端面，保证总长 2）车削外径向槽 3）车削外轮廓

3. 相关知识

（1）椭圆曲线编程思路　加工凹椭圆轮廓时，以 Z 坐标作为自变量，取值范围为 20～-20，X 坐标作为应变量。Z 坐标的增量为 -0.1，根据公式得出 $X=10/20*\mathrm{SQRT}(400-Z*Z)$，采用该公式编程时，应注意曲线公式中的坐标值与工件坐标系中坐标值之间的转换。编程过程中使用的变量如下：

#1 或 R1：非圆曲线公式中的 Z 坐标值，初始值为 20.0。

#2 或 R2：非圆曲线公式中的 X 坐标值（半径量），初始值为 0。

#3 或 R3：非圆曲线在工件坐标系中的 Z 坐标值，其值为 #1-53.0。

#4 或 R4：非圆曲线在工件坐标系中的 X 坐标值（直径量），其值为 60-#2×2。

组合加工椭圆轮廓时，应注意选择合适的刀具，以防止刀具副切削刃与工件表面发生干涉。可选用93°菱形刀片与球头刀结合进行加工，或者可用切槽刀进行切削。

（2）提高螺纹切削质量的方法

1）连续递减。该方法可获得不变的切屑面积，如图18-2所示。可采用相对较大的初始值（0.2~0.35mm），该值与螺纹牙型的具体深度有关。此值会逐渐降低且以0.09~0.02mm 的进给量进行精加工，最后一次走刀可以是不进给的空走刀，这时用于消除切削过程中的反弹现象。这种走刀方式是现代 CNC 机床上最常用的方法。

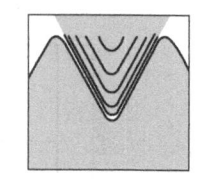

图18-2　连续递减

2）恒定的进给量。该方法可获得最佳的切屑控制和长的刀具寿命，如图 18-3 所示。该加工方法在新型机床上正变得越来越通用。通过固定螺纹切削周期中的某一个参数，使切屑厚度恒定，进而使切屑最佳。初始值一般为 0.18～0.12mm，实际值应由上一次走刀（至少应为 0.08mm）的具体值确定。

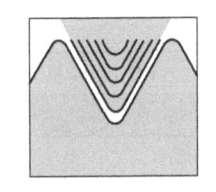

图 18-3　恒定的进给量

三、程序编制

选择工件的左、右端面回转中心作为编程原点，加工程序见表 18-4。

表 18-4　职业技能鉴定样例 18 参考程序

FANUC 0i 系统程序	程序说明	华中系统程序
O0001；	加工件 2 右端椭圆轮廓	O0001；
T0101；	换菱形外圆车刀	T0101；
M3 S800；	主轴正转，转速为 800r/min	M3 S800；
G0 X66 Z2 M8；	刀具至目测安全位置	G0 X66 Z2 M8；
G73 U13 W0 R8；	粗车轮廓循环	；G71 U1.0 R0.5 P1 Q2 X0.3 Z0 F0.2；
G73 P1 Q2 U0.3 W0 F0.2；		
N1 G42 G0 Z−11；		N1 G42 G0 Z−11；
G1 X40 F0.1；		G1 X40 F0.1；
#1=20；		#1=20；
N20 #2=10/20*SQRT[20*20−#1*#1]；	椭圆轮廓描述	WHILE #1 GE [0]；
G1 X[40+2*#2] Z[#1−31]；		#2=10/20*SQRT[20*20−#1*#1]；
#1=#1−0.1；		G1 X[40+2*#2] Z[#1−31]；
IF [#1GE0] GOTO20；		#1=#1−0.1；
X60 Z−31；		ENDW；
Z−35；		X60 Z−31；
N2 G40 G1 X62；		Z−35；
G0 X150 Z150；	退回安全位置 程序暂停，测量	N2 G40 G1 X62；
M9 M5 M0；		G0 X150 Z150；
T0101；	设定精加工转速	M9 M5 M30；
M3 S2000 M8；		
G0 X52 Z2；	到达目测检验点	
G70 P1 Q2；	精加工轮廓	
G0 X150 Z150；	移动到安全位置	
M5 M30；	程序结束	

(续)

FANUC 0i 系统程序	程序说明	华中系统程序
O0002;	加工凹椭圆轮廓	O0002;
T0202;	换球头外圆车刀	T0202;
M3 S1000;	主轴正转,转速为1000r/min	M3 S1000;
G0 X66 Z2 M8;	刀具至目测安全位置	G0 X66 Z2 M8;
G73 U13 W0 R8;	粗车轮廓循环	; G71 U1.0 R0.5 P1 Q2 X0.3 Z0 F0.2;
G73 P1 Q2 U0.3 W0 F0.2;		
N1 G42 G0 Z-33;	椭圆轮廓描述	N1 G42 G0 Z-33;
G1 X40 F0.1;		G1 X40 F0.1;
#1=20;		#1=20;
N20 #2=-10/20*SQRT[20*20-#1*#1];		WHILE #1 GE [-20]
G1 X [60+2*#2] Z [#1-53];		#2=-10/20*SQRT[20*20-#1*#1];
#1=#1-0.1;		G1 X [60+2*#2] Z [#1-53];
IF [#1GE-20] GOTO20;		#1=#1-0.1;
X60 Z-31;		ENDW;
Z-35;		X60 Z-31;
N2 G40 G1 X62;	退回安全位置	Z-35;
G0 X150 Z150;	程序暂停,测量	N2 G40 G1 X62;
M9 M5 M0;		G0 X150 Z150;
T0202;	设定精加工转速	M9 M5 M30;
M3 S2000 M8;		
G0 X52 Z2;	到达目测检验点	
G70 P1 Q2;	精加工凹椭圆轮廓	
G0 X150 Z150;	移动到安全位置	
M5 M30;	程序结束	

四、样例小结

配合加工椭圆面时,旋合松紧应适中,加工后可能无法旋下,出现该情况可用铜皮包裹后采用管子钳拆卸。另外,在配合加工椭圆面时,应注意选择合适的刀具,如菱形外圆车刀可防止刀具副切削刃与工件表面发生干涉。

职业技能鉴定样例19　矩形螺纹配合件的加工

考核目标
1. 正确选择可转位车刀及刀片。
2. 掌握矩形螺纹的加工方法。
3. 掌握二次曲线的编制加工方法。
4. 掌握配合件加工工艺的编制方法。

一、考核要求及准备

1. 总体要求

按零件图（图19-1）完成加工操作，本题分值为100分，考核时间为240min。

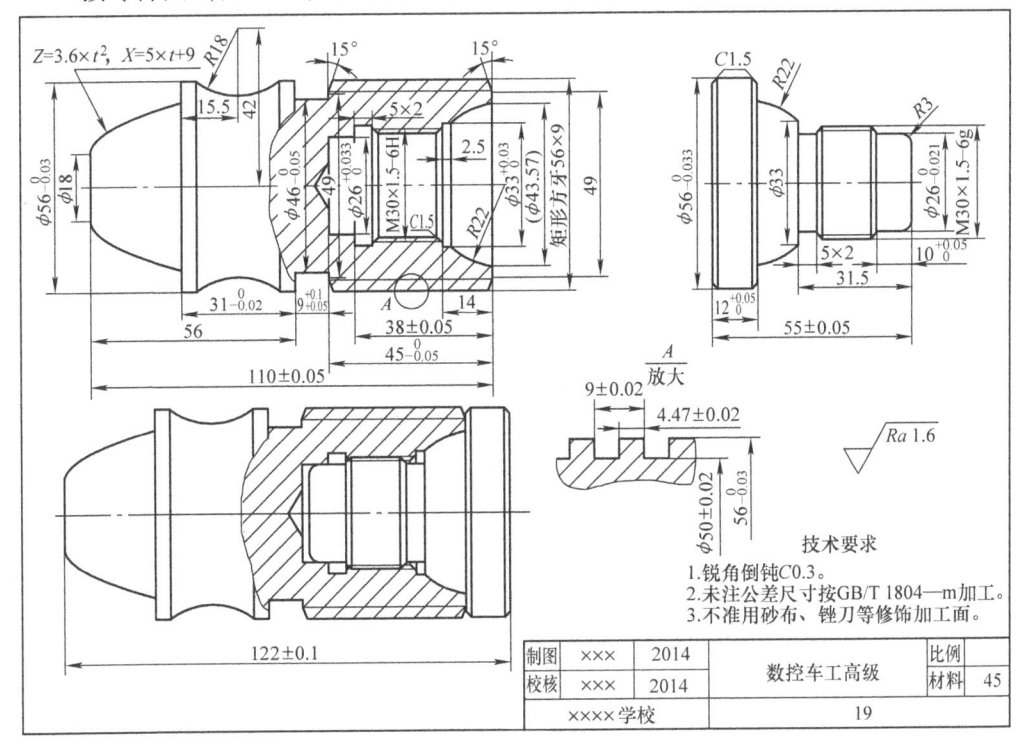

图19-1　零件图

图 19-1　零件图（续）

2. 评分标准（表 19-1）

表 19-1　职业技能鉴定样例 19 评分表　　　　　　　　　（单位：mm）

工件编号 项目与配分	序号	技术要求	配分	评分标准	检测记录	得分
件 1（60%）	1	$\phi 56_{-0.03}^{\ 0}$	4	超差 0.01 扣 1 分		
	2	$\phi 46_{-0.05}^{\ 0}$	4	超差 0.01 扣 1 分		
	3	$\phi 33_{\ 0}^{+0.03}$	4	超差 0.01 扣 1 分		
	4	$\phi 26_{\ 0}^{+0.033}$	4	超差 0.01 扣 1 分		
	5	$M30 \times 1.5 - 6H$	5	超差 0.01 扣 1 分		
	6	矩形牙型 56×9	10	超差全扣		
	7	5×2	2	超差 0.01 扣 1 分		
	8	110 ± 0.05	3	超差 0.01 扣 1 分		
	9	$45_{-0.05}^{\ 0}$	3	超差 0.01 扣 1 分		
	10	38 ± 0.05	3	超差全扣		
	11	$9_{+0.05}^{+0.1}$	3	超差 0.01 扣 1 分		
	12	$31_{-0.02}^{\ 0}$	3	超差 0.01 扣 1 分		
	13	$Z = 3.6 \times t^2$, $X = 5 \times t + 9$	5	超差全扣		
	14	$R18$, $R22$	2	每错一处扣 1 分		
	15	一般尺寸及倒角	2	每错一处扣 0.5 分，不倒扣		
	16	$Ra1.6 \mu m$	3	每错一处扣 1 分，不倒扣		
件 2（30%）	17	$\phi 56_{-0.033}^{\ 0}$	4	超差 0.01 扣 1 分		
	18	$\phi 26_{-0.021}^{\ 0}$	4	超差 0.01 扣 1 分		
	19	5×2	2	超差 0.01 扣 1 分		
	20	55 ± 0.05	3	超差 0.01 扣 1 分		
	21	$12_{\ 0}^{+0.05}$	3	超差 0.01 扣 1 分		
	22	$10_{\ 0}^{+0.05}$	3	超差 0.01 扣 1 分		
	23	$M30 \times 1.5 - 6g$	5	超差全扣		
	24	$R22$, $R3$	2	每错一处扣 1 分		

(续)

工件编号				总得分		
项目与配分	序号	技术要求	配分	评分标准	检测记录	得分
件2（30%）	25	一般尺寸及倒角	2	每错一处扣0.5分，不倒扣		
	26	$Ra1.6\mu m$	3	每错一处扣1分，不倒扣		
配合（10%）	27	配合尺寸122±0.1	10	超差全扣		
其他	28	工件按时完成	倒扣	每超时5min扣3分		
	29	工件无缺陷		缺陷倒扣3分/处		
安全文明生产	30	安全操作		停止操作或酌情扣5~20分		

3. 准备清单

1) 材料准备（表19-2）。

表19-2 材料准备

名 称	规 格	数 量	要 求
45钢	$\phi 60mm \times 115mm$，$\phi 60mm \times 60mm$	各1件/考生	车平两端面，去毛刺

2) 工具、量具、刃具的准备参照表15-3。

二、工艺分析及相关知识

1. 图样分析

1) 图形分析：图形为一般螺纹配合件，单独加工后进行装配。工件的加工图素主要有孔、内螺纹、外螺纹、圆弧回转面、矩形螺纹等。

2) 精度分析：加工尺寸公差等级多数为IT7，表面粗糙度值均为$Ra1.6\mu m$。两零件轮廓的加工由于是单个独立完成，保证其单一尺寸$\phi 26_{-0.021}^{0}$mm、$\phi 26_{0}^{+0.033}$mm正确，螺纹配合的松紧程度适当是保证配合尺寸（122±0.1）mm正确的基础。

2. 工艺分析

装夹方式和加工内容见表19-3。

表19-3 加工工艺流程表

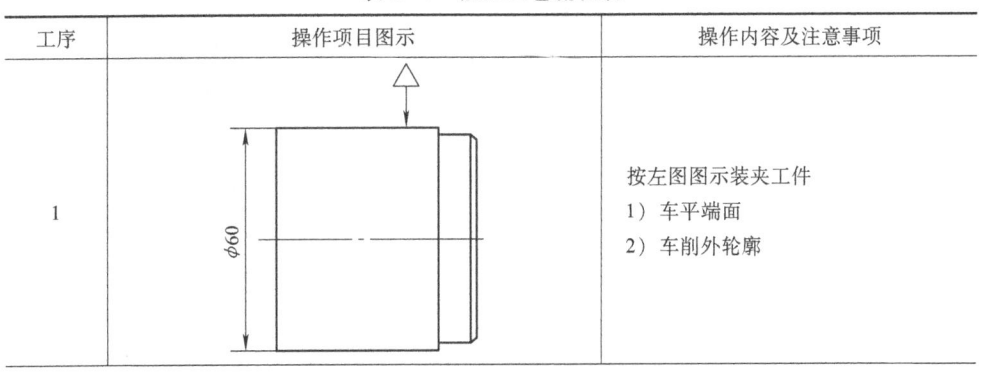

工序	操作项目图示	操作内容及注意事项
1		按左图图示装夹工件 1) 车平端面 2) 车削外轮廓

(续)

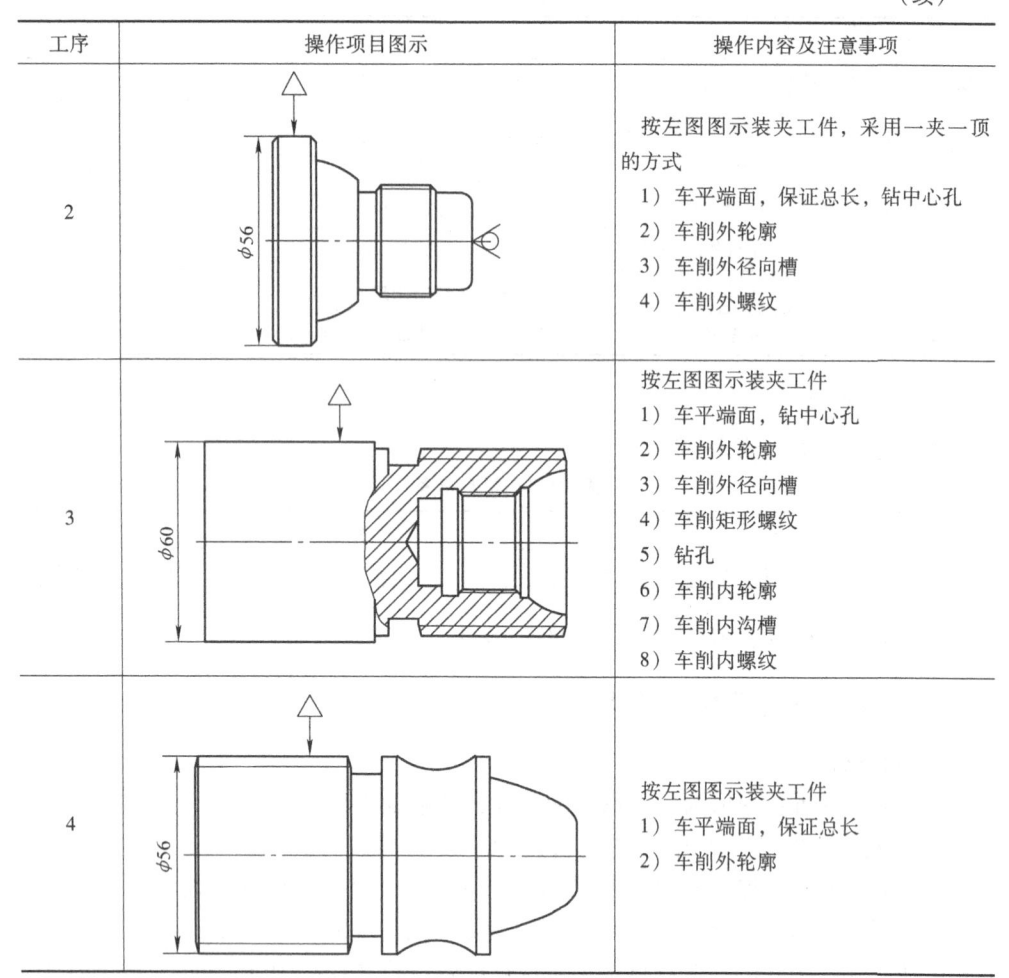

工序	操作项目图示	操作内容及注意事项
2		按左图图示装夹工件，采用一夹一顶的方式 1）车平端面，保证总长，钻中心孔 2）车削外轮廓 3）车削外径向槽 4）车削外螺纹
3		按左图图示装夹工件 1）车平端面，钻中心孔 2）车削外轮廓 3）车削外径向槽 4）车削矩形螺纹 5）钻孔 6）车削内轮廓 7）车削内沟槽 8）车削内螺纹
4		按左图图示装夹工件 1）车平端面，保证总长 2）车削外轮廓

3. 相关知识

（1）矩形螺纹　矩形螺纹的螺纹牙型为方形，螺纹牙厚一般等于螺距的1/2；传动效率高，但对中精度低，牙根强度弱。矩形螺纹精确制造较为困难，螺旋副磨损后的间隙难以补偿或修复。主要用于传力机构中，一般用于轴向载荷以及载荷较大的情况，也用于受周期性载荷较多的地方。例如：需要整天拧紧、松开的台虎钳就是使用的矩形螺纹，紧固时要求很大的力；阀门水管之类的螺纹无论大小，都是矩形螺纹，仅是尺寸略有不同而已；千斤顶和螺旋冲压机等也是使用矩形螺纹。

矩形螺纹的精度等级相对于其他螺纹而言一般没有更高的要求。与三角形螺纹和梯形螺纹不同，矩形螺纹没有单面切削或双面切削的工艺区分，也没有中径，精度要求并不高。矩形螺纹没有其他螺纹那样固定的牙型。一般而言，没有指定牙型尺寸时，就把螺纹牙的断面做成正方形。例如，螺距是6mm的矩形螺纹，牙宽

3mm，高 3mm（沟槽宽也是 3mm）。车刀直线进给加工矩形螺纹，按沟槽的深度（牙的高度）尺寸加工即可。

矩形螺纹车刀的选择。从螺纹牙的形状考虑，切槽刀适用于加工短的矩形螺纹。只是刀的刃宽要小于等于螺距的一半，同时因为螺距宽的螺纹较多，多使用高速钢弹性车刀。选择时要考虑到如果螺距、导程增大，螺纹升角（导程角）就会大，车刀的后角会碰到螺纹牙的侧面。另外，导程大的螺纹，螺纹牙顶和牙底的螺纹升角会不相同。所以，外圆周（螺纹牙顶）上，当切削刃的宽度和沟槽宽相等，牙底沟槽上螺纹牙的下面会凹进去。为了避免出现这些现象，凹进去的部分可使用车刀前刃宽度较小的切槽刀。

（2）二次曲线的编程思路　二次曲线为抛物线，以中间量 t 坐标作为自变量（变量 Z 也可作为自变量），初始值为 0，X 坐标和 Z 坐标作为应变量。自变量 t 坐标的增量为 0.02，根据公式得出 $X = 5 \times t + 9$，$Z = -3.6 \times t^2$（由于工件的调头加工，抛物线开口相反），条件判断语句可用 Z 值作为条件，当 Z 值小于等于 -25 时，条件语句跳转。采用以上公式编程时，应注意曲线公式中的坐标值与工件坐标系中坐标值之间的转换。编程过程中使用的变量如下：

#1 或 R1：非圆曲线公式中的自变量，初始值为 0。

#2 或 R2：非圆曲线在工件坐标系中的 X 坐标值（半径量），其值为 #2 = $5 \times t + 9$。

#3 或 R3：非圆曲线在工件坐标系中的 Z 坐标值，其值为 #3 = $-3.6 \times t \times t$。

（3）编程出错原因分析及错误程序检查方法　在编程过程中，出现程序错误的原因是多方面的。主要是由编程过程中的粗心大意、对图样不熟悉、对系统指令不熟悉、工件坐标系原点设置不正确、基点和节点计算误差大或计算不正确、出现手工输入错误等因素造成的，以上这些因素均为主观因素，在实际操作过程中是可以避免的。

在程序运行过程中，数控系统通常能同时处理四条语句，即正在执行的程序段、前一程序段和预读其后的两个程序段。因此，当系统出现程序错误报警时，通常只需检查这四个程序段即可。

三、程序编制

选择工件的左、右端面回转中心作为编程原点，其加工程序见表 19-4。

表 19-4　职业技能鉴定样例 19 参考程序

FANUC 0i 系统程序	程序说明	华中系统程序
O0001;	加工件 1 右端外轮廓	O0001;
T0101;	换外圆车刀	T0101;

（续）

FANUC 0i 系统程序	程序说明	华中系统程序
M03 S800；	主轴正转，转速为 800r/min	M03 S800；
G00 X62 Z2 M08；	到达目测检验点	G00 X62 Z2 M08；
G71 U1 R0.5； G71 P1 Q2 U0.5 W0 F0.2；	粗车轮廓循环	；G71 U1 R0.5 P1 Q2 X0.5 Z0 F0.2；

N1 G42 G0 X49；
  G1 Z0 F0.1；
  X56 Z-0.94；
  Z-54；
N2 G40 X62；
	加工轮廓描述	N1 G42 G0 X49；
		  G1 Z0 F0.1；
		  X56 Z-0.94；
		  Z-54；
		N2 G40 X62；

G0 X150 Z150； M9 M5 M0；	退回安全位置 程序暂停，测量	G0 X150 Z150； M9 M5 M30；
T0101； M3 S2000 M8；	设定精加工转速	T0202 M3 S500； G0 X58 Z-48；
G0 X62 Z2；	到达目测检验点	G01 X46 F0.1；
G70 P1 Q2；	精加工循环	X58；
G0 X150 Z150； T0202 M3 S500； G0 X58 Z-48；	换切槽刀（刀宽3mm）	Z-50.5； X46； X58；

G75 R0.5；
G75 X46 Z-54 P2000 Q3000 F0.1；
G0 X58 Z-47.06；
G1 X56 F0.1；
  X49 Z-48；
	径向槽加工	Z-53；
		X46；X58；Z-54；X46；X58；
		G0 X58 Z-47.06；
		G1 X56 F0.1；
		  X49 Z-48；

G0 X57； Z11； M3 S500；	矩形螺纹定位	G0 X57； Z11； M3 S500；
#1=3； N10 #2=0； N20 G0 X57 Z [11+#2]； G92 X [50+2*#1] Z-50 F9 #2=#2-1.53； IF [#2GE-1.53] GOTO20； #1=#1-0.5； IF [#1GE0] GOTO10；	矩形螺纹加工	#1=3； WHILE#1GE [0] DO1； #2=0； WHILE#2GE [-1.53]； G0 X57 Z [11+#2]； G82 X [50+2*#1] Z-50 F9 #2=#2-1.53； ENDW；

(续)

FANUC 0i 系统程序	程序说明	华中系统程序
G0 X150 Z150;	程序结束	#1 = #1 - 0.5;
M5 M30;		ENDW1;
		G0 X150 Z150;
O0002;	加工件1内轮廓	M5 M30;
T0303;	换内孔车刀	O0002;
M03 S800;	主轴正转，转速为800r/min	T0303;
G00 X22 Z2 M08;	到达目测检验点	M03 S800;
G71 U1 R0.5;	粗车轮廓循环	G00 X22 Z2 M08;
G71 P1 Q2 U-0.3 W0 F0.2;		; G71 U1 R0.5 P1 Q2 X-0.3 Z0 F0.2;
N1 G41 G0 X43.57;	加工轮廓描述	N1 G41 G0 X43.57;
G1 Z0 F0.1;		G1 Z0 F0.1;
G3 X33 Z-11.5 R22;		G3 X33 Z-11.5 R22;
G1 Z-14;		G1 Z-14;
X28.2 C1.5;		X28.2 C1.5;
Z-38;		Z-38;
X26 C0.3;		X26 C0.3;
Z-45;		Z-45;
N2 G40 X22;		N2 G40 X22;
G0 X150 Z150;	退回安全位置	G0 X150 Z150;
M9 M5 M0;	程序暂停，测量	M9 M5 M0;
T0303;	设定精加工转速	
M3 S2000 M8;		
G0 X22 Z2;	到达目测检验点	
G70 P1 Q2;	精加工孔轮廓	
G0 Z150;	换内槽车刀（刀宽3mm）	
T0404 M3 S500;		T0404 M3 S500;
G0 X26;	切内槽	G0 X26;
Z-38;		Z-38;
G1 X32.2 F0.1;		G1 X32.2 F0.1;
X26;		X26;
Z-36;		Z-36;
X32.2;		X32.2;

(续)

FANUC 0i 系统程序	程序说明	华中系统程序
X26;	切内槽	X26;
Z-34.5;		Z-34.5;
X28.5;		X28.5;
X31.5 Z-36;		X31.5 Z-36;
X26;		X26;
G0 Z150;	换内螺纹车刀	G0 Z150;
T0505 M3 S1000;		T0505 M3 S1000;
G0 X26 Z2;	加工内螺纹	G0 X26 Z2;
G76 P010160 Q50 R0.1;		G76 C2 A60 X30 Z-36 K0.975 U0.1 V0.1 Q0.4 F1.5;
G76 X30 Z-36 P975 Q400 F1.5;		
G0 X150 Z150;	移动到安全位置	G0 X150 Z150;
M5 M30;	程序结束	M5 M30;
O0003;	加工件1左端轮廓	O0003;
T0606;	换菱形外圆车刀	T0606;
M3 S800;	主轴正转,转速为800r/min	M3 S800;
G0 X62 Z2 M8;	刀具移至目测安全位置	G0 X62 Z2 M8;
G73 U21 W0 R10;	粗车轮廓循环	; G71 U1 R0.5 P1 Q2 X0.3 Z0 F0.2;
G73 P1 Q2 U0.3 W0 F0.2;		
N1 G42 G0 X18;	加工轮廓描述	N1 G42 G0 X18;
G1 Z0 F0.1;		G1 Z0 F0.1;
#1=0;		#1=0;
#2=5*t+9;		#2=5*t+9;
#3=-3.6*#1*#1;		#3=-3.6*#1*#1;
N5 G1 X [2*#2] Z#3;		WHILE #3 GE [-25];
#1=#1+0.1;		G1 X [2*#2] Z#3;
#3=-3.6*#1*#1;		#1=#1+0.1;
IF [#3 GE -25] GOTO5;		#3=-3.6*#1*#1;
X44.35 Z-25;		ENDW;
X56 C0.3;		X44.35 Z-25;
Z-29.19;		X56 C0.3;
G2 X56 Z-51.81 R18;		Z-29.19;
G1 Z-57;		G2 X56 Z-51.81 R18;
N2 G40 G1 X62;		G1 Z-57;

(续)

FANUC 0i 系统程序	程序说明	华中系统程序
G0 X150 Z150；	退回安全位置	N2 G40 G1 X62；
M9 M5 M0；	程序暂停，测量	G0 X150 Z150；
T0606；	设定精加工转速	M9 M5 M30；
M3 S2000 M8；		
G0 X62 Z2；	到达目测检验点	
G70 P1 Q2；	精加工循环	
G0 X150 Z150；	移动到安全位置	
M5 M30；	程序结束	

四、样例小结

车削矩形螺纹应采用直进切削法，因主切削刃平行于工件表面，所以车刀只能直接切入，不能左右借刀。如果工件小径有公差和表面粗糙度值要求时，可留 0.2~0.3mm 余量进行精车。注意加工中让切屑连续不间断排出，否则易"啃刀"。

职业技能鉴定样例 20　端面椭圆槽配合件的加工

> **考核目标**
> 1. 正确选择可转位车刀及刀片。
> 2. 掌握端面椭圆槽的加工方法。
> 3. 掌握配合件加工工艺的编制方法。

一、考核要求及准备

1. 总体要求

按零件图（图20-1）完成加工操作，本题分值为100分，考核时间为240min。

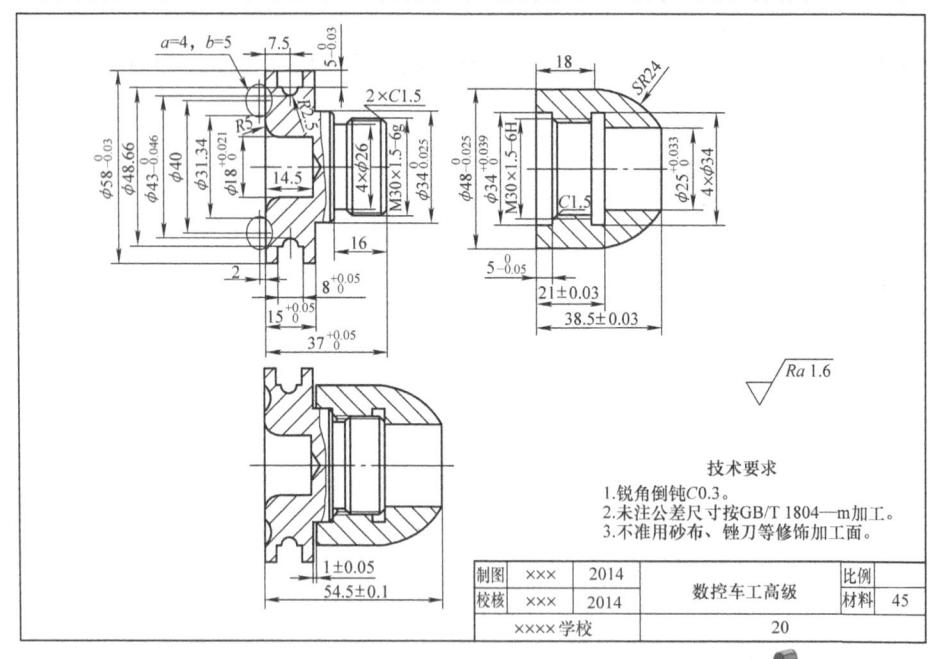

图 20-1　零件图

2. 评分标准（表20-1）

表20-1 职业技能鉴定样例20评分表 （单位：mm）

工件编号 项目与配分	序号	技术要求	配分	评分标准	检测记录	得分
			总得分			
件1（48%）	1	$\phi 58_{-0.03}^{0}$	4	超差0.01扣1分		
	2	$\phi 43_{-0.046}^{0}$	4	超差0.01扣1分		
	3	$\phi 18_{0}^{+0.021}$	4	超差0.01扣1分		
	4	$\phi 34_{-0.025}^{0}$	4	超差0.01扣1分		
	5	$M30 \times 1.5 - 6g$	5	超差全扣		
	6	$4 \times \phi 26$	2	超差全扣		
	7	$37_{0}^{+0.05}$	3	超差0.01扣1分		
	8	$15_{0}^{+0.05}$	3	超差0.01扣1分		
	9	$8_{0}^{+0.05}$	3	超差0.01扣1分		
	10	$5_{-0.03}^{0}$	3	超差0.01扣1分		
	11	椭圆 $a=4$，$b=5$	6	超差全扣		
	12	$R2.5$，$R5$	2	每错一处扣1分		
	13	一般尺寸及倒角	2	每错一处扣0.5分，不倒扣		
	14	$Ra1.6\mu m$	3	每错一处扣1分，不倒扣		
件2（37%）	15	$\phi 48_{-0.025}^{0}$	5	超差0.01扣1分		
	16	$\phi 34_{0}^{+0.039}$	5	超差0.01扣1分		
	17	$\phi 25_{0}^{+0.033}$	5	超差0.01扣1分		
	18	内切槽 $4 \times \phi 34$	2	超差全扣		
	19	38.5 ± 0.03	3	超差0.01扣1分		
	20	21 ± 0.03	3	超差0.01扣1分		
	21	$5_{-0.05}^{0}$	3	超差0.01扣1分		
	22	$M30 \times 1.5 - 6H$	5	超差全扣		
	23	$SR24$	1	超差全扣		
	24	一般尺寸及倒角	2	每错一处扣0.5分，不倒扣		
	25	$Ra1.6\mu m$	3	每错一处扣1分，不倒扣		
配合（15%）	26	配合尺寸 1 ± 0.05	8	超差全扣		
	27	配合尺寸 54.5 ± 0.1	7	超差全扣		
其他	28	工件按时完成		每超时5min扣3分		
	29	工件无缺陷	倒扣	缺陷倒扣3分/处		
安全文明生产	30	安全操作		停止操作或酌情扣5~20分		

3. 准备清单

1）材料准备（表20-2）。

表20-2 材料准备

名 称	规 格	数 量	要 求
45钢	$\phi60mm \times 40mm$，$\phi 50mm \times 40mm$	各1件/考生	车平两端面，去毛刺

2）工具、量具、刃具的准备参照表1-4。

二、工艺分析及相关知识

1. 图样分析

1）图形分析：图形为一般螺纹配合件，分别加工后进行装配。工件的加工图素主要有孔、内螺纹、外螺纹、圆弧回转面、矩形螺纹等。

2）精度分析：加工尺寸公差等级多数为IT7，表面粗糙度值均为$Ra1.6\mu m$。两零件轮廓的加工是单个独立完成的，保证单一尺寸精度是确保配合间隙尺寸（1±0.05）mm和配合总长（54.5±0.1）mm正确的基础。

2. 工艺分析

装夹方式和加工内容见表20-3。

表20-3 加工工艺流程表

工序	操作项目图示	操作内容及注意事项
1	$\phi50$	按左图图示装夹工件 1）车平端面，钻中心孔 2）钻孔 3）车削外轮廓 4）车孔 5）车削内沟槽 6）车削内螺纹
2	$\phi48$	按左图图示装夹工件 1）车平端面，保证总长 2）车削外轮廓

职业技能鉴定样例20　端面椭圆槽配合件的加工　　207

(续)

工序	操作项目图示	操作内容及注意事项
3	（φ60）	按左图图示装夹工件 1）车平端面 2）车削外轮廓 3）车削外径向槽 4）车削外螺纹
4	（φ34）	按左图图示装夹工件 1）车平端面，保证总长，钻中心孔 2）钻孔 3）车削内轮廓 4）车削外轮廓 5）车削异形槽 6）车削端面异形槽

3. 相关知识

（1）尺寸链　尺寸链的概念：在机器装配或零件加工过程中，由相互连接的尺寸形成的封闭尺寸组，称为尺寸链。

特点：封闭性和关联性。

1）装配尺寸链：全部组成尺寸为不同零件设计尺寸所形成的尺寸链。

零件尺寸链：全部组成尺寸为同一零件设计尺寸所形成的尺寸链。

设计尺寸链：装配尺寸链与零件尺寸链的统称，组成尺寸全部为设计尺寸所形成的尺寸链。

2）工艺尺寸链：组成尺寸全部为同一零件的工艺尺寸所形成的尺寸链。所谓工艺尺寸，是加工要求而形成的尺寸。

装配尺寸链简图：为简便起见，通常不绘出该装配部分的具体结构，也不必按严格的比例，而只是依次绘出各有关尺寸，排列成封闭外形即可。图20-2所示为尺寸链简图。

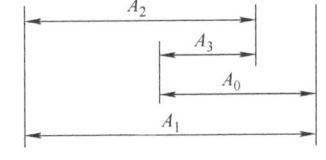

图20-2　尺寸链

3）尺寸链的环。构成尺寸链的每一个尺寸都称为尺寸链的"环"，每个尺寸链至少应有三个环。

封闭环：在零件加工或机器装配过程中，最后自然形成（间接获得）的尺寸，称为封闭环。一个尺寸链只有一个封闭环。

组成环：尺寸链中除封闭环以外的其余尺寸均称为组成环。

增环：在其他组成环不变的条件下，当某组成环增大时，封闭环随之增大，那么该组成环称为增环。

减环：在其他组成环不变的条件下，当某组成环增大时，封闭环随之减小，那么该组成环称为减环。

增、减环的简易判断：在尺寸链图上，假设一个旋转方向，即由尺寸链任一环的基面出发，绕其轮廓顺时针方向或逆时针方向转一周，回到这一基面。凡是方向与封闭环相反的为增环；方向与封闭环相同的为减环。

例：图20-3 中 A_Δ 为封闭环，A_1 为减环，A_2、A_3、A_4 为增环。

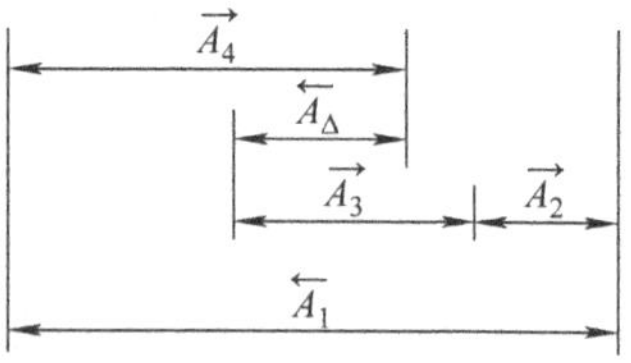

4）封闭环极限尺寸及公差。

封闭环的公称尺寸 $A_\Delta = \sum mA_i$（所有增环公称尺寸之和）$- \sum nA_i$（所有减环公称尺寸之和）

图20-3 增、减环的判断

封闭环上极限尺寸：$A_{\Delta max} = \sum mA_{imax} - \sum nA_{imin}$
封闭环下极限尺寸：$A_{\Delta min} = \sum mA_{imin} - \sum nA_{imax}$
封闭环公差等于各组成环公差之和：$\delta_\Delta = \sum (m+n)\delta_i = A_{\Delta max} - A_{\Delta min}$

5）解一般装配尺寸链和工艺尺寸链步骤。

① 根据题意，绘出尺寸链简图。

② 确定封闭环、增减环。

③ 计算未知公称尺寸 $A_\Delta = \sum mA_i - \sum nA_i$。

计算未知环的公差。

(2) 尺寸链计算　根据零件装配图20-4绘制出图20-5所示的尺寸链示意图，$A_\Delta = (1 \pm 0.05)$mm 是最后自然形成的尺寸，为封闭环，A_1 为增环，$A_2 = (21 \pm 0.03)$mm 为减环。

封闭环的公称尺寸 $A_\Delta = A_1 - A_2 = A_1 - 22$mm = 1mm，计算出 $A_1 = 22$mm。

封闭环上极限尺寸：$A_{\Delta max} = \sum mA_{imax} - \sum nA_{imin} = A_{1max} - 20.97$mm = 1.05mm，计算出 $A_{1max} = 22.02$mm。

封闭环下极限尺寸：$A_{\Delta min} = \sum mA_{imin} - \sum nA_{imax} = A_{1min} - 21.03$mm = 0.95mm，计算出 $A_{1min} = 21.98$mm。

可知，增环的尺寸 $A_1 = (22 \pm 0.02)$ mm。

(3) 刀具的选择　加工端面椭圆轮廓时，应选择具有较大副偏角的刀具，同时将后刀面磨成圆弧面，以防止后刀面与所加工表面发生干涉。例题中由于余量相对较小，可采用球头刀直接精加工成形。

职业技能鉴定样例20 端面椭圆槽配合件的加工 209

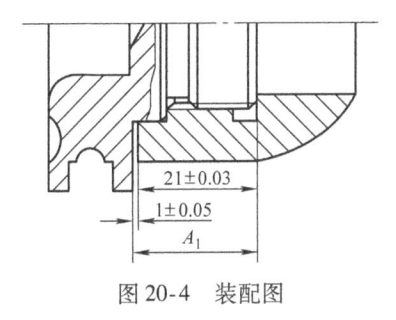

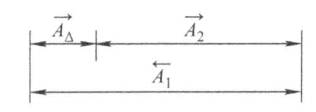

图 20-4 装配图

图 20-5 尺寸链示意图

三、程序编制

选择工件的左、右端面回转中心作为编程原点，其加工程序见表20-4。

表 20-4 职业技能鉴定样例20 参考程序

FANUC 0i 系统程序	程序说明	华中系统程序
O0001;	加工件1右端外轮廓	O0001;
T0101;	换外圆车刀	T0101;
M03 S800;	主轴正转，转速为800r/min	M03 S800;
G00 X62 Z2 M08;	到达目测检验点	G00 X62 Z2 M08;
G71 U1 R0.5;	粗车轮廓循环	; G71 U1 R0.5 P1 Q2 X0.3 Z0 F0.2;
G71 P1 Q2 U0.3 W0 F0.2;		
N1 G42 G0 X24;	加工轮廓描述	N1 G42 G0 X24;
G1 Z0 F0.1;		G1 Z0 F0.1;
X29.8 C1.5;		X29.8 C1.5;
Z−16;		Z−16;
X34 C1;		X34 C1;
Z−22;		Z−22;
X58 C0.3;		X58 C0.3;
Z−28;		Z−28;
N2 G40 X62;		N2 G40 X62;
G0 X150 Z150;	退回安全位置	G0 X150 Z150;
M9 M5 M0;	程序暂停，测量	M9 M5 M30;
T0101;	设定精加工转速	
M3 S2000 M8;		
G0 X62 Z2;	到达目测检验点	T0202 M3 S500;
G70 P1 Q2;	精加工循环	G0 X35 Z−15;
G0 X150 Z150;	退回安全位置，换切槽刀（刀宽3mm）	G01 X26 F0.1;
T0202 M3 S500;		X35;
G0 X35 Z−15;		Z−16;

(续)

FANUC 0i 系统程序	程序说明	华中系统程序
G75 R0.5;	径向槽加工	X26;
G75 X26 Z-16 P1500 Q1000 F0.1;		X35;
G0 X32 Z-13.5;		G0 X32 Z-13.5;
G1 X29.8 F0.1;		G1 X29.8 F0.1;
X26.8 Z-15;		X26.8 Z-15;
G0 X32;	换外螺纹车刀	G0 X32;
G0 Z150;		G0 Z150;
T0303 M3 S1000;		T0303 M3 S1000;
G0 X32 Z3;		G0 X32 Z3;
G76 P010160 Q50 R0.05	加工外螺纹	G76 C2 A60 X28.05 Z-13 K0.975 U0.1 V0.1 Q0.4 F1.5
G76 X28.05 Z-13 P975 Q400 F1.5		
G0 X150 Z150;	程序结束	G0 X150 Z150;
M5 M30;		M5 M30;
		O0002;
O0002;	加工件1圆弧槽	T0202;
T0202;	换切槽刀	M03 S500;
M03 S500;	主轴正转,转速为800r/min	G00 X62 Z-6.5 M08;
G00 X62 Z-6.5 M08;	到达目测检验点	G01 X48 F0.1;
G75 R0.5;	径向槽加工	X62; Z-9; X48; X62;
G75 X48 Z-11.5 P2000 Q2500 F0.1;		Z-11.5; X48; X62;
G0 X150 Z150;	退回安全位置,换R2.5mm的圆弧车刀	G0 X150 Z150;
T0404 M3 S800;		T0404 M3 S800;
G0 X59;	圆弧槽加工	G0 X59;
Z-7.5;		Z-7.5;
G1 X43 F0.1;		G1 X43 F0.1;
G0 X150;	程序结束	G0 X150;
Z150;		Z150;
M5 M30;		M5 M30;
O0003;	加工件1内轮廓	O0003;
T0505;	换内孔刀	T0505;
M03 S800;	主轴正转,转速为800r/min	M03 S800;
G00 X16 Z2 M08;	到达目测检验点	G00 X16 Z2 M08;
G71 U1 R0.5;	粗车轮廓循环	; G71 U1 R0.5 P1 Q2 X-0.3 Z0 F0.2;
G71 P1 Q2 U-0.3 W0 F0.2;		

(续)

FANUC 0i 系统程序	程序说明	华中系统程序
N1 G41 G0 X28;	加工轮廓描述	N1 G41 G0 X28;
G1 Z0 F0.1;		G1 Z0 F0.1;
G2 X18 Z-5 R5;		G2 X18 Z-5 R5;
G1 Z-14.5;		G1 Z-14.5;
N2 G40 X16;		N2 G40 X16;
G0 X150 Z150;	退回安全位置	G0 X150 Z150;
M9 M5 M0;	程序暂停，测量	M9 M5 M30;
T0505;	设定精加工转速	
M3 S2000 M8;		
G0 X16 Z2;	到达目测检验点	
G70 P1 Q2;	精加工孔轮廓	
G0 X150 Z150;	移动到安全位置	
M5 M30;	程序结束	
O0004;	加工件1端面椭圆槽	O0004;
T0606;	换菱形外圆车刀	T0606;
M3 S1000;	主轴正转，转速为1000r/min	M3 S1000;
G0 X62 Z2 M8;	刀具移至目测安全位置	G0 X62 Z2 M8;
G0 X48.53 Z2;	端面椭圆槽轮廓描述	G0 X48.53 Z2;
G1 Z0 F200;		G1 Z0 F200;
#1=4.33;		#1=4.33;
N1 #2=4/5*SQRT[5*5-#1*#1];		WHILE #1 GE [-4.33];
G1 X[40+2*#1] Z[2-#2];		#2=4/5*SQRT[5*5-#1*#1];
#1=#1-0.1;		G1 X[40+2*#1] Z[2-#2];
IF[#1GE-4.33] GOTO1;		#1=#1-0.1;
G0 X150 Z150;	移动到安全位置	ENDW;
M5 M30;	程序结束	G0 X150 Z150;
		M5 M30;

四、样例小结

无论是在数控加工过程中，还是在其他方式的加工过程中，均会碰到工艺尺寸的换算问题，这些问题通常通过求解尺寸链的方法解决。因此，作为考评基本技能的尺寸链求解方法，需要牢固掌握。

职业技能鉴定样例21　配合件的仿形加工

考核目标
1. 正确选择可转位车刀及刀片。
2. 掌握二次曲线的仿形加工方法。
3. 掌握配合件加工工艺的编制方法。

一、考核要求及准备

1. 总体要求

按零件图（图21-1）完成加工操作，本题分值为100分，考核时间为240min。

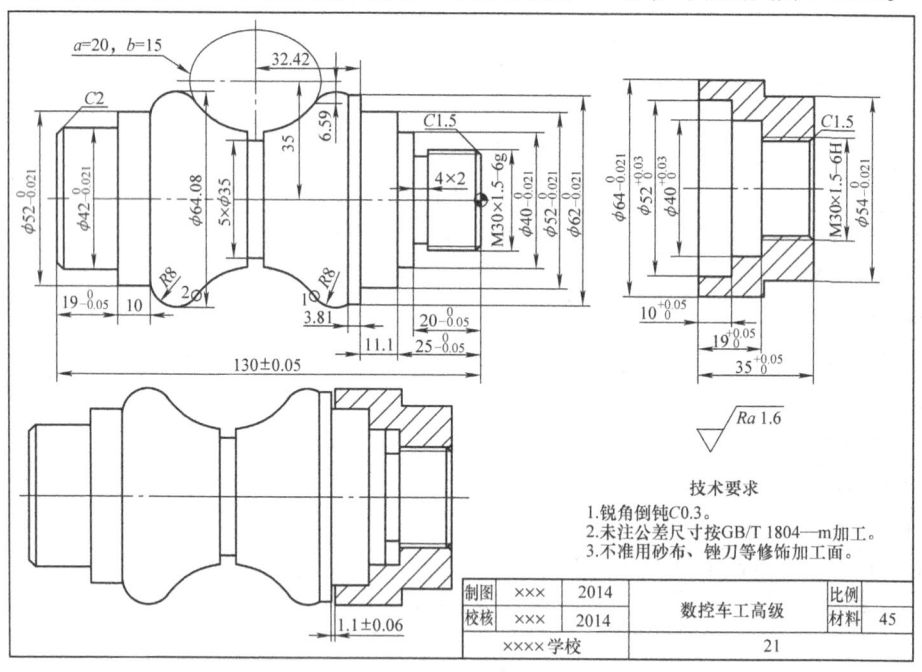

图 21-1　零件图

2. 评分标准（表21-1）

表21-1 职业技能鉴定样例21评分表 （单位：mm）

工件编号 项目与配分	序号	技术要求	配分	评分标准	检测记录	得分
				总得分		
件1（53%）	1	$\phi 62_{-0.021}^{0}$	4	超差0.01扣1分		
	2	$\phi 52_{-0.021}^{0}$	8	超差0.01扣1分，2处		
	3	$\phi 40_{-0.021}^{0}$	4	超差0.01扣1分		
	4	$\phi 42_{-0.021}^{0}$	4	超差0.01扣1分		
	5	$M30 \times 1.5 - 6g$	4	超差0.01扣1分		
	6	4×2	3	超差全扣		
	7	$5 \times \phi 35$	3	超差全扣		
	8	130 ± 0.05	3	超差0.05扣1分		
	9	$25_{-0.05}^{0}$	3	超差0.01扣1分		
	10	$20_{-0.05}^{0}$	3	超差0.01扣1分		
	11	$19_{-0.05}^{0}$	3	超差0.01扣1分		
	12	椭圆 $a=20$，$b=15$	6	超差全扣		
	13	一般尺寸及倒角	2	每错一处扣0.5分，不倒扣		
	14	$Ra1.6\mu m$	3	每错一处扣1分，不倒扣		
件2（37%）	15	$\phi 64_{-0.021}^{0}$	4	超差0.01扣1分		
	16	$\phi 54_{-0.021}^{0}$	4	超差0.01扣1分		
	17	$\phi 52_{0}^{+0.03}$	4	超差0.01扣1分		
	18	$\phi 40_{0}^{+0.03}$	4	超差0.01扣1分		
	19	$35_{0}^{+0.05}$	4	超差0.01扣1分		
	20	$19_{0}^{+0.05}$	4	超差0.01扣1分		
	21	$10_{0}^{+0.05}$	4	超差0.01扣1分		
	22	$M30 \times 1.5 - 6H$	4	超差全扣		
	23	一般尺寸及倒角	2	每错一处扣0.5分，不倒扣		
	24	$Ra1.6\mu m$	3	每错一处扣1分，不倒扣		
配合（10%）	25	配合尺寸1.1 ± 0.06	10	超差全扣		
其他	26	工件按时完成		每超时5min扣3分		
	27	工件无缺陷	倒扣	缺陷倒扣3分/处		
安全文明生产	28	安全操作		停止操作或酌情扣5~20分		

3. 准备清单

1）材料准备（表21-2）。

表 21-2　材料准备

名　称	规　格	数　量	要　求
45 钢	$\phi65mm \times 135mm$，$\phi65mm \times 38mm$	各 1 件/考生	车平两端面，去毛刺

2）工具、量具、刃具的准备参照表 15-3。

二、工艺分析及相关知识

1. 图样分析

1）图形分析：工件的加工图素主要有孔、内螺纹、外螺纹、圆弧回转面等。两零件轮廓的加工是独立完成，注意确保各单一尺寸精度等级和螺纹配合的松紧程度。

2）精度分析：加工尺寸公差等级多数为 IT7，表面粗糙度值均为 $Ra1.6\mu m$。配合间隙尺寸（1.1 ± 0.06）mm 的精度由单件的尺寸精度来保证。

2. 工艺分析

装夹方式和加工内容见表 21-3。

表 21-3　加工工艺流程表

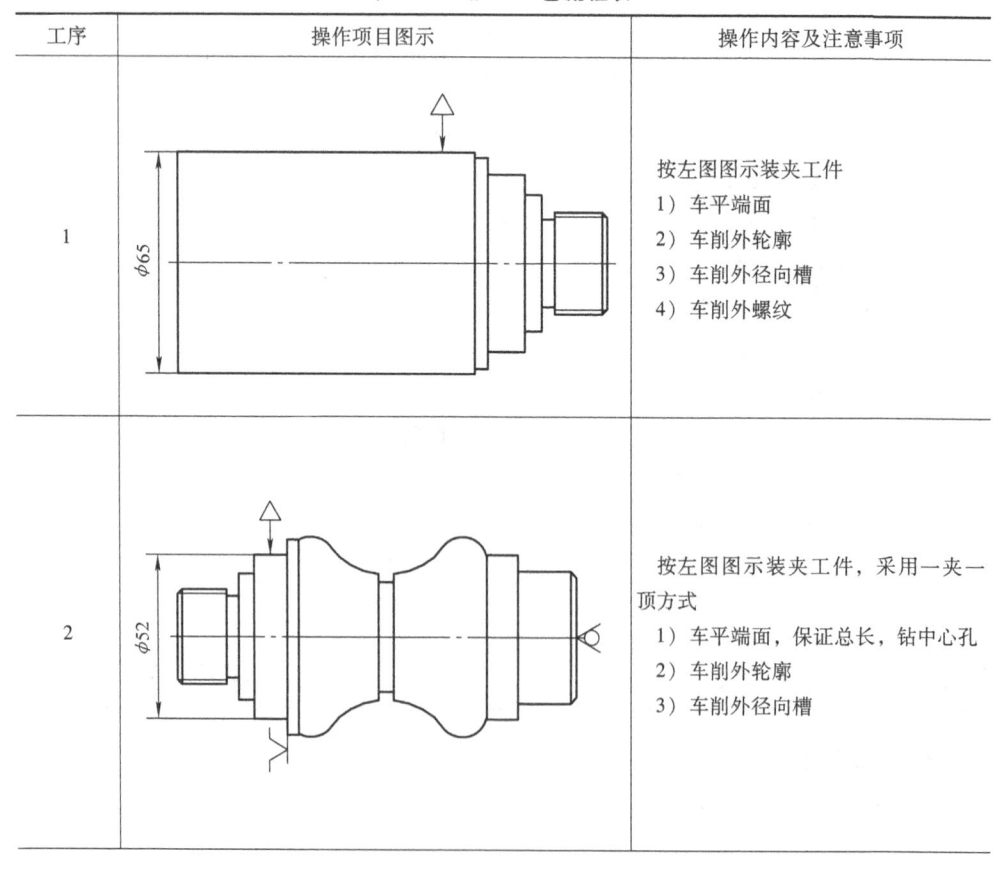

工序	操作项目图示	操作内容及注意事项
1	$\phi65$	按左图图示装夹工件 1）车平端面 2）车削外轮廓 3）车削外径向槽 4）车削外螺纹
2	$\phi52$	按左图图示装夹工件，采用一夹一顶方式 1）车平端面，保证总长，钻中心孔 2）车削外轮廓 3）车削外径向槽

工序	操作项目图示	操作内容及注意事项
3	φ65	按左图图示装夹工件 1) 车平端面 2) 车削外轮廓
4	φ54	按左图图示装夹工件 1) 车平端面，保证总长，钻中心孔 2) 钻孔 3) 车削外轮廓 4) 车孔 5) 车削内螺纹

3. 相关知识

（1）尺寸链的计算　图 21-2 虽然给出了一般尺寸，但要满足配合后的间隙尺寸要求，必须要计算出实际的尺寸公差值。图 21-3 尺寸链示意图中 $A_\Delta = (1.1 \pm 0.06)$ mm 是最后自然形成的尺寸，为封闭环，A_1 为增环，$A_2 = 10^{+0.05}_{0}$ 为减环。

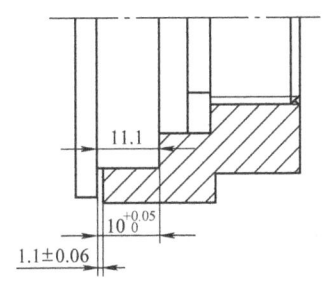

图 21-2　装配图

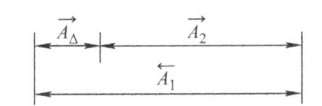

图 21-3　尺寸链示意图

封闭环的公称尺寸 $A_\Delta = A_1 - A_2 = A_1 - 10\text{mm} = 1.1\text{mm}$，计算出 $A_1 = 1.1\text{mm}$。

封闭环上极限尺寸：$A_{\Delta\max} = \sum m A_{i\max} - \sum n A_{i\min} = A_{1\max} - 10.05\text{mm} = 1.16\text{mm}$，计算出 $A_{1\max} = 11.21\text{mm}$。

封闭环下极限尺寸：$A_{\Delta min} = \sum mA_{imin} - \sum nA_{imax} = A_{1min} - 10.0mm = 1.04mm$，计算出 $A_{1min} = 11.04mm$。

可知，增环的尺寸 $A_1 = 11.1^{+0.11}_{-0.06}mm$。

(2) 椭圆曲线的加工

1) 加工凹椭圆轮廓时，以 Z 坐标作为自变量，取值范围为 17.97 ~ -17.97，X 坐标作为应变量。Z 坐标的增量为 -0.1，根据公式得出 $X = 15/20 * SQRT(400 - Z*Z)$，采用以上公式编程时，应注意曲线公式中的坐标值与工件坐标系中坐标值之间的转换。编程过程中使用的变量如下：

#1 或 R1：非圆曲线公式中的 Z 坐标值，初始值为 17.97。

#2 或 R2：非圆曲线公式中的 X 坐标值（半径量），初始值为 6.59。

#3 或 R3：非圆曲线在工件坐标系中的 Z 坐标值，其值为 #1 - 61.48。

#4 或 R4：非圆曲线在工件坐标系中的 X 坐标值（直径量），其值为 70 - #2 × 2。

2) 凹轮廓加工所选择刀具应有较大的副偏角（见图 21-4，最大干涉角度为 56.9°），以防止副切削刃与后刀面与所加工表面发生干涉，可采用 35°菱形刀，如图 21-5 所示，在装夹时适当地把主偏角增大（干涉角度为 14.18°），以防止产生过切现象。

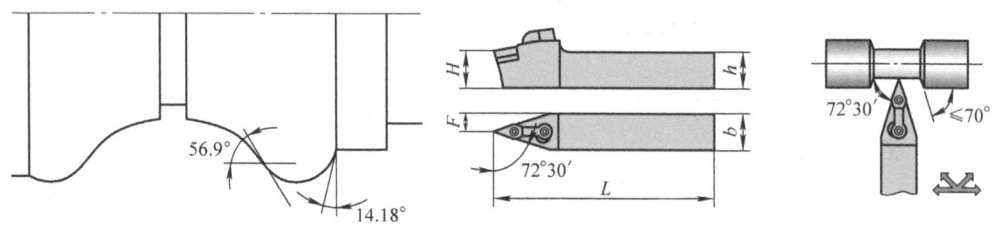

图 21-4　干涉角度

图 21-5　仿形外圆车刀

三、程序编制

选择工件的左、右端面回转中心作为编程原点，其加工程序见表 21-4。

表 21-4　职业技能鉴定样例 21 参考程序

FANUC 0i 系统程序	程序说明	华中系统程序
O0001;	加工件 1 右端外轮廓	O0001;
T0101;	换外圆车刀	T0101;
M03 S800;	主轴正转，转速为 800r/min	M03 S800;
G00 X66 Z2 M08;	到达目测检验点	G00 X66 Z2 M08;
G71 U1 R0.5;	粗车轮廓循环	; G71 U1.0 R0.5 P1 Q2 X0.5 Z0 F0.2;
G71 P1 Q2 U0.5 W0 F0.2;		

（续）

FANUC 0i 系统程序	程序说明	华中系统程序
N1 G42 G0 X24；		N1 G42 G0 X24；
G1 Z0 F0.1；		G1 Z0 F0.1；
X29.8 C1.5；		X29.8 C1.5；
Z-20；		Z-20；
X40 C0.3；		X40 C0.3；
Z-25；	加工轮廓描述	Z-25；
X52 C0.3；		X52 C0.3；
Z-36.1；		Z-36.1；
X62 C0.3；		X62 C0.3；
Z-39.91；		Z-39.91；
N2 G40 X66；		N2 G40 X66；
G0 X150 Z150；	退回安全位置	G0 X150 Z150；
M9 M5 M0；	程序暂停，测量	M9 M5 M30；
T0101；	设定精加工转速	
M3 S2000 M8；		
G0 X66 Z2；	到达目测检验点	
G70 P1 Q2；	精加工循环	
G0 X150 Z150；	退回安全位置，换切槽刀（刀宽3mm）	T0202 M3 S500；
T0202 M3 S500；		G0 X42 Z-19；
G0 X42 Z-19；		G01 X26 F0.1；
G75 R0.5；	径向槽加工	X42； Z-17； X26； X42；
G75 X26 Z-16 P2000 Q1000 F0.1；		Z-16； X26； X42；
G0 X32 Z-17.5；		G0 X32 Z-17.5；
G1 X29.8 F0.1；		G1 X29.8 F0.1；
X26.8 Z-19；		X26.8 Z-19；
G0 X42；	换外螺纹车刀	G0 X42；
G0 Z150；		G0 Z150；
T0303 M3 S800；		T0303 M3 S800；
G0 X32 Z3；		G0 X32 Z3；
G76 P010160 Q50 R0.05；	加工外螺纹	G76 C2 A60 X28.05 Z-18 K0.975 U0.1 V0.1 Q0.4 F1.5；
G76 X28.05 Z-18 P975 Q400 F1.5；		
G0 X150 Z150；	程序结束	G0 X150 Z150；
M5 M30；		M5 M30；

(续)

FANUC 0i 系统程序	程序说明	华中系统程序
O0002；	加工件1左端台阶	O0002；
T0101；	换外圆车刀	T0101；
M03 S800；	主轴正转，转速为 800r/min	M03 S800；
G00 X66 Z2 M08；	到达目测检验点	G00 X66 Z2 M08；
G71 U1.0 R0.5；	粗车轮廓循环	；G71 U1.0 R0.5 P1 Q2 X0.5 Z0 F0.2；
G71 P1 Q2 U0.5 W0 F0.2；		
N1 G42 G0 X36；	加工轮廓描述	N1 G42 G0 X36；
G1 Z0 F0.1；		G1 Z0 F0.1；
X42 C2；		X42 C2；
Z-19；		Z-19；
X40 C0.3；		X40 C0.3；
Z-29；		Z-29；
N2 G40 X66；		N2 G40 X66；
G0 X150 Z150；	退回安全位置	G0 X150 Z150；
M9 M5 M0；	程序暂停，测量	M9 M5 M30；
T0101；	设定精加工转速	
M3 S2000 M8；		
G0 X66 Z2；	到达目测检验点	
G70 P1 Q2；	精加工循环	
G0 X150 Z150；	程序结束	
M5 M30；		
O0003；	加工件1椭圆轮廓	O0003；
T0404；	换菱形外圆车刀	T0404；
M3 S800；	主轴正转，转速为 800r/min	M3 S800；
G0 X66 Z2 M8；	刀具移至目测安全位置	G0 X66 Z2 M8；
G73 U23 W0 R15；	粗车轮廓循环	；G71 U1.0 R0.5 P1 Q2 X0.3 Z0 F0.2；
G73 P1 Q2 U0.3 W0 F0.2；		
N1 G42 G0 Z-29；	加工轮廓描述	N1 G42 G0 Z-29；
G1 X52 F0.1；		G1 X52 F0.1；
G3 X56.822 Z-43.513 R8；		G3 X56.822 Z-43.513 R8；
#1=17.967；		#1=17.967；

(续)

FANUC 0i 系统程序	程序说明	华中系统程序
N5 #2 = 15/20 * SQRT [400 - #1 * #1];	加工轮廓描述	WHILE #1 GE [-17.967];
G1 X [70 - 2 * #2] Z [#1 - 61.48];		#2 = 15/20 * SQRT [400 - #1 * #1];
#1 = #1 - 0.1;		G1 X [70 - 2 * #2] Z [#1 - 61.48];
IF [#1 GE - 17.967] GOTO5;		#1 = #1 - 0.1;
X56.822 Z - 79.447;		ENDW;
G3 X62 Z - 90.09 R8;		X56.822 Z - 79.447;
N2 G40 G1 X62;		G3 X62 Z - 90.09 R8;
G0 X150 Z150;	退回安全位置	N2 G40 G1 X62;
M9 M5 M0;	程序暂停，测量	G0 X150 Z150;
T0404;	设定精加工转速	M9 M5 M30;
M3 S2000 M8;		
G0 X62 Z2;	到达目测检验点	T0202 M3 S500;
G70 P1 Q2;	精加工循环	G0 Z - 61.98;
G0 X150 Z150;	退回安全位置，换切槽刀（刀宽3mm）	X42;
T0202 M3 S500;		G1 X35 F0.05;
G0 Z - 61.98;		X42;
X42;		Z - 63.98;
G75 R0.5;	径向槽加工	X35;
G75 X35 Z - 63.98 P2000 Q2000 F0.1;		X42;
G0 X66;		G0 X66;
X150 Z150;	程序结束	X150 Z150;
M5 M30;		M5 M30;

四、样例小结

1）对于图样上未给出的尺寸或只给出基本尺寸的关键尺寸，需要通过尺寸链计算出合理的数值，确保能满足图样的配合要求。

2）图样中被其他因素分割成多个部分的同一图素，在实际编程中须看成一个整体。

职业技能鉴定样例22　端面槽配合件的加工

> **考核目标**
> 1. 正确选择可转位车刀及刀片。
> 2. 掌握端面槽的配合加工方法。
> 3. 掌握配合件加工工艺的编制方法。

一、考核要求及准备

1. 总体要求

按零件图（图22-1）完成加工操作，本题分值为100分，考核时间为240min。

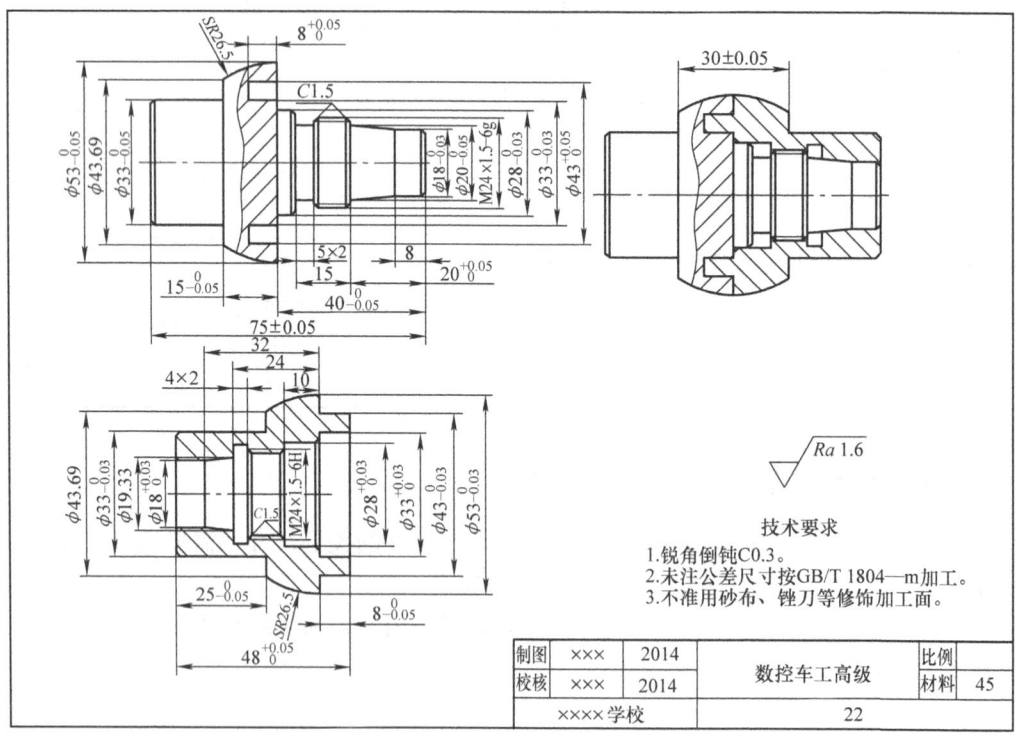

图22-1　零件图

图 22-1　零件图（续）

2. 评分标准（表 22-1）

表 22-1　职业技能鉴定样例 22 评分表　　　　　　　　（单位：mm）

工件编号				总得分			
项目与配分	序号	技术要求	配分	评分标准	检测记录	得分
件1（50%）	1	$\phi 53_{-0.05}^{0}$	3	超差 0.01 扣 1 分		
	2	$\phi 33_{-0.05}^{0}$	4	超差 0.01 扣 1 分		
	3	$\phi 43_{0}^{+0.05}$	3	超差 0.01 扣 1 分		
	4	$\phi 33_{-0.03}^{0}$	3	超差 0.01 扣 1 分		
	5	$\phi 28_{-0.03}^{0}$	3	超差 0.01 扣 1 分		
	6	$\phi 20_{-0.05}^{0}$	3	超差 0.01 扣 1 分		
	7	$\phi 18_{-0.03}^{0}$	3	超差 0.01 扣 1 分		
	8	M24×1.5-6g	4	超差全扣		
	9	5×2	2	超差全扣		
	10	75±0.05	3	超差 0.01 扣 1 分		
	11	$40_{-0.05}^{0}$	3	超差 0.01 扣 1 分		
	12	$20_{0}^{+0.05}$	3	超差 0.01 扣 1 分		
	13	$15_{-0.05}^{0}$	3	超差 0.01 扣 1 分		
	14	$8_{0}^{+0.05}$	3	超差 0.01 扣 1 分		
	15	SR26.5	2	超差全扣		
	16	一般尺寸及倒角	2	每错一处扣 0.5 分，不倒扣		
	17	$Ra1.6\mu m$	3	每错一处扣 1 分，不倒扣		
件2（40%）	18	$\phi 53_{-0.03}^{0}$	3	超差 0.01 扣 1 分		
	19	$\phi 43_{-0.03}^{0}$	3	超差 0.01 扣 1 分		
	20	$\phi 33_{0}^{+0.03}$	3	超差 0.01 扣 1 分		
	21	$\phi 28_{0}^{+0.03}$	3	超差 0.01 扣 1 分		
	22	$\phi 33_{-0.03}^{0}$	3	超差 0.01 扣 1 分		
	23	$\phi 18_{0}^{+0.03}$	3	超差 0.01 扣 1 分		

（续）

工件编号				总得分			
项目与配分	序号	技术要求	配分	评分标准		检测记录	得分
件2（40%）	24	内切槽4×2	2	超超差全扣			
	25	$48^{+0.05}_{0}$	3	超差0.01扣1分			
	26	$25^{0}_{-0.05}$	3	超差0.01扣1分			
	27	$8^{0}_{-0.05}$	3	超差0.01扣1分			
	28	M24×1.5-6H	4	超差全扣			
	29	SR26.5	2	超差全扣			
	30	一般尺寸及倒角	2	每错一处扣0.5分，不倒扣			
	31	Ra1.6μm	3	每错一处扣1分，不倒扣			
配合（10%）	32	配合尺寸30±0.05	10	超差全扣			
其他	33	工件按时完成	倒扣	每超时5min扣3分			
	34	工件无缺陷		缺陷倒扣3分/处			
安全文明生产	35	安全操作		停止操作或酌情扣5~20分			

3. 准备清单

1）材料准备（表22-2）。

表22-2　材料准备

名　称	规　格	数　量	要　求
45钢	φ55mm×78mm，φ55mm×50mm	各1件/考生	车平两端面，去毛刺

2）工具、量具、刃具时准备参照表15-3。

二、工艺分析及相关知识

1. 图样分析

1）图形分析：工件的加工图素主要有孔、内螺纹、外螺纹、圆弧回转面等。端面槽车刀的切入应综合考虑最大直径φ43mm和最小直径φ33mm，选择好刀杆后，在可能的情况下尽量从端面最大直径φ43mm处切入，逐渐切向小的直径φ33mm。件1和件2的单一尺寸的要控制在规定的公差内，重点需要保证的尺寸有φ43mm、φ33mm、φ28mm、内圆锥、外圆锥、内螺纹、外螺纹，只有在保证各尺寸精度的前提下，配合完整有效，才能加工出SR26.5球面圆弧轮廓，使其光滑完整。

2）精度分析：加工尺寸公差等级多数为IT7，表面粗糙度值均为Ra1.6μm。组合间隙尺寸（1.1±0.06）mm的精度由单件的尺寸精度来保证。

2. 工艺分析

装夹方式和加工内容见表22-3。

表 22-3　加工工艺流程表

工序	操作项目图示	操作内容及注意事项
1	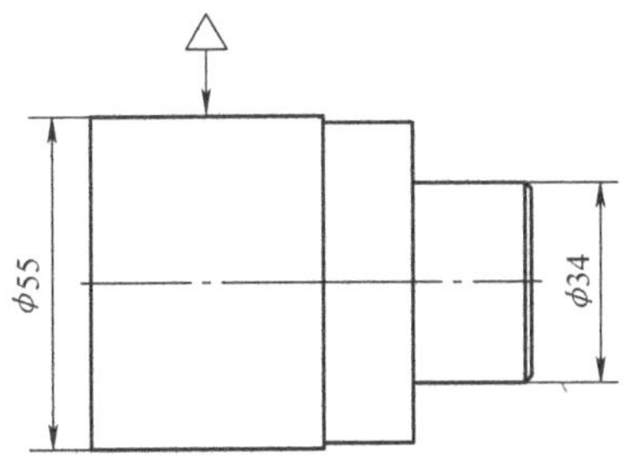 （图示：$\phi55$、$\phi34$ 阶梯轴）	按左图图示装夹工件 1）车平端面 2）车削外轮廓
2	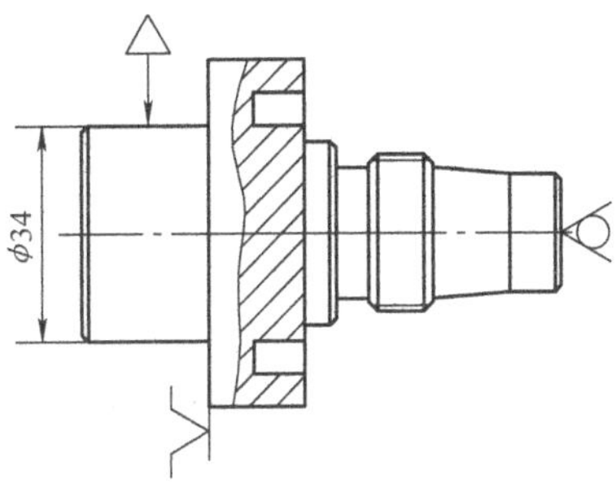 （图示：$\phi34$ 带中心孔工件）	按左图图示装夹工件，采用一夹一顶方式 1）车平端面，保证总长，钻中心孔 2）车削外轮廓 3）车削外径向槽 4）车削外螺纹 5）车削端面槽
3	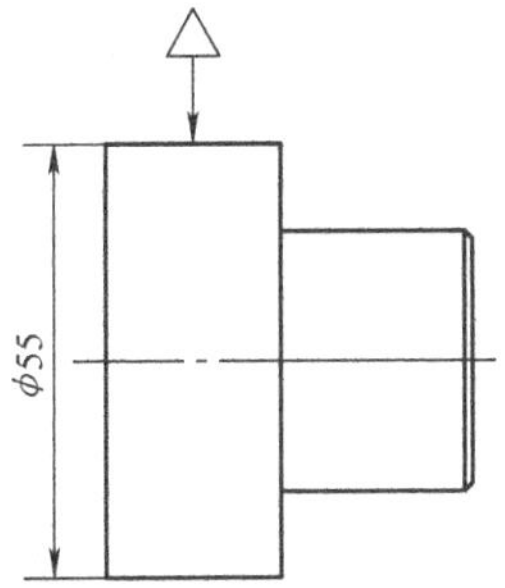 （图示：$\phi55$ 阶梯工件）	按左图图示装夹工件 1）车平端面 2）车削外轮廓
4	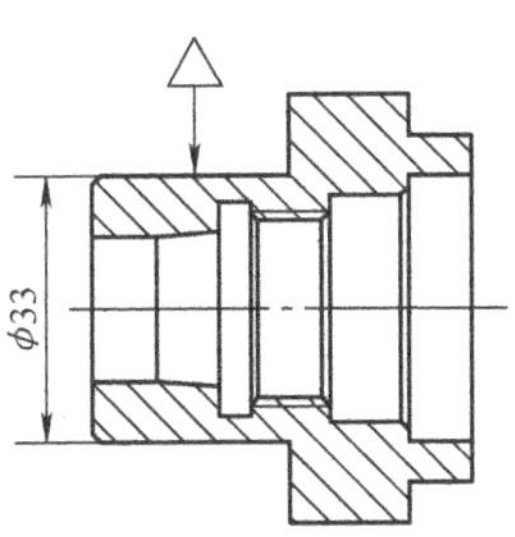 （图示：$\phi33$ 内孔工件）	按左图图示装夹工件 1）车平端面，保证总长，钻中心孔 2）钻孔 3）车削外轮廓 4）车削内轮廓 5）车削内沟槽 6）车削内螺纹

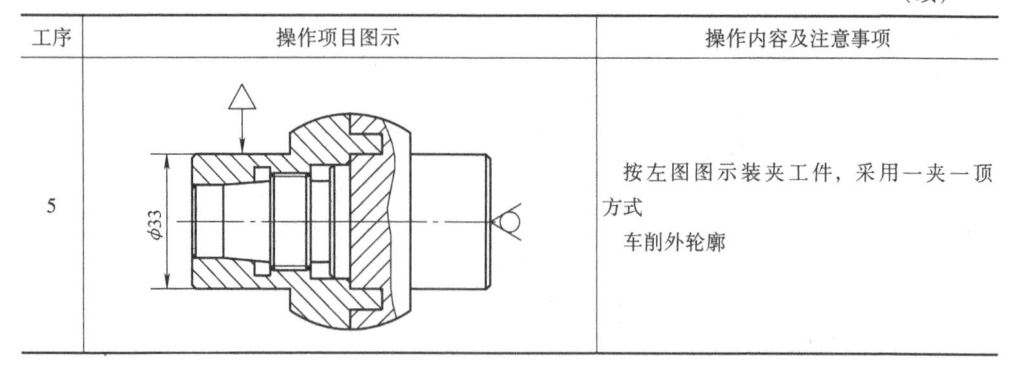

(续)

工序	操作项目图示	操作内容及注意事项
5		按左图图示装夹工件，采用一夹一顶方式 车削外轮廓

3. 相关知识

$R26.5$ 圆弧的加工：加工圆弧曲线时，需验证所用刀具的副偏角，通过 CAD 作图，可得知加工用刀具的副偏角大于 34.47°即可，选用刀尖角为 35°或 55°的外圆菱形车刀均可。

三、程序编制

选择工件的左、右端面回转中心作为编程原点，其加工程序见表 22-4。

表 22-4　职业技能鉴定样例 22 参考程序

FANUC 0i 系统程序	程序说明	华中系统程序
O0001；	加工件 1 右端外轮廓	O0001；
T0101；	换外圆车刀	T0101；
M03 S800；	主轴正转，转速为 800r/min	M03 S800；
G00 X56 Z2 M08；	到达目测检验点	G00 X56 Z2 M08；
G71 U1 R0.5；	粗车轮廓循环	；G71 U1.0 R0.5 P1 Q2 X0.5 Z0 F0.2；
G71 P1 Q2 U0.5 W0 F0.2；		
N1 G42 G0 X14；	加工轮廓描述	N1 G42 G0 X14；
G1 Z0 F0.1；		G1 Z0 F0.1；
X18 C1；		X18 C1；
Z-8；		Z-8；
X20 Z-20；		X20 Z-20；
X23.8 C1.5；		X23.8 C1.5；
Z-35；		Z-35；
X28 C1；		X28 C1；
Z-40；		Z-40；
X53 C0.3；		X53 C0.3；
N2 G40 X56；		N2 G40 X56；

职业技能鉴定样例22　端面槽配合件的加工　　225

（续）

FANUC 0i 系统程序	程序说明	华中系统程序
G0 X150 Z150;	退回安全位置	G0 X150 Z150;
M9 M5 M0;	程序暂停，测量	M9 M5 M30;
T0101;	设定精加工转速	
M3 S2000 M8;		
G0 X56 Z2;	到达目测检验点	T0202 M3 S500;
G70 P1 Q2;	精加工循环	G0 X30 Z-33;
G0 X150 Z150;		G1 X19.8 F0.1;
T0202 M3 S500;	退回安全位置，换切槽刀（刀宽3mm）	X30;
G0 X30 Z-33;		Z-35;
G75 R0.5;		X19.8;
G75 X19.8 Z-35 P1500 Q2000 F0.1;		X30;
G0 X30 Z-31.5;	径向槽加工	G0 X30 Z-31.5;
G1 X23.8 F0.1;		G1 X23.8 F0.1;
X20.8 Z-33;		X20.8 Z-33;
G0 X32;		G0 X32;
G0 Z150;	换外螺纹车刀	G0 Z150;
T0303 M3 S1000;		T0303 M3 S1000;
X26 Z-17;		X26 Z-17;
G76 P010160 Q50 R0.05;	加工外螺纹	G76 C2 A60 X22.05 Z-33 K0.975 U0.1 V0.1 Q0.4 F1.5;
G76 X22.05 Z-33 P975 Q400 F1.5;		
G0 X150 Z150;	程序结束	G0 X150 Z150;
M5 M30;		M5 M30;
O0002;	加工件1 端面槽	O0002;
T0404;	换端面车刀	T0404;
M03 S500;	主轴正转，转速为800r/min	M03 S500;
G00 X43 Z2 M08;	到达目测检验点	G00 X43 Z2 M08;
G74 R0.5;	径向槽加工	G01 Z-10 F0.05; Z2; X39; Z-10; Z2;
G74 X36 Z-10 P2000 Q2000 F0.1;		X36; Z-10; Z2;
G0 X150 Z150;	程序结束	G0 X150 Z150;
M5 M30;		M5 M30;
O0003;	加工配合后的 $SR26.5mm$ 轮廓	O0003;

(续)

FANUC 0i 系统程序	程序说明	华中系统程序
T0505;	换菱形外圆车刀	T0505;
M3 S800;	主轴正转，转速为 800r/min	M3 S800;
G0 X56 Z2 M8;	刀具移至目测安全位置	G0 X56 Z2 M8;
G73 U6 W0 R3;	粗车轮廓循环	; G71 U1.0 R0.5 P1 Q2 X0.3 Z0 F0.2;
G73 P1 Q2 U0.3 W0 F0.2;		
N1 G42 G0 X43.69;	加工轮廓描述	N1 G42 G0 X43.69;
G1 Z0 F0.1;		G1 Z0 F0.1;
G3 Z-30 R26.5;		G3 Z-30 R26.5;
N2 G40 G1 X56;		N2 G40 G1 X56;
G0 X150 Z150;	退回安全位置 程序暂停，测量	G0 X150 Z150;
M9 M5 M0;		M9 M5 M30;
T0505;	设定精加工转速	
M3 S2000 M8;		
G0 X56 Z2;	到达目测检验点	
G70 P1 Q2;	精加工循环	
X150 Z150;		
M5 M30;	程序结束	

四、样例小结

图样中 $SR26.5$mm 球面圆弧轮廓在其他轮廓全部完成后，配合加工而成。

职业技能鉴定样例23　梯形螺纹配合件的加工

考核目标
1. 正确选择可转位车刀及刀片。
2. 掌握梯形螺纹的编制加工方法。
3. 二次曲线轮廓的编制加工方法。
4. 掌握配合件加工工艺的编制方法。

一、考核要求及准备

1. 总体要求

按零件图（图23-1）完成加工操作，本题分值为100分，考核时间为240min。

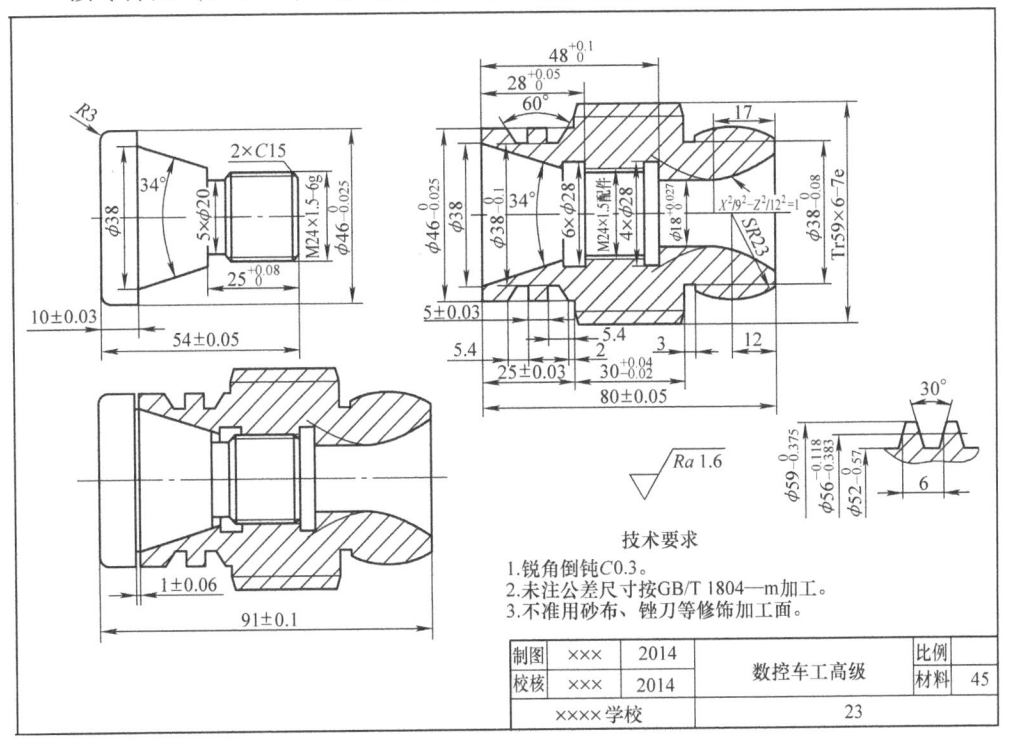

图23-1　零件图

图 23-1　零件图（续）

2. 评分标准（表 23-1）

表 23-1　职业技能鉴定样例 23 评分表

项目与配分	序号	技术要求	配分	评分标准	检测记录	得分
件1（26%）	1	$\phi 46_{-0.025}^{0}$	4	超差 0.01 扣 1 分		
	2	$M24 \times 1.5 - 6g$	4	超差全扣		
	3	$5 \times \phi 20$	3	超差全扣		
	4	54 ± 0.05	3	超差 0.01 扣 1 分		
	5	10 ± 0.03	3	超差 0.01 扣 1 分		
	6	$25_{0}^{+0.08}$	3	超差 0.01 扣 1 分		
	7	$R3, 34°, C1.5$	3	每错一处扣 1 分		
	8	$Ra1.6\mu m$	3	每错一处扣 1 分，不倒扣		
件2（62%）	9	$\phi 46_{-0.025}^{0}$	4	超差 0.01 扣 1 分		
	10	$\phi 38_{-0.08}^{0}$	4	超差 0.01 扣 1 分		
	11	$\phi 18_{0}^{+0.027}$	4	超差 0.01 扣 1 分		
	12	$\phi 38_{-0.1}^{0}$	4	超差 0.01 扣 1 分		
	13	$34°, 60°$	2	每错一处扣 1 分		
	14	内切槽 $4 \times \phi 28$	2	超差全扣		
	15	$6 \times \phi 28$	2	超差全扣		
	16	80 ± 0.05	3	超差 0.01 扣 1 分		
	17	25 ± 0.03	3	超差 0.01 扣 1 分		
	18	$30_{-0.02}^{+0.04}$	3	超差 0.01 扣 1 分		
	19	5 ± 0.03	3	超差 0.01 扣 1 分		
	20	$48_{0}^{+0.1}$	2	超差 0.01 扣 1 分		
	21	$28_{0}^{+0.05}$	3	超差 0.01 扣 1 分		
	22	$M24 \times 1.5$	4	超差全扣		
	23	$Tr59 \times 6 - 7e$	8	超差全扣		

(续)

工件编号			总得分			
项目与配分	序号	技术要求	配分	评分标准	检测记录	得分
件2（62%）	24	SR23	2	超差全扣		
	25	$X^2/9^2 - Z^2/12^2 = 1$	4	超差全扣		
	26	一般尺寸及倒角	2	每错一处扣0.5分，不倒扣		
	27	Ra1.6μm	3	每错一处扣1分，不倒扣		
配合（12%）	28	配合尺寸91±0.1	5	超差全扣		
	29	1±0.06	7	超差全扣		
其他	30	工件按时完成	倒扣	每超时5min扣3分		
	31	工件无缺陷		缺陷倒扣3分/处		
安全文明生产	32	安全操作		停止操作或酌情扣5~20分		

3. 准备清单

1) 材料准备（表23-2）。

表23-2 材料准备

名 称	规 格	数 量	要 求
45钢	φ50mm×55mm，φ60mm×82mm	各1件/考生	车平两端面，去毛刺

2) 工具、量具、刃具的准备参照表15-3。

二、工艺分析及相关知识

1. 图样分析

工件的公差等级多数为IT7，从图样上看，对加工的技能要求较高，图样中包含多个要素，相互关联尺寸多。该零件加工要素为：孔、锥孔、梯形槽、内三角形螺纹、外三角形螺纹、梯形螺纹、双曲线等。配合间隙（1±0.06）mm的尺寸需要在进行内锥粗加工后，通过件1与件2配合的实时测量获得误差值，综合计算，再进行精加工以保证满足尺寸要求。

2. 工艺分析

装夹方式和加工内容见表23-3。

3. 相关知识

加工双曲线轮廓，以Z坐标作为自变量，取值范围为17.0~-17.0，X坐标作为应变量。Z坐标的增量为-0.1，根据公式得出$X = 9/12 * \text{SQRT}(144 + Z * Z)$，采用该公式编程时，应注意曲线公式中的坐标值与工件坐标系中坐标值之间的转换。编程过程中使用的变量如下：

#1 或 R1：非圆曲线公式中的Z坐标值，初始值为17.0。

#2 或 R2：非圆曲线公式中的X坐标值（半径量），初始值为15.61。

表 23-3　加工工艺流程表

工序	操作项目图示	操作内容及注意事项
1	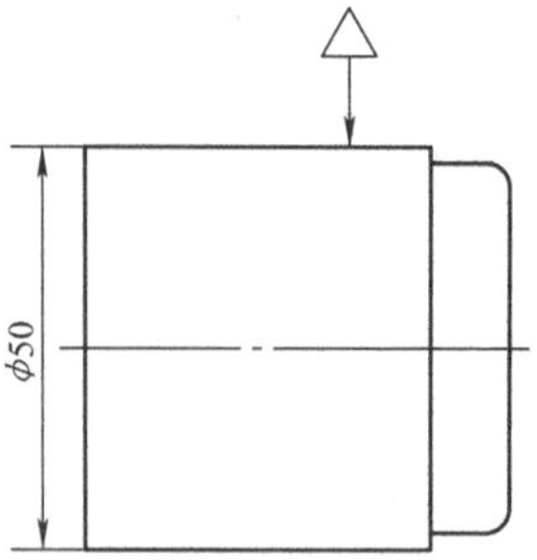 $\phi 50$	按左图图示装夹工件 1）车平端面 2）车削外轮廓
2	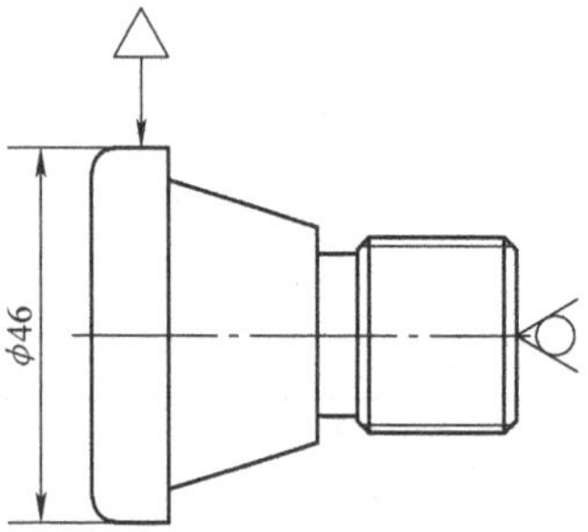 $\phi 46$	按左图图示装夹工件，采用一夹一顶方式 1）车平端面，保证总长，钻中心孔 2）车削外轮廓 3）车削外径向槽 4）车削外螺纹 5）车削端面槽
3	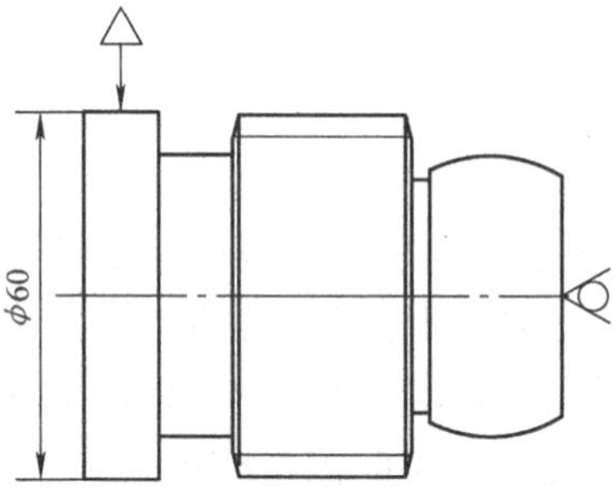 $\phi 60$	按左图图示装夹工件，采用一夹一顶方式 1）车平端面，钻中心孔 2）车削外轮廓 3）车削外径向槽 4）车削梯形螺纹
4	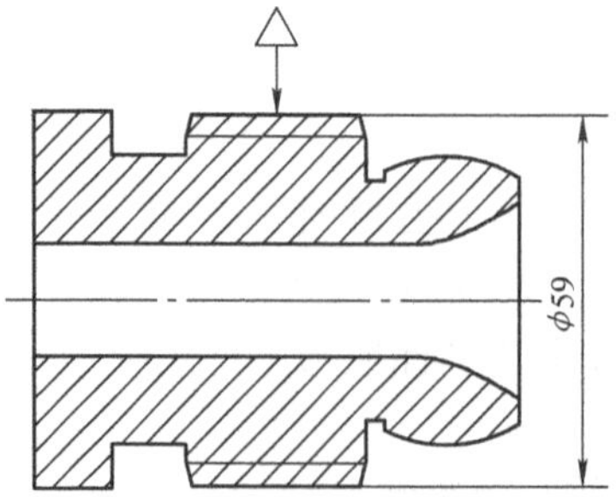 $\phi 59$	按左图图示装夹工件 1）钻孔 2）车削内轮廓

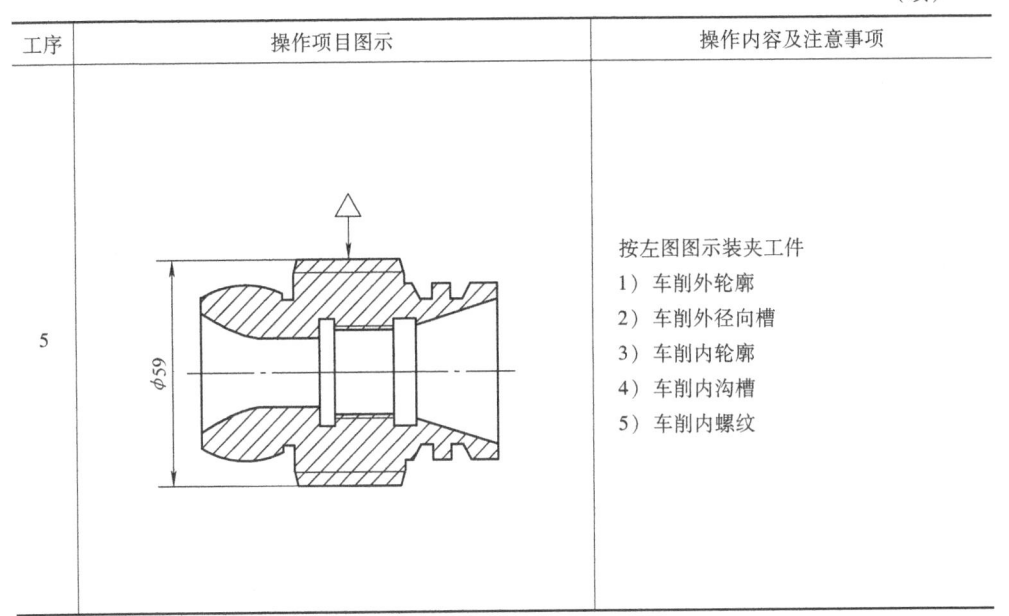

工序	操作项目图示	操作内容及注意事项
5		按左图图示装夹工件 1）车削外轮廓 2）车削外径向槽 3）车削内轮廓 4）车削内沟槽 5）车削内螺纹

#3 或 R3：非圆曲线在工件坐标系中的 Z 坐标值，其值为 #1 – 17.0。

#4 或 R4：非圆曲线在工件坐标系中的 X 坐标值（直径量），其值为 #2×2。

三、程序编制

选择工件的左、右端面回转中心作为编程原点，其加工程序见表23-4。

表 23-4　职业技能鉴定样例 23 参考程序

FANUC 0i 系统程序	程序说明	华中系统程序
O0001;	加工件2右端外轮廓	O0001;
T0101;	换外圆车刀	T0101;
M03 S800;	主轴正转，转速为 800r/min	M03 S800;
G00 X62 Z2 M08;	到达目测检验点	G00 X62 Z2 M08;
G71 U1 R0.5;	粗车轮廓循环	; G71 U1.0 R0.5 P1 Q2 X0.3 Z0 F0.2;
G71 P1 Q2 U0.3 W0 F0.2;		
N1 G42 G0 X48;	加工轮廓描述	N1 G42 G0 X48;
G1 Z – 25 F0.1;		G1 Z – 25 F0.1;
X51;		X51;
X58.8 Z – 26.5;		X58.8 Z – 26.5;
Z – 56;		Z – 56;
N2 G40 X62;		N2 G40 X62;

(续)

FANUC 0i 系统程序	程序说明	华中系统程序
G0 X150 Z150;	退回安全位置	G0 X150 Z150;
M9 M5 M0;	程序暂停，测量	M9 M5 M30;
T0101;	设定精加工转速	
M3 S2000 M8;		
G0 X62 Z2;	到达目测检验点	
G70 P1 Q2;	精加工循环	
G0 X150 Z150;	退回安全位置，换切槽刀（刀宽3mm）	T0202 M3 S500;
T0202 M3 S500;		G0 X48 Z-25;
G0 X48 Z-25;		G1 X43 F0.1;
G1 X43 F0.1;	径向槽加工	X44;
X44;		X38;
X38;		G1 X48;
G1 X48;		G0 X62;
G0 X62;		Z-58;
Z-58;		G1 X47 F0.1;
G75 R0.5;		X62; Z-60.5; X47;
G75 X47 Z-63 P2000 Q2500 F0.1;		X62; Z-63; X47; X62;
G0 Z150;	换外螺纹车刀	G0 Z150;
T0303 M3 S1000;		T0303 M3 S1000;
X60 Z-18;	加工梯形螺纹	X60 Z-18;
G76 P010130 Q20 R0.05;		G76 C2 A30 X52 Z-58 K3.5 U0.1 V0.1 Q0.4 F6;
G76 X52 Z-58 P3500 Q400 F6;		
G0 X150 Z150;	程序结束	G0 X150 Z150;
M5 M30;		M5 M30;
O0002;	加工 SR23mm 球面圆弧轮廓	O0002;
T0404;	换菱形外圆车刀	T0404;
M3 S800;	主轴正转，转速为 800r/min	M3 S800;
G0 X48 Z2 M8;	刀具移至目测安全位置	G0 X48 Z2 M8;
G73 U4 W0 R2;	粗车轮廓循环	; G71 U1.0 R0.5 P1 Q2 X0.3 Z0 F0.2;
G73 P1 Q2 U0.3 W0 F0.2;		
N1 G42 G0 X39.24;	加工轮廓描述	N1 G42 G0 X39.24;
G1 Z0 F0.1;		G1 Z0 F0.1;
G3 Z-22 R23;		G3 Z-22 R23;
N2 G40 G1 X48;		N2 G40 G1 X48;

(续)

FANUC 0i 系统程序	程序说明	华中系统程序
G0 X150 Z150;	退回安全位置	G0 X150 Z150;
M9 M5 M0;	程序暂停，测量	M9 M5 M30;
T0404;	设定精加工转速	
M3 S2000 M8;		
G0 X48 Z2;	到达目测检验点	
G70 P1 Q2;	精加工循环	
G0 X150 Z150;	程序结束	
M5 M30;		
O0003;	加工件2的二次曲线内轮廓	O0003;
T0505;	换内孔车刀	T0505;
M03 S800;	主轴正转，转速为800r/min	M03 S800;
G00 X16 Z2 M08;	到达目测检验点	G00 X16 Z2 M08;
G73 U7 W0 R5;	粗车轮廓循环	; G71 U1.0 R0.5 P1 Q2 X-0.3 Z0 F0.2;
G73 P1 Q2 U-0.3 W0 F0.2;		
N1 G42 G0 X31.21;	加工轮廓描述	N1 G42 G0 X31.21;
G1 Z0 F0.1;		G1 Z0 F0.1;
#1=17;		#1=17;
N5 #2=9/12*SQRT[144+#1*#1];		WHILE #1 GE [0];
G1 X[2*#2] Z[#1-17];		#2=9/12*SQRT[144+#1*#1];
#1=#1-0.2;		G1 X[2*#2] Z[#1-17];
IF[#1GE0] GOTO5;		#1=#1-0.2;
X18;		ENDW;
Z-35;		X18;
N2 G40 X16;		Z-35;
G0 X150 Z150;	退回安全位置	N2 G40 X16;
M9 M5 M0;	程序暂停，测量	G0 X150 Z150;
T0505;	设定精加工转速	M9 M5 M30;
M3 S2000 M8;		
G0 X16 Z2;	到达目测检验点	
G70 P1 Q2;	精加工循环	
G0 X150 Z150;	程序结束	
M5 M30;		

(续)

FANUC 0i 系统程序	程序说明	华中系统程序
O0004;	加工件2左端外轮廓	O0004;
T0101;	换外圆车刀	T0101;
M03 S800;	主轴正转，转速为800r/min	M03 S800;
G00 X62 Z2 M08;	到达目测检验点	G00 X62 Z2 M08;
G71 U1 R0.5;	粗车轮廓循环	; G71 U1.0 R0.5 P1 Q2 X0.3 Z0 F0.2;
G71 P1 Q2 U0.3 W0 F0.2;		
N1 G42 G0 X40;	加工轮廓描述	N1 G42 G0 X40;
G1 Z0 F0.1;		G1 Z0 F0.1;
X46 C0.3;		X46 C0.3;
Z-25;		Z-25;
X51;		X51;
X58.8 Z-26.5;		X58.8 Z-26.5;
N2 G40 X62;		N2 G40 X62;
G0 X150 Z150;	退回安全位置	G0 X150 Z150;
M9 M5 M0;	程序暂停，测量	M9 M5 M30;
T0101;	设定精加工转速	
M3 S2000 M8;		
G0 X62 Z2;	到达目测检验点	
G70 P1 Q2;	精加工循环	
G0 X150 Z150;	退回安全位置，换切槽刀（刀宽3mm）	
T0202 M3 S500;		T0202 M3 S500;
G0 X48 Z-12.6;		G0 X48 Z-12.6;
G1 X38 F0.1;	梯形槽加工	G1 X38 F0.1;
X46;		X46;
Z-10.2;		Z-10.2;
X38 Z-12.51;		X38 Z-12.51;
G0 X48;		G0 X48;
Z-20.6;		Z-20.6;
G1 X38 F0.1;		G1 X38 F0.1;
X46;		X46;
Z-23;		Z-23;
X38 Z-20.69;		X38 Z-20.69;
G0 X48;		G0 X48;

(续)

FANUC 0i 系统程序	程序说明	华中系统程序
G0 X150 Z150;	程序结束	G0 X150 Z150;
M5 M30;		M5 M30;
O0005;	加工件2左端内轮廓	O0005;
T0505;	换车孔刀	T0505;
M3 S800;	主轴正转，转速为800r/min	M3 S800;
G0 X16 Z2 M8;	刀具移至目测安全位置	G0 X16 Z2 M8;
G71 U1 R0.3;	粗车轮廓循环	; G71 U1.0 R0.3 P1 Q2 X-0.3 Z0 F0.2;
G71 P1 Q2 U-0.3 W0 F0.2;		
N1 G42 G0 X38;	加工轮廓描述	N1 G42 G0 X38;
G1 Z0 F0.1;		G1 Z0 F0.1;
X24.55 Z-22;		X24.55 Z-22;
Z-28;		Z-28;
X22.2 C1;		X22.2 C1;
Z-48;		Z-48;
X18 C0.3;		X18 C0.3;
N2 G40 G1 X16;		N2 G40 G1 X16;
G0 X150 Z150;	退回安全位置	G0 X150 Z150;
M9 M5 M0;	程序暂停，测量	M9 M5 M30;
T0505;	设定精加工转速	
M3 S2000 M8;		
G0 X16 Z2;	到达目测检验点	
G70 P1 Q2;	精加工孔轮廓	T0606 M3 S500;
G0 Z150;	换内槽车刀（刀宽3mm）	G0 X16;
T0606 M3 S500;		Z-25;
G0 X16;	切内槽	G1 X28 F01;
Z-25;		X16; Z-26.5;
G75 R0.5;		X28; X16; Z-28; X28; X16;
G75 X28 Z-28 P1500 Q1500 F0.1;		G0 X16 Z-47;
G0 X16 Z-47;		G01 X28 F0.05;
G75 R0.5;		X16; Z-48;
G75 X28 Z-48 P1500 Q1000 F0.1;		X28; X16;

(续)

FANUC 0i 系统程序	程序说明	华中系统程序
G0 Z150；	换内螺纹车刀	G0 Z150；
T0707 M3 S1000；		T0707 M3 S1000；
G0 X21 Z2；	加工内螺纹	G0 X21 Z2；
Z-26；		Z-26；
G76 P010160 Q50 R0.1；		G76 C2 A60 X24 Z-46 K0.975
G76 X24 Z-46 P975 Q400 F1.5；		U0.1 V0.1 Q0.4 F1.5；
G0 X150 Z150；	程序结束	G0 X150 Z150；
M5 M30；		M5 M30；

四、样例小结

工件加工中应注意工序的划分，一般先加工简单件，后加工复杂件，便于工件在加工中试装配和检验尺寸。

职业技能鉴定样例24　正弦曲线配合件的加工

考核目标
1. 正确选择可转位车刀及刀片。
2. 掌握工艺螺纹的加工方法。
3. 掌握正弦曲线的编制加工。
4. 掌握配合件加工工艺的编制方法。

一、考核要求及准备

1. 总体要求

按零件图（图24-1）完成加工操作，本题分值为100分，考核时间为240min。

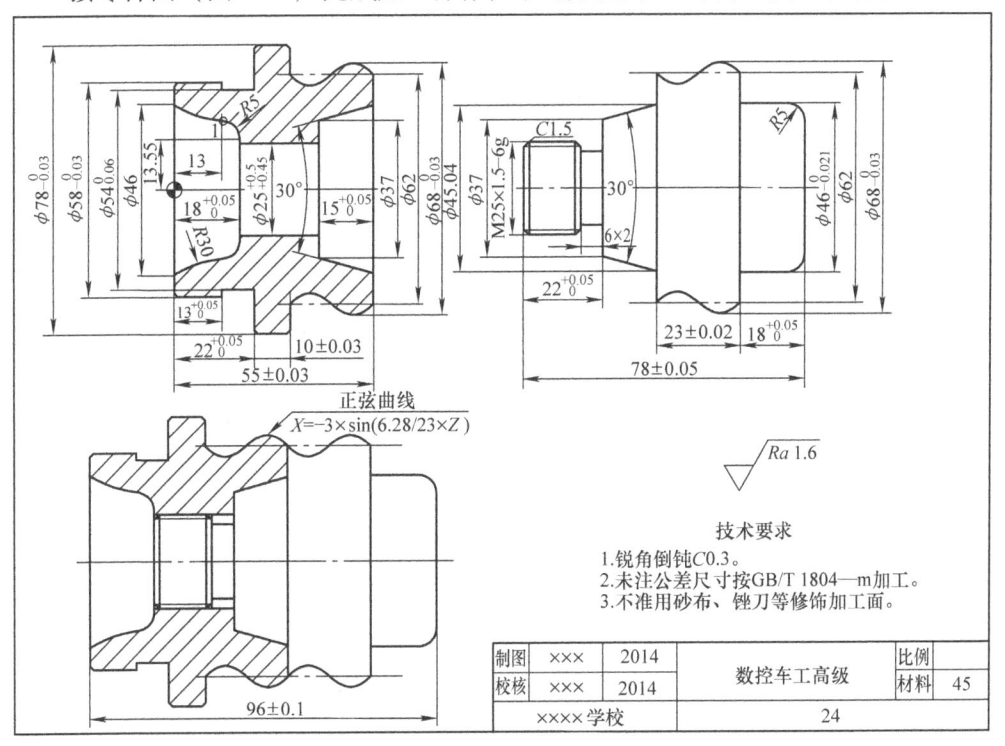

正弦曲线

$$X=-3\times\sin(6.28/23\times Z)$$

技术要求
1. 锐角倒钝C0.3。
2. 未注公差尺寸按GB/T 1804—m加工。
3. 不准用砂布、锉刀等修饰加工面。

图 24-1　零件图

图 24-1　零件图（续）

2. 评分标准（表 24-1）

表 24-1　职业技能鉴定样例 24 评分表

工件编号			总得分		
项目与配分	序号	技术要求	配分	评分标准	检测记录	得分
件 1（49%）	1	$\phi 78_{-0.03}^{0}$	5	超差 0.01 扣 1 分		
	2	$\phi 58_{-0.03}^{0}$	5	超差 0.01 扣 1 分		
	3	$\phi 54_{-0.06}^{0}$	4	超差 0.01 扣 1 分		
	4	$\phi 68_{-0.03}^{0}$	4	超差 0.01 扣 1 分		
	5	$\phi 25_{+0.45}^{+0.5}$	5	超差 0.01 扣 1 分		
	6	55±0.03	3	超差 0.01 扣 1 分		
	7	$22_{0}^{+0.05}$	3	超差 0.01 扣 1 分		
	8	$13_{0}^{+0.05}$	3	超差 0.01 扣 1 分		
	9	10±0.03	3	超差 0.01 扣 1 分		
	10	$18_{0}^{+0.05}$	3	超差 0.01 扣 1 分		
	11	$15_{0}^{+0.05}$	3	超差 0.01 扣 1 分		
	12	R5，R30，30°	3	每错一处扣 1 分		
	13	一般尺寸及倒角	2	每错一处扣 0.5 分，不倒扣		
	14	Ra1.6μm	3	每错一处扣 1 分，不倒扣		
件 2（36%）	15	$\phi 68_{-0.03}^{0}$	5	超差 0.01 扣 1 分		
	16	$\phi 46_{-0.021}^{0}$	5	超差 0.01 扣 1 分		
	17	6×2	3	超差全扣		
	18	78±0.05	3	超差 0.01 扣 1 分		
	19	$22_{0}^{+0.05}$	3	超差 0.01 扣 1 分		
	20	23±0.02	3	超差 0.01 扣 1 分		
	21	$18_{0}^{+0.05}$	3	超差 0.01 扣 1 分		
	22	M25×1.5-6g	4	超差全扣		
	23	R5，30°	2	每错一处扣 1 分		

(续)

工件编号			总得分			
项目与配分	序号	技术要求	配分	评分标准	检测记录	得分
件2（36%）	24	一般尺寸及倒角	2	每错一处扣0.5分，不倒扣		
	25	$Ra1.6\mu m$	3	每错一处扣1分，不倒扣		
配合（15%）	26	配合尺寸96±0.1	5	超差全扣		
	27	$X = -3 \times \sin(6.28/23 \times Z)$	10	超差全扣		
其他	28	工件按时完成	倒扣	每超时5min扣3分		
	29	工件无缺陷		缺陷倒扣3分/处		
安全文明生产	30	安全操作		停止操作或酌情扣5～20分		

3. 准备清单

1) 材料准备（表24-2）。

表24-2 材料准备

名　称	规　格	数　量	要　求
45钢	$\phi80mm \times 57mm$，$\phi70mm \times 80mm$	各1件/考生	车平两端面，去毛刺

2) 工具、量具、刃具的准备参照表15-3。

二、工艺分析及相关知识

1. 图样分析

零件的公差等级多数为IT7，对加工的技能要求较高，图样中包含多个要素，相互关联尺寸多。该零件加工要素为：孔、锥孔、外三角形螺纹、正弦曲线等。正弦曲线轮廓的加工，需要借助工艺螺纹。

2. 工艺分析

装夹方式和加工内容见表24-3。

表24-3 加工工艺流程表

工序	操作项目图示	操作内容及注意事项
1	$\phi70$	按左图图示装夹工件 1) 车平端面 2) 车削外轮廓

(续)

工序	操作项目图示	操作内容及注意事项
2	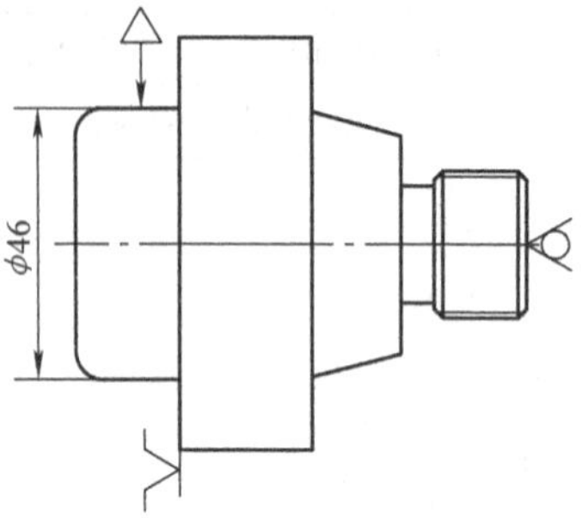 φ46	按左图图示装夹工件，采用一夹一顶方式 1）车平端面，保证总长，钻中心孔 2）车削外轮廓 3）车削外径向槽 4）车削外螺纹
3	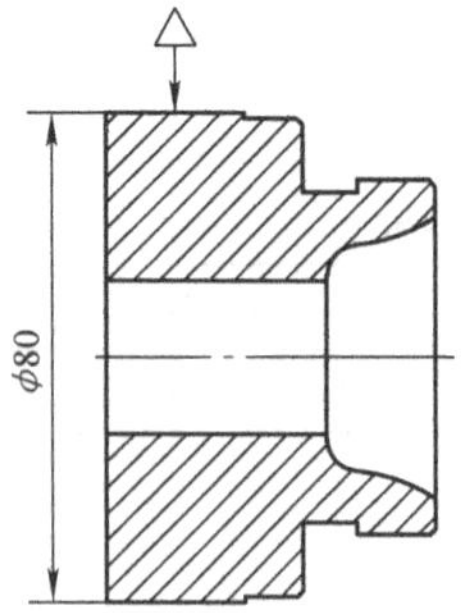 φ80	按左图图示装夹工件 1）车平端面，钻中心孔 2）钻孔 3）车削外轮廓 4）车削外径向槽 5）车削内轮廓
4	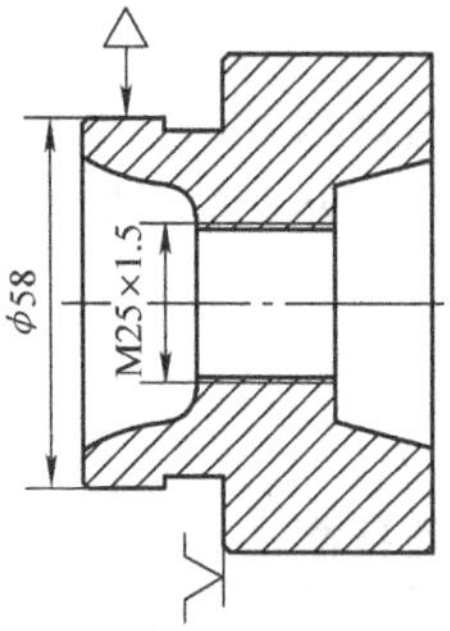 φ58 M25×1.5	按左图图示装夹工件 1）车平端面，保证总长 2）车削内轮廓 3）车削工艺内螺纹
5	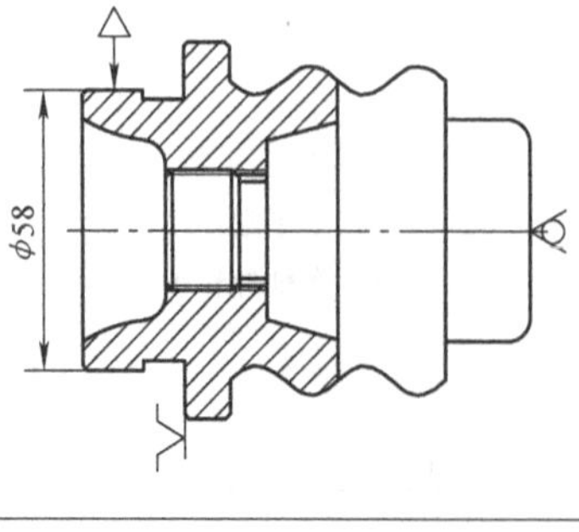 φ58	按左图图示装夹工件，采用一夹一顶方式 车削外轮廓

工序	操作项目图示	操作内容及注意事项
6	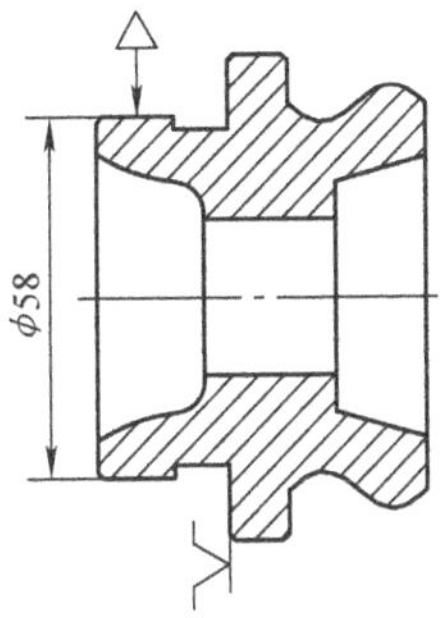 （φ58 示意图）	按左图图示装夹工件 车孔（去除工艺内螺纹）

3. 相关知识

1）工艺螺纹。正弦轮廓加工时，如采用单件方法加工，则工件装夹不合理或达不到加工要求而无法进行正确的加工。为此，加工完件 2 部分内轮廓后，件 1 与件 2 的正弦曲线轮廓采用螺纹配合的加工方法进行加工，但由于件 2 没有内螺纹，因此，在件 2 内轮廓中加工出 M25×1.5 内工艺螺纹，待配合加工完成正弦曲线轮廓后，再将工艺螺纹车去。

加工工艺螺纹时，由于螺纹的小径尺寸为 φ23.05mm，内孔尺寸为 $\phi25^{+0.5}_{+0.45}$mm，因此制作工艺螺纹后，件 1 左端处内轮廓仍具有足够的粗、精加工余量。

2）正弦曲线轮廓的加工。加工前，可先去除件 1 正弦曲线轮廓的部分余量，即车削一个 φ70mm×23mm 的台阶。以 Z 坐标作为自变量，取值范围为 46~0，X 坐标作为应变量。Z 坐标的增量为 -0.1，根据公式得出 X = -3×sin（6.28/23×Z），采用该公式编程时，应注意曲线公式中的坐标值与工件坐标系中坐标值之间的转换。编程过程中使用的变量如下：

#1 或 R1：非圆曲线公式中的 Z 坐标值，初始值为 46。
#2 或 R2：非圆曲线公式中的 X 坐标值（半径量），初始值为 0。
#3 或 R3：非圆曲线在工件坐标系中的 Z 坐标值，其值为 #1 - 46.0。
#4 或 R4：非圆曲线在工件坐标系中的 X 坐标值（直径量），其值为 62.0 + #2×2。

注意编程原点的设置，原点设置不同，Z 值的坐标也将作相应的变化。

三、程序编制

选择工件的左、右端面回转中心作为编程原点，其加工程序见表 24-4。

表24-4　职业技能鉴定样例24参考程序

FANUC 0i 系统程序	程序说明	华中系统程序
O0001;	加工件2左端外轮廓	O0001;
T0101;	换外圆车刀	T0101;
M03 S800;	主轴正转，转速为800r/min	M03 S800;
G00 X72 Z2 M08;	到达目测检验点	G00 X72 Z2 M08;
G71 U1 R0.5; G71 P1 Q2 U0.5 W0 F0.2;	粗车轮廓循环	; G71 U1.0 R0.5 P1 Q2 X0.5 Z0 F0.2;
N1 G42 G0 X20;	加工轮廓描述	N1 G42 G0 X20;
G1 Z0 F0.1;		G1 Z0 F0.1;
X24.8 C1.5;		X24.8 C1.5;
Z-22;		Z-22;
X37;		X37;
X45.04 Z-37;		X45.04 Z-37;
N2 G40 X72;		N2 G40 X72;
G0 X150 Z150;	退回安全位置 程序暂停，测量	G0 X150 Z150;
M9 M5 M0;		M9 M5 M30;
T0101; M3 S2000 M8;	设定精加工转速	
G0 X72 Z2;	到达目测检验点	
G70 P1 Q2;	精加工循环	
G0 X150 Z150; T0202 M3 S500; G0 X26 Z-19;	退回安全位置，换切槽刀 （刀宽3mm）	T0202 M3 S500; G0 X26 Z-19; G1 X20.8 F0.1;
G75 R0.5; G75 X20.8 Z-22 P2000 Q2500 F0.1; G1 X26 Z-17.5; X24.8; X21.8 Z-19; G0 X26;	径向槽加工	X26; Z-21; X20.8; X26; Z-22; X20.8; X26; G1 X26 Z-17.5; X24.8; X21.8 Z-19; G0 X26;
G0 Z150; T0303 M3 S1000;	换外螺纹车刀	G0 Z150; T0303 M3 S1000;
X26 Z3;	加工外螺纹	X26 Z3;
G76 P010160 Q50 R0.05; G76 X20.05 Z-25 P975 Q400 F1.5;		G76 C2 A60 X20.05 Z-25 K0.975 U0.1 V0.1 Q0.4 F1.5;

职业技能鉴定样例24 正弦曲线配合件的加工 243

(续)

FANUC 0i 系统程序	程序说明	华中系统程序
G0 X150 Z150;	程序结束	G0 X150 Z150;
M5 M30;		M5 M30;
O0002;	加工件1左端内、外轮廓	O0002;
T0101;	换外圆车刀	T0101;
M03 S800;	主轴正转,转速为800r/min	M03 S800;
G00 X82 Z2 M08;	到达目测检验点	G00 X82 Z2 M08;
G71 U1 R0.5;	粗车轮廓循环	; G71 U1.0 R0.5 P1 Q2 X0.5 Z0 F0.2;
G71 P1 Q2 U0.5 W0 F0.2;		
N1 G42 G0 X50;	加工轮廓描述	N1 G42 G0 X50;
G1 Z0 F0.1;		G1 Z0 F0.1;
X58 C1;		X58 C1;
Z-22;		Z-22;
X78 C1;		X78 C1;
N2 G40 X82;		N2 G40 X82;
G0 X150 Z150;	退回安全位置 程序暂停,测量	G0 X150 Z150;
M9 M5 M0;		M9 M5 M30;
T0101;	设定精加工转速	
M3 S2000 M8;		
G0 X82 Z2;	到达目测检验点	
G70 P1 Q2;	精加工循环	
G0 X150 Z150;	退回安全位置,换切槽刀 (刀宽3mm)	T0202 M3 S500;
T0202 M3 S500;		G0 X60 Z-16;
G0 X60 Z-16;		G01 X54 F0.1;
G75 R0.5;	径向槽加工	X60; Z-18.5; X54; X60; Z-20;
G75 X54 Z-22 P2000 Q2500 F0.1;		X54; X60; Z-22; X54; X60;
G0 Z150;	换内孔刀	G0 Z150;
T0404 M3 S800;		T0404 M3 S800;
G00 X22 Z2;	到达目测检验点	G00 X22 Z2;
G71 U1 R0.5;	粗车轮廓循环	; G71 U1.0 R0.5 P3 Q4 X-0.3 Z0 F0.2;
G71 P3 Q4 U-0.3 W0 F0.2;		

(续)

FANUC 0i 系统程序	程序说明	华中系统程序
N3 G41 G0 X46；	加工轮廓描述	N3 G41 G0 X46；
G1 Z0 F0.1；		G1 Z0 F0.1；
G2 X37.064 Z-13.417 R30；		G2 X37.064 Z-13.417 R30；
G3 X27.1 Z-18 R5；		G3 X27.1 Z-18 R5；
N4 G40 G1 X22；		N4 G40 G1 X22；
G0 X150 Z150；	退回安全位置	G0 X150 Z150；
M9 M5 M0；	程序暂停，测量	M9 M5 M30；
T0404；	设定精加工转速	
M3 S2000 M8；		
G0 X22 Z2；	到达目测检验点	
G70 P3 Q4；	精加工循环	
G0 X150 Z150；	程序结束	
M5 M30；		
O0003；	加工正弦曲线轮廓	O0003；
T0505；	换菱形外圆车刀	T0505；
M3 S800；	主轴正转，转速为800r/min	M3 S800；
G0 X72 Z2 M8；	刀具移至目测安全位置	G0 X72 Z2 M8；
G73 U8 W0 R4；	粗车轮廓循环	；G71 U1.0 R0.5 P1 Q2 X0.3 Z0 F0.2；
G73 P1 Q2 U0.3 W0 F0.2；		
N1 G42 G0 X62；	加工轮廓描述	N1 G42 G0 X62；
G1 Z0 F0.1；		G1 Z0 F0.1；
#1=0；		#1=0；
N5 #2=-3*SIN[6.28/23*#1]；		WHILE #1 GE [-46]；
G1 X[62+2*#2] Z#1；		#2=-3*SIN[6.28/23*#1]；
#1=#1-0.1；		G1 X[62+2*#2] Z#1；
IF [#1GE-46] GOTO5；		#1=#1-0.1；
X60 Z-46；		ENDW；
X78 C1；		X60 Z-46；
N2 G40 G1 X82；		X78 C1；
G0 X150 Z150；	退回安全位置	N2 G40 G1 X82；
M9 M5 M0；	程序暂停，测量	G0 X150 Z150；

（续）

FANUC 0i 系统程序	程序说明	华中系统程序
T0505；	设定精加工转速	M9 M5 M30；
M3 S2000 M8；		
G0 X72 Z2；	到达目测检验点	
G70 P1 Q2；	精加工循环	
G0 X150 Z150；	程序结束	
M5 M30；		

四、样例小结

预加工出工艺螺纹，是完成正弦曲线轮廓的前提。

职业技能鉴定样例 25　宝塔轮廓配合件的加工

> **考核目标**
> 1. 正确选择可转位车刀及刀片。
> 2. 掌握星形曲线的编制加工方法。
> 3. 掌握配合件加工工艺的编制方法。

一、考核要求及准备

1. 总体要求

按零件图（图 25-1）完成加工操作，本题分值为 100 分，考核时间为 240min。

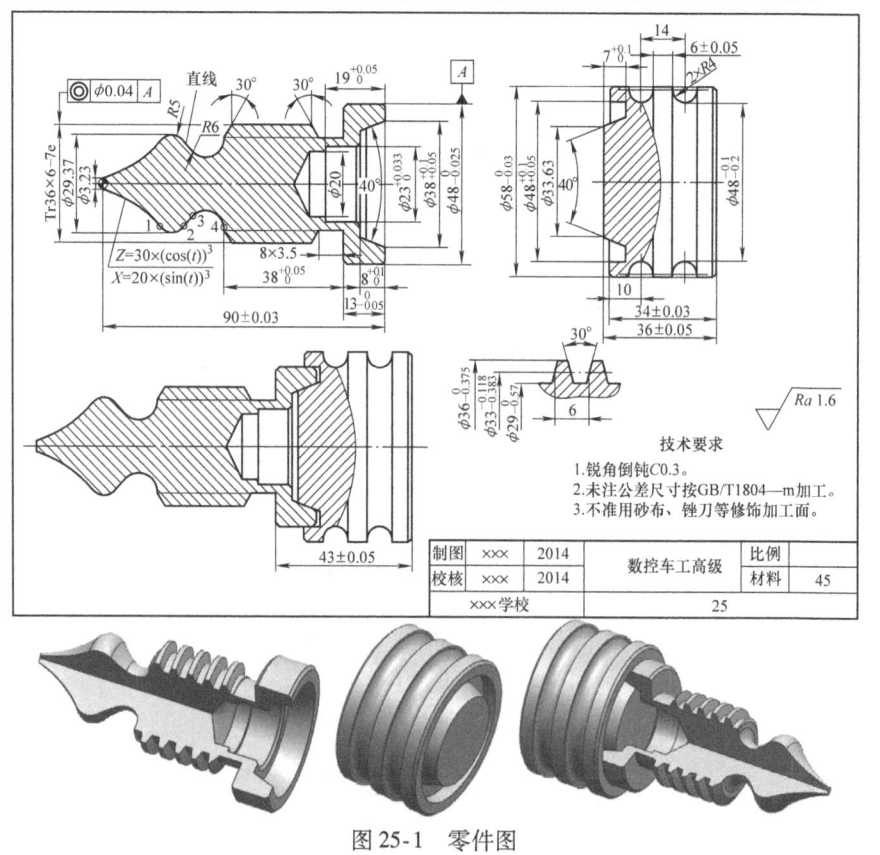

图 25-1　零件图

2. 评分标准（表25-1）

表25-1 职业技能鉴定样例25 评分表　　　　　（单位：mm）

工件编号				总得分		
项目与配分	序号	技术要求	配分	评分标准	检测记录	得分
件1（58%）	1	$\phi 48_{-0.025}^{0}$	5	超差0.01扣1分		
	2	$\phi 38_{+0.05}^{+0.1}$	4	超差0.01扣1分		
	3	$\phi 23_{0}^{+0.033}$	5	超差0.01扣1分		
	4	$Tr36 \times 6 - 7e$	8	超差0.01扣1分		
	5	8×3.5	2	超差全扣		
	6	90 ± 0.03	3	超差0.01扣1分		
	7	$13_{-0.05}^{0}$	3	超差0.01扣1分		
	8	$38_{0}^{+0.05}$	3	超差0.01扣1分		
	9	$8_{0}^{+0.1}$	2	超差0.01扣1分		
	10	$19_{0}^{+0.05}$	3	超差0.01扣1分		
	11	$R5$，$30°$，$40°$	3	每错一处扣1分		
	12	$Z = 30 \times (\cos(t))^3$ $X = 20 \times (\sin(t))^3$	8	超差全扣		
	13	同轴度$\phi 0.04$	4	超差0.01扣1分		
	14	一般尺寸及倒角	2	每错一处扣0.5分，不倒扣		
	15	$Ra1.6\mu m$	3	每错一处扣1分，不倒扣		
件2（32）	16	$\phi 58_{-0.03}^{0}$	5	超差0.01扣1分		
	17	$\phi 48_{-0.025}^{+0.1}$	5	超差0.01扣1分		
	18	$\phi 48_{-0.2}^{-0.1}$	4	超差0.01扣1分		
	19	34 ± 0.03	3	超差0.01扣1分		
	20	36 ± 0.05	2	超差0.01扣1分		
	21	$7_{0}^{+0.1}$	3	超差0.01扣1分		
	22	6 ± 0.05	3	超差0.01扣1分		
	23	$R4$，$40°$	2	每错一处扣1分		
	24	一般尺寸及倒角	2	每错一处扣0.5分，不倒扣		
	25	$Ra1.6\mu m$	3	每错一处扣1分，不倒扣		
配合（10%）	26	配合尺寸43 ± 0.05	10	超差全扣		
其他	27	工件按时完成	倒扣	每超时5min扣3分		
	28	工件无缺陷		缺陷倒扣3分/处		
安全文明生产	29	安全操作		停止操作或酌情扣5~20分		

3. 准备清单

1) 材料准备（表 25-2）。

表 25-2　材料准备

名　称	规　格	数　量	要　求
45 钢	$\phi 50mm \times 92mm$，$\phi 60mm \times 37mm$	各 1 件/考生	车平两端面，去毛刺

2) 工具、量具、刃具的准备参照表 15-3。

二、工艺分析及相关知识

1. 图样分析

零件公差等级多数为 IT7，对加工的技能要求较高，图样中包含多个要素，相互关联尺寸多。该零件加工要素为：孔、圆锥孔、圆弧槽、端面槽、内三角形螺纹、梯形螺纹、星形曲线等。

2. 工艺分析

装夹方式和加工内容见表 25-3。

表 25-3　加工工艺流程表

工序	操作项目图示	操作内容及注意事项
1	$\phi 50$	按左图图示装夹工件 1) 车平端面，钻中心孔 2) 钻孔 3) 车削外轮廓 4) 车削内轮廓
2	$\phi 48$	按左图图示装夹工件，可采用一夹一顶方式 1) 车平端面，保证总长，钻中心孔 2) 车削外轮廓 3) 车削外径向槽 4) 车削梯形螺纹

工序	操作项目图示	操作内容及注意事项
3		按左图图示装夹工件 1）车平端面 2）车削外轮廓 3）车削圆弧外沟槽
4		按左图图示装夹工件 1）车平端面，保证总长 2）车削外轮廓 3）车削圆弧外沟槽 4）车削端面槽

3. 相关知识

1）工步安排。采用一夹一顶的装夹方式加工件1时，先加工梯形螺纹，后加工星形曲线。以防止梯形螺纹切削力过大，导致工件脱落。

2）星形曲线轮廓的加工。加工曲线时，根据图25-2所示的发生干涉副偏角的角度（49.02°），可采用35度菱形偏刀，如图25-3所示。

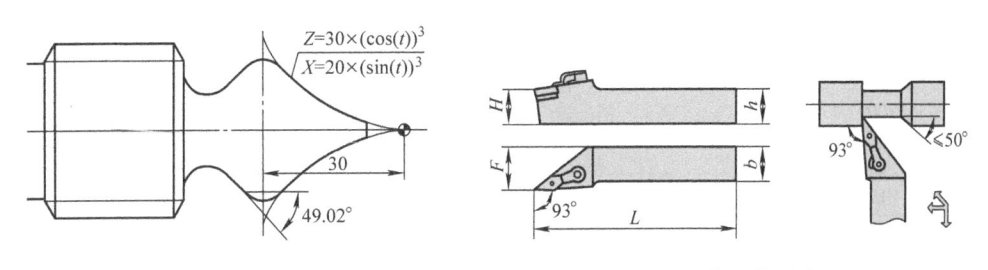

图25-2　干涉角度

图25-3　菱形外圆车刀

星形曲线编程思路：角度变量 t 作为自变量，初始值为0，X 坐标和 Z 坐标作为应变量。自变量 t 坐标的增量为2°，根据公式得出 $X = 20 \times (\sin(t))^3$，$Z = 30 \times (\cos(t))^3$。条件判断语句可用 X（半径值）作为条件，当 X 值大于等于12.962

时，条件语句跳转。采用以上公式编程时，应注意曲线公式中的坐标值与工件坐标系中坐标值之间的转换。编程过程中使用的变量如下：

#1 或 R1：非圆曲线公式中的自变量，初始值为 0。

#2 或 R2：非圆曲线在工件坐标系中的 X 坐标值（直径量），其值为 #2 ×2。

#3 或 R3：非圆曲线在工件坐标系中的 Z 坐标值，其值为 #3 − 22。

注意：切削星形曲线的过程中，随时注意切削力的变化，选择较小的背吃刀量，减小切削抗力，保证工件的加工连续性。

三、程序编制

选择工件的左、右端面回转中心作为编程原点，其加工程序见表 25-4。

表 25-4　职业技能鉴定样例 25 参考程序

FANUC 0i 系统程序	程序说明	华中系统程序
O0001；	加工件 1 右端外轮廓	O0001；
T0101；	换外圆车刀	T0101；
M03 S800；	主轴正转，转速为 800r/min	M03 S800；
G00 X52 Z2 M08；	到达目测检验点	G00 X52 Z2 M08；
G71 U1 R0.5；	粗车轮廓循环	；G71 U1.0 R0.5 P1 Q2 X0.3 Z0 F0.2；
G71 P1 Q2 U0.3 W0 F0.2；		
N1 G42 G0 X40；	加工轮廓描述	N1 G42 G0 X40；
G1 Z0 F0.1；		G1 Z0 F0.1；
X48 C1；		X48 C1；
Z−15；		Z−15；
N2 G40 X52；		N2 G40 X52；
G0 X150 Z150；	退回安全位置	G0 X150 Z150；
M9 M5 M0；	程序暂停，测量	M9 M5 M30；
T0101；	设定精加工转速	
M3 S2000 M8；		
G0 X52 Z2；	到达目测检验点	
G70 P1 Q2；	精加工循环	
G0 X150 Z150；	程序结束	
M5 M30；		
O0002；	加工件 1 内轮廓	O0002；
T0202；	换内孔车刀	T0202；

职业技能鉴定样例25　宝塔轮廓配合件的加工

(续)

FANUC 0i 系统程序	程序说明	华中系统程序
M03 S800;	主轴正转，转速为800r/min	M03 S800;
G00 X18 Z2 M08;	到达目测检验点	G00 X18 Z2 M08;
G71 U1.0 R0.5;	粗车轮廓循环	; G71 U1.0 R0.5 P1 Q2 X - 0.3 Z0 F0.2;
G71 P1 Q2 U - 0.3 W0 F0.2;		
N1 G41 G0 X38;	加工轮廓描述	N1 G41 G0 X38;
G1 Z0 F0.1;		G1 Z0 F0.1;
X32.18 Z - 8;		X32.18 Z - 8;
X23 C1;		X23 C1;
Z - 19;		Z - 19;
X20 C0.3;		X20 C0.3;
Z - 24;		Z - 24;
N2 G40 G1 X18;		N2 G40 G1 X18;
G0 X150 Z150;	退回安全位置	G0 X150 Z150;
M9 M5 M0;	程序暂停，测量	M9 M5 M30;
T0202;	设定精加工转速	
M3 S2000 M8;		
G0 X18 Z2;	到达目测检验点	
G70 P1 Q2;	精加工循环	
G0 X150 Z150;	程序结束	
M5 M30;		
O0003;	加工件1左端外轮廓	O0003;
T0101;	换外圆车刀	T0101;
M03 S800;	主轴正转，转速为800r/min	M03 S800;
G00 X52 Z2 M08;	到达目测检验点	G00 X52 Z2 M08;
G71 U1.0 R0.5;	粗车轮廓循环	; G71 U1.0 R0.5 P1 Q2 X0.3 Z0 F0.2;
G71 P1 Q2 U0.3 W0 F0.2;		
N1 G42 G0 X30;	加工轮廓描述	N1 G42 G0 X30;
G1 Z0 F0.1;		G1 Z0 F0.1;
Z - 22;		Z - 22;
X28 Z - 49;		X28 Z - 49;
X28.8;		X28.8;
X35.8 Z - 41.02;		X35.8 Z - 41.02;

(续)

FANUC 0i 系统程序	程序说明	华中系统程序
Z-73;	加工轮廓描述	Z-73;
X48 C1;		X48 C1;
N2 G40 X52;		N2 G40 X52;
G0 X150 Z150;	退回安全位置	G0 X150 Z150;
M9 M5 M0;	程序暂停，测量	M9 M5 M30;
T0101;	设定精加工转速	
M3 S2000 M8;		
G0 X52 Z2;	到达目测检验点	
G70 P1 Q2;	精加工循环	
G0 X150 Z150;	退回安全位置，换切槽刀（刀宽3mm）	T0303 M3 S500;
T0303 M3 S500;		G0 X38 Z-72;
G0 X38 Z-72;		G1 X28.8 F0.1;
G75 R0.5;	径向槽加工	X38; Z-74.5; X28.8; X38; Z-76;
G75 X28.8 Z-77 P2000 Q2500 F0.1;		X28.8; X38; Z-77; X28.8; X38;
G1 X38 Z-70.5;		G1 X38 Z-70.5;
X35.8;		X35.8;
X28.8 Z-72;		X28.8 Z-72;
G0 X38;		G0 X38;
G0 Z150;	换螺纹车刀	G0 Z150;
T0404 M3 S500;		T0404 M3 S500;
X38 Z-32;	加工外螺纹	X38 Z-32;
G76 P010130 Q20 R0.05;		G76 C2 A30 X29 Z-73 K3.5 U0.1 V0.1 Q0.5 F6;
G76 X29 Z-73 P3500 Q400 F6;		
G0 X150 Z150;	程序结束	G0 X150 Z150;
M5 M30;		M5 M30;
O0004;	加工正弦曲线轮廓	O0004;
T0505;	换菱形外圆车刀	T0505;
M3 S800;	主轴正转，转速为800r/min	M3 S800;
G0 X32 Z2 M8;	刀具移至目测安全位置	G0 X32 Z2 M8;
G73 U13 W0 R10;	粗车轮廓循环	; G71 U1.0 R0.5 P1 Q2 X0.3 Z0 F0.2;
G73 P1 Q2 U0.3 W0 F0.2;		

(续)

FANUC 0i 系统程序	程序说明	华中系统程序
N1 G42 G0 X3.23; G1 Z0 F0.1; #1 = 25.6; N5 #2 = 20 * SIN [#1] * SIN [#1] * SIN [#1]; #3 = 30 * COS [#1] * COS [#1] * COS [#1]; G1 X [2*#2] Z [#1 - 22]; #1 = #1 + 3; IF [#2LE12.962] GOTO5; X25.924 Z - 18.225; G3 X25.924 Z - 25.775 R5; G1 X19.726 Z - 28.467; G2 X27.594 Z - 39 R6; N2 G40 G1 X38;	加工轮廓描述	N1 G42 G0 X3.23; G1 Z0 F0.1; #1 = 25.6; WHILE #1LE [12.962]; #2 = 20 * SIN[#1] * SIN[#1] * SIN[#1]; #3 = 30 * COS[#1] * COS[#1] * COS[#1]; G1 X [2*#2] Z [#1 - 22]; #1 = #1 + 3; ENDW; X25.924 Z - 18.225; G3 X25.924 Z - 25.775 R5; G1 X19.726 Z - 28.467; G2 X27.594 Z - 39 R6;
G0 X150 Z150; M9 M5 M0;	退回安全位置 程序暂停,测量	N2 G40 G1 X38; G0 X150 Z150;
T0505; M3 S2000 M8;	设定精加工转速	M9 M5 M30;
G0 X32 Z2;	到达目测检验点	
G70 P1 Q2;	精加工循环	
G0 X150 Z150; M5 M30;	程序结束	
O0005;	加工端面槽轮廓	O0005;
T0606;	换端面车刀	T0606;
M3 S500;	主轴正转,转速为500r/min	M3 S500;
G0 X48 Z2 M8;	刀具移至目测安全位置	G0 X48 Z2 M8;
G1 Z - 4 F0.1; Z - 3; Z - 7; Z2; X36.63; Z0; X41.73 Z - 7; Z2;	加工轮廓描述	G1 Z - 4 F0.1; Z - 3; Z - 7; Z2; X36.63; Z0; X41.73 Z - 7; Z2;
G0 X150 Z150; M5 M30;	程序结束	G0 X150 Z150; M5 M30;

四、样例小结

为了顺利通过相应职业技能鉴定考核,在考试过程中应综合考虑速度与精度。因此,合理安排加工时间不仅是本课题的加工难点,同时也是其他课题的加工难点。虽然速度与精度之间关系是相互对立的,但只要操作者能对加工时间进行合理安排,两者之间还是能做到有机的统一。

职业技能鉴定样例 26　复杂曲线轮廓配合件的加工

考核目标
1. 正确选择可转位车刀及刀片。
2. 掌握二次曲线轮廓的编制加工方法。
3. 掌握配合件加工工艺的编制方法。

一、考核要求及准备

1. 总体要求

按零件图（图 26-1）完成加工操作，本题分值为 100 分，考核时间为 240min。

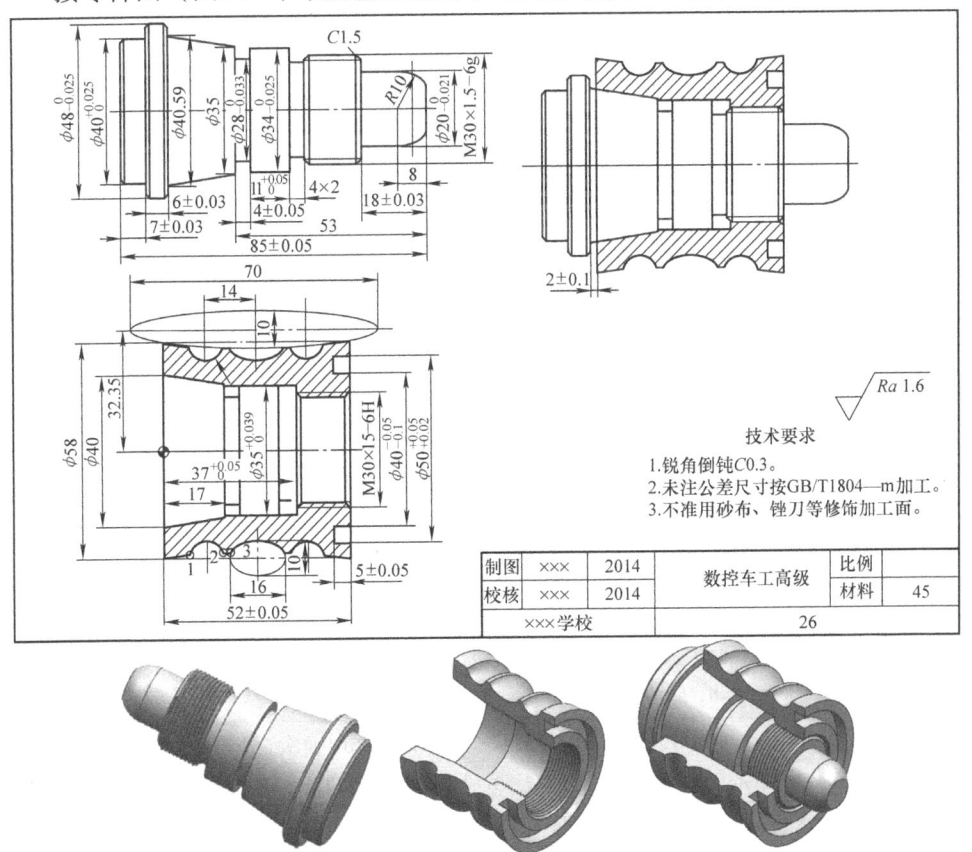

图 26-1　零件图

2. 评分标准（表 26-1）

表 26-1 职业技能鉴定样例 26 评分表　　　　　　（单位：mm）

工件编号			总得分			
项目与配分	序号	技术要求	配分	评分标准	检测记录	得分
件1（50%）	1	$\phi 48_{-0.025}^{0}$	4	超差 0.01 扣 1 分		
	2	$\phi 40_{0}^{+0.025}$	4	超差 0.01 扣 1 分		
	3	$\phi 28_{-0.033}^{0}$	4	超差 0.01 扣 1 分		
	4	$\phi 34_{-0.025}^{0}$	4	超差 0.01 扣 1 分		
	5	$\phi 20_{-0.021}^{0}$	4	超差 0.01 扣 1 分		
	6	$M30 \times 1.5 - 6g$	4	超差全扣		
	7	4×2	2	超差全扣		
	8	85 ± 0.05	3	超差 0.01 扣 1 分		
	9	7 ± 0.03	3	超差 0.01 扣 1 分		
	10	6 ± 0.03	3	超差 0.01 扣 1 分		
	11	$11_{0}^{+0.05}$	3	超差 0.01 扣 1 分		
	12	4 ± 0.05	3	超差 0.01 扣 1 分		
	13	18 ± 0.03	3	超差 0.01 扣 1 分		
	14	$R10$, $C1.5$	1	每错一处扣 1 分		
	15	一般尺寸及倒角	2	每错一处扣 0.5 分，不倒扣		
	16	$Ra1.6\mu m$	3	每错一处扣 1 分，不倒扣		
件2（40%）	17	$\phi 35_{0}^{+0.039}$	4	超差 0.01 扣 1 分		
	18	$\phi 50_{+0.02}^{+0.05}$	4	超差 0.01 扣 1 分		
	19	$\phi 40_{-0.1}^{-0.05}$	4	超差 0.01 扣 1 分		
	20	52 ± 0.05	3	超差 0.01 扣 1 分		
	21	$37_{0}^{+0.05}$	3	超差 0.01 扣 1 分		
	22	5 ± 0.05	3	超差 0.01 扣 1 分		
	23	$M30 \times 1.5 - 6H$	4	超差全扣		
	24	$R5$	2	每错一处扣 1 分		
	25	椭圆：$a=35$, $b=5$；$a=8$, $b=5$	8	超差全扣		
	26	一般尺寸及倒角	2	每错一处扣 0.5 分，不倒扣		
	27	$Ra1.6\mu m$	3	每错一处扣 1 分，不倒扣		
配合（10%）	28	配合尺寸 2 ± 0.1	10	超差全扣		

职业技能鉴定样例 26　复杂曲线轮廓配合件的加工

(续)

项目与配分	序号	技术要求	配分	评分标准	检测记录	得分
工件编号			总得分			
其他	29	工件按时完成	倒扣	每超时 5min 扣 3 分		
	30	工件无缺陷		缺陷倒扣 3 分/处		
安全文明生产	31	安全操作		停止操作或酌情扣 5~20 分		

3. 准备清单

1) 材料准备（表 26-2）。

表 26-2　材料准备

名　称	规　格	数　量	要　求
45 钢	φ50mm×90mm，φ60mm×55mm	各 1 件/考生	车平两端面，去毛刺

2) 工具、量具、刃具的准备参照表 15-3。

二、工艺分析及相关知识

1. 图样分析

该零件加工要素为：孔、锥孔、圆弧槽、端面槽、椭圆槽、内三角形螺纹、外三角形螺纹、椭圆轮廓等。工件尺寸精度要求较高，配合间隙尺寸（2±0.1）mm 由锥面尺寸来控制。

2. 工艺分析

装夹方式和加工内容见表 26-3。

表 26-3　加工工艺流程表

工序	操作项目图示	操作内容及注意事项
1	φ60	按左图图示装夹工件 1) 车平端面，钻中心孔 2) 钻孔 3) 车削内轮廓 4) 车削内螺纹

(续)

工序	操作项目图示	操作内容及注意事项
2		按左图图示装夹工件 1）车平端面 2）车削外轮廓
3		按左图图示装夹工件，采用一夹一顶方式 1）车平端面，保证总长，钻中心孔 2）车削外轮廓 3）车削外径向槽 4）车削外螺纹
4		按左图图示装夹工件，采用一夹一顶方式 车削椭圆轮廓
5		按左图图示装夹工件，采用一夹一顶方式 1）车削外轮廓 2）车削端面槽

3. 相关知识

1）刀具的选择。件 1 的编程与加工均较为简便，件 2 的外轮廓需要工件配合后来进行加工，螺纹配合应松紧适中，加工中切削用量要合理掌握，防止工件在切削抗力的作用下受力不均，而导致工件难以拆分。

2）工步的划分。为防止件 2 外轮廓加工时发生过切现象，采用仿形刀具球刀。外轮廓的加工分成两步，第一步加工大椭圆轮廓，第二步进行圆弧槽和椭圆槽的加工，如图 26-2 所示。可以减少编程工作量，降低加工难度。

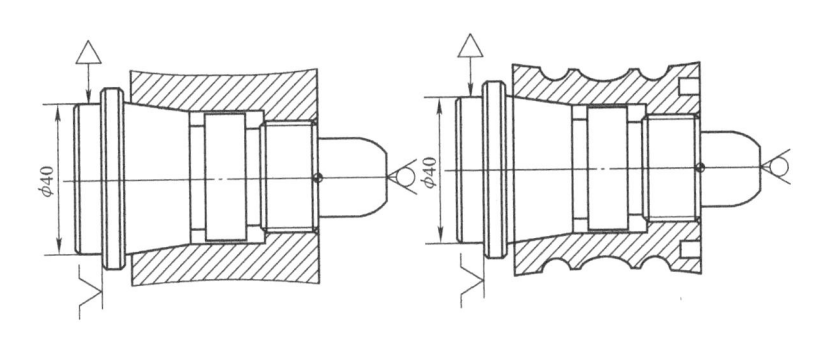

图 26-2　件 2 外轮廓的加工步骤

3）公式曲线的编程思路。加工凹椭圆轮廓时，以极角 t 作为自变量，取值范围为 360°~180°（为便于计算，方便编程，在两个象限点的位置取值），X 和 Z 坐标作为应变量。Z 坐标的增量为 −3°，根据参数方程公式得出 $Z = 35 \times \cos(t)$，$X = 5 \times \sin(t)$，采用以上公式编程时，应注意曲线公式中的坐标值与工件坐标系中坐标值之间的转换关系。坐标原点设在件 2 的右端面与中心线的交点处，如图 26-2 所示，编程过程中使用的变量如下：

#1 或 R1：非圆曲线公式中的 t 角度值，初始值为 0。

#2 或 R2：非圆曲线公式中的 X 坐标值（半径量），初始值为 0。

#3 或 R3：非圆曲线公式中的 Z 坐标值（半径量），初始值为 35。

#4 或 R4：非圆曲线在工件坐标系中的 Z 坐标值，其值为 #1 − 26.0。

#5 或 R5：非圆曲线在工件坐标系中的 X 坐标值（直径量），其值为 64.7 + #2 × 2。

椭圆凹槽和圆弧槽的加工，可看成半圆弧和半椭圆来加工，简化编程指令，加工路线如图 26-3 的虚线所示。

图 26-3　轮廓加工路线

三、程序编制

选择工件的左、右端面回转中心作为编程原点，其加工程序见表 26-4。

表 26-4 职业技能鉴定样例 26 参考程序

FANUC 0i 系统程序	程序说明	华中系统程序
O0001;	加工件1右端外轮廓	O0001;
T0101;	换外圆车刀	T0101;
M03 S800;	主轴正转,转速为 800r/min	M03 S800;
G00 X52 Z2 M08;	到达目测检验点	G00 X52 Z2 M08;
G71 U1.0 R0.5;	粗车轮廓循环	; G71 U1.0 R0.5 P1 Q2 X0.5 Z0 F0.2;
G71 P1 Q2 U0.5 W0 F0.2;		
N1 G42 G0 X12;	加工轮廓描述	N1 G42 G0 X12;
G1 Z0 F0.1;		G1 Z0 F0.1;
G3 X20 Z-8 R10;		G3 X20 Z-8 R10;
G1 Z-18;		G1 Z-18;
X29.8 C1.5;		X29.8 C1.5;
Z-38;		Z-38;
X34 C0.3;		X34 C0.3;
Z-53;		Z-53;
X35 C0.3;		X35 C0.3;
X40.59 Z-72;		X40.59 Z-72;
X48 C1;		X48 C1;
N2 G40 X52;		N2 G40 X52;
G0 X150 Z150;	退回安全位置	G0 X150 Z150;
M9 M5 M0;	程序暂停,测量	M9 M5 M30;
T0101;	设定精加工转速	
M3 S2000 M8;		
G0 X52 Z2;	到达目测检验点	
G70 P1 Q2;	精加工循环	
G0 X150 Z150;	退回安全位置,换切槽刀(刀宽3mm)	T0202 M3 S500;
T0202 M3 S500;		G0 X36 Z-52;
G0 X36 Z-52;		G1 X28 F0.1;
G75 R0.5;	径向槽加工	X36; Z-53
G75 X28 Z-53 P2000 Q1000 F0.1;		X28; X36;
G1 X36 Z-37;		G1 X36 Z-37;
G75 R0.5;		X25.8; X36; Z-38;
G75 X25.8 Z-38 P2000 Q1000 F0.1;		X25.8; X36;

（续）

FANUC 0i 系统程序	程序说明	华中系统程序
G1 X36 Z-35.5;	径向槽加工	G1 X36 Z-35.5
X29.8		X29.8;
X26.8 Z-37;		X26.8 Z-37;
G0 X38;		G0 X38;
G0 Z150;	换外螺纹车刀	G0 Z150
T0303 M3 S500;		T0303 M3 S500;
X32 Z-15;	加工外螺纹	X32 Z-15;
G76 P010160 Q50 R0.05;		G76 C2 A60 X28.05 Z-36 K0.975 U0.1 V0.1 Q0.4 F1.5;
G76 X28.05 Z-36 P975 Q400 F1.5;		
G0 X150 Z150;	程序结束	G0 X150 Z150;
M5 M30;		M5 M30;
O0002;	加工椭圆轮廓	O0002;
T0404;	换菱形外圆车刀	T0404;
M3 S800;	主轴正转，转速为800r/min	M3 S800;
G0 X62 Z2 M8;	刀具移至目测安全位置	G0 X62 Z2 M8;
G73 U3 W0 R2;	粗车轮廓循环	; G71 U1.0 R0.5 P1 Q2 X0.3 Z0 F0.2;
G73 P1 Q2 U0.3 W0 F0.2;		
N1 G42 G0 X58;	加工轮廓描述	N1 G42 G0 X58;
G1 Z0 F0.1;		G1 Z0 F0.1;
#1=26;		#1=26;
N20 #2=5/35*SQRT[35*35-#1*#1];		WHILE #1[-26.3];
G1 X[64.7-2*#2] Z[#1-26];		N20 #2=5/35*SQRT[35*35-#1*#1];
#1=#1-0.1;		G1 X[64.7-2*#2] Z[#1-26];
IF [#1GE-26.3] GOTO20;		#1=#1-0.1;
N2 G40 G1 X62;		ENDW;
G0 X150 Z150;	退回安全位置	N2 G40 G1 X62;
M9 M5 M0;	程序暂停，测量	G0 X150 Z150;
T0404;	设定精加工转速	M9 M5 M30;
M3 S2000 M8;		
G0 X62 Z2;	到达目测检验点	
G70 P1 Q2;	精加工循环	
G0 X150 Z150;	程序结束	
M5 M30;		

(续)

FANUC 0i 系统程序	程序说明	华中系统程序
O0003;	加工椭圆轮廓	O0003;
T0505;	换圆弧外圆车刀	T0505;
M3 S800;	主轴正转，转速为 800r/min	M3 S800;
G0 X60 Z2 M8;	刀具移至目测安全位置	G0 X60 Z2 M8;
G73 U5 W0 R5; G73 P1 Q2 U0.3 W0 F0.2;	粗车轮廓循环	; G71 U1.0 R0.5 P1 Q2 X0.3 Z0 F0.2;
N1 G42 G0 Z-7;	加工轮廓描述	N1 G42 G0 Z-7;
G1 X58 F0.1;		G1 X58 F0.1;
G2 Z-17 R5;		G2 Z-17 R5;
G1 Z-18;		G1 Z-18;
#1 = 8;		#1 = 8;
N20 #2 =5/8 * SQRT [8 * 8 - #1 * #1];		WHILE #1 GE [-8];
G1 X [58 - 2 * #2] Z [#1 - 26];		#2 =5/8 * SQRT [8 * 8 - #1 * #1];
#1 = #1 - 0.1;		G1 X [58 - 2 * #2] Z [#1 - 26];
IF [#1 GE -8] GOTO20;		#1 = #1 - 0.1;
X58 Z-34;		ENDW;
Z-35;		X58 Z-34;
G2 Z-45 R5;		Z-35;
N2 G40 G1 X62;		G2 Z-45 R5;
G0 X150 Z150;	退回安全位置	N2 G40 G1 X62;
M9 M5 M0;	程序暂停，测量	G0 X150 Z150;
T0505;	设定精加工转速	M9 M5 M30;
M3 S2000 M8;		
G0 X60 Z2;	到达目测检验点	
G70 P1 Q2;	精加工循环	
G0 X150 Z150;	退回安全位置，换端面车刀 （刀宽 3mm）	T0606 M3 S500;
T0606 M3 S500;		G0 X50 Z2;
G0 X50 Z2;		G1 Z-5 F0.1;
G74 R0.5;	端面槽加工	Z2; X45; Z-5; Z2;
G74 X43 Z-5 P2000 Q2000 F0.1;		X43; Z-5; Z2;
G0 X150 Z150;	程序结束	G0 X150 Z150;
M5 M30;		M5 M30;

四、样例小结

对于有多个曲线的复合轮廓，要仔细分析，看出轮廓的整体性，不要把单一的轮廓分解成多个轮廓，而导致难度增加。

职业技能鉴定样例27　酒杯造型配合件的加工

考核目标
1. 正确选择可转位车刀及刀片。
2. 应用切槽刀具加工轮廓。
3. 掌握二次曲线内外轮廓的编制加工方法。
4. 掌握配合件加工工艺的编制方法。

一、考核要求及准备

1. 总体要求

按零件图（图27-1）完成加工操作，本题分值为100分，考核时间为240min。

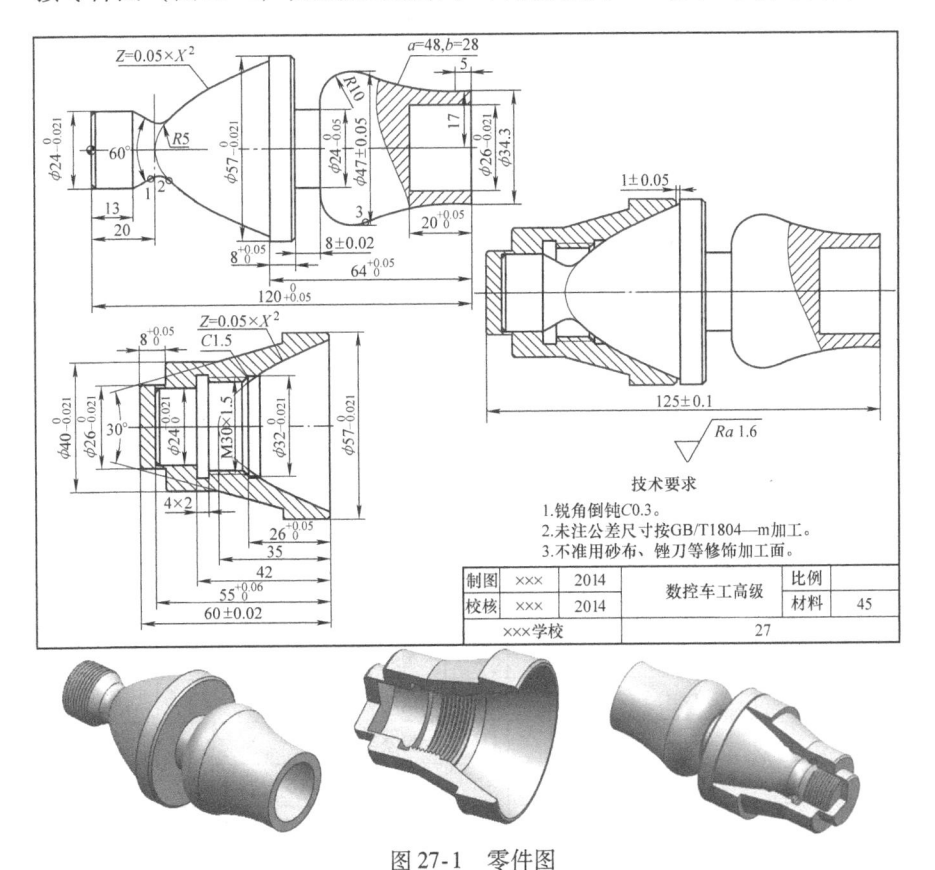

图27-1　零件图

2. 评分标准（表27-1）

表27-1　职业技能鉴定样例27评分表　　　　　　　　（单位：mm）

工件编号			总得分			
项目与配分	序号	技术要求	配分	评分标准	检测记录	得分
件1（44%）	1	$\phi 57_{-0.021}^{0}$	4	超差0.01扣1分		
	2	$\phi 24_{-0.021}^{0}$	4	超差0.01扣1分		
	3	$\phi 24_{-0.05}^{0}$	4	超差0.01扣1分		
	4	$\phi 47 \pm 0.05$	2	超差0.01扣1分		
	5	$\phi 26_{-0.021}^{0}$	4	超差0.01扣1分		
	6	$120_{-0.05}^{0}$	2	超差0.01扣1分		
	7	$64_{0}^{+0.05}$	2	超差0.01扣1分		
	8	$8_{0}^{+0.05}$	2	超差0.01扣1分		
	9	8 ± 0.02	2	超差0.01扣1分		
	10	$20_{0}^{+0.05}$	2	超差0.01扣1分		
	11	8 ± 0.02	2	超差0.01扣1分		
	12	$R5，R10$	2	轮廓不对全扣		
	13	$Z=0.05*X^2$	4	超差全扣		
	14	椭圆 $a=48，b=28$	3	超差全扣		
	15	一般尺寸及倒角	2	每错一处扣0.5分，不倒扣		
	16	$Ra1.6\mu m$	3	每错一处扣1分，不倒扣		
件2（43%）	17	$\phi 57_{-0.021}^{0}$	4	超差0.01扣1分		
	18	$\phi 40_{-0.021}^{0}$	4	超差0.01扣1分		
	19	$\phi 32_{-0.021}^{0}$	4	超差0.01扣1分		
	20	$\phi 26_{-0.021}^{0}$	4	超差0.01扣1分		
	21	$\phi 24_{0}^{+0.021}$	4	超差0.01扣1分		
	22	内切槽 4×2	2	超差全扣		
	23	60 ± 0.02	4	超差0.01扣1分		
	24	$55_{0}^{+0.06}$	2	超差0.01扣1分		
	25	$26_{0}^{+0.05}$	2	超差0.01扣1分		
	26	$8_{0}^{+0.05}$	2	超差0.01扣1分		
	27	$M30 \times 1.5$	4	超差全扣		
	28	$Z=0.05*X^2$	4	超差全扣		
	29	一般尺寸及倒角	2	每错一处扣0.5分，不倒扣		
	30	$Ra1.6\mu m$	3	每错一处扣1分，不倒扣		

职业技能鉴定样例27　酒杯造型配合件的加工　　265

(续)

工件编号				总得分			
项目与配分	序号	技术要求	配分	评分标准		检测记录	得分
配合（13%）	31	配合尺寸 125±0.1	5	超差全扣			
	32	1±0.05	8	超差全扣			
其他	33	工件按时完成	倒扣	每超时5min扣3分			
	34	工件无缺陷		缺陷倒扣3分/处			
安全文明生产	35	安全操作		停止操作或酌情扣5~20分			

3. 准备清单

1）材料准备（表27-2）。

表27-2　材料准备

名　称	规　格	数　量	要　求
45钢	φ60mm×122mm，φ60mm×62mm	各1件/考生	车平两端面，去毛刺

2）工具、量具、刃具的准备参照表15-3。

二、工艺分析及相关知识

1. 图样分析

该零件加工要素为：孔、内三角形螺纹、椭圆轮廓、抛物线轮廓等。工件尺寸精度要求较高，配合间隙尺寸（1±0.05）mm由抛物线配合面来控制，而φ24mm的孔轴的配合是保证该尺寸的前提。

2. 工艺分析

装夹方式和加工内容见表27-3。

表27-3　加工工艺流程表

工序	操作项目图示	操作内容及注意事项
1	（图示：φ60工件装夹图）	按左图图示装夹工件，采用一夹一顶方式 1）车平端面，钻中心孔 2）车削外轮廓

(续)

工序	操作项目图示	操作内容及注意事项
2		按左图图示装夹工件 1）车平端面，钻中心孔 2）钻孔 3）车削外轮廓 4）车削内轮廓 5）车削内沟槽 6）车削内螺纹
3		按左图图示装夹工件 1）钻中心孔，车平端面 2）钻孔 3）车削外轮廓、径向槽 4）车孔
4		按左图图示装夹工件，采用一夹一顶方式 1）车平端面，保证总长，钻中心孔 2）车削外轮廓

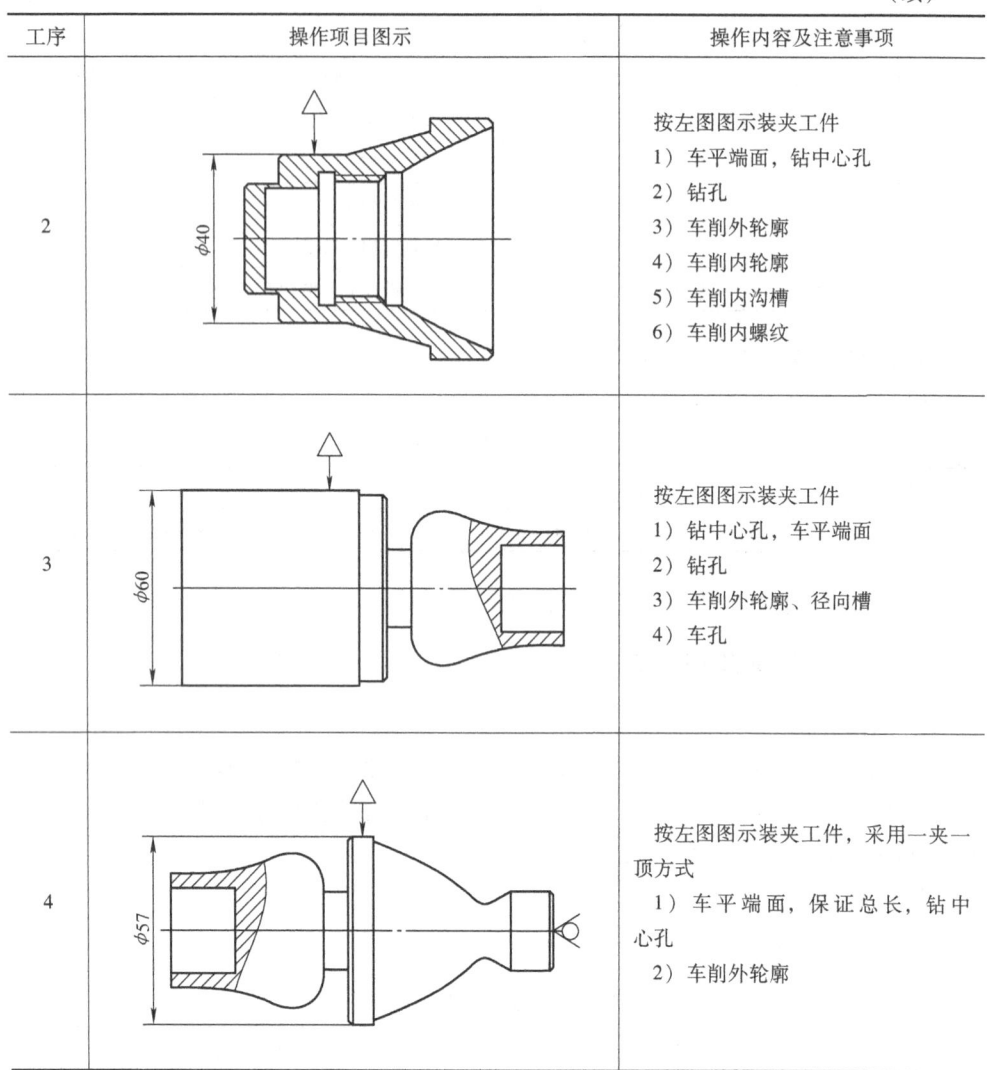

3. 相关知识

1）刀具的选用。外径向槽与右端轮廓的粗、精加工可选用不同类型的刀具，精加工建议选用切槽刀，但需注意切槽刀的左、右切削刃互换的差值（刀宽）要补进程序，也可采用圆弧刀具，根据实际加工情况而定。

2）公式曲线编程思路。内抛物线轮廓编程时，以 Z 坐标作为自变量，初始赋值为 35.0，X 坐标作为应变量。Z 坐标的增量为 0.1，根据公式得出 X = SQRT（Z/0.05）。判断语句采用 X 值进行判断，如果 X 大于等于 16（半径量），则根据新的 Z 值计算新的 X 值，再次判断。采用以上公式编程时，应注意曲线公式中的坐标值与工件坐标系中坐标值之间的转换。编程过程中使用的变量如下：

#1 或 R1：非圆曲线公式中的 Z 坐标值，初始值为 35。
#2 或 R2：非圆曲线公式中的 X 坐标值（半径量），初始值为 26.46。
#3 或 R3：非圆曲线在工件坐标系中的 Z 坐标值，其值为#1 - 35.0。
#4 或 R4：非圆曲线在工件坐标系中的 X 坐标值（直径量），其值为#2 × 2。
外抛物线可参考内抛物线轮廓编程思路，注意抛物线开口的变化。

三、程序编制

其加工程序参考其他样例，自行根据加工工艺流程表编制。

职业技能鉴定样例 28　斜椭圆螺纹配合件的加工

考核目标
1. 正确选择可转位车刀及刀片。
2. 掌握工艺螺纹的编制加工方法。
3. 掌握二次曲线旋转轮廓配合件的加工方法。
4. 掌握配合件加工工艺的编制方法。

一、考核要求及准备

1. 总体要求

按零件图（图 28-1）完成加工操作，本题分值为 100 分，考核时间为 240min。

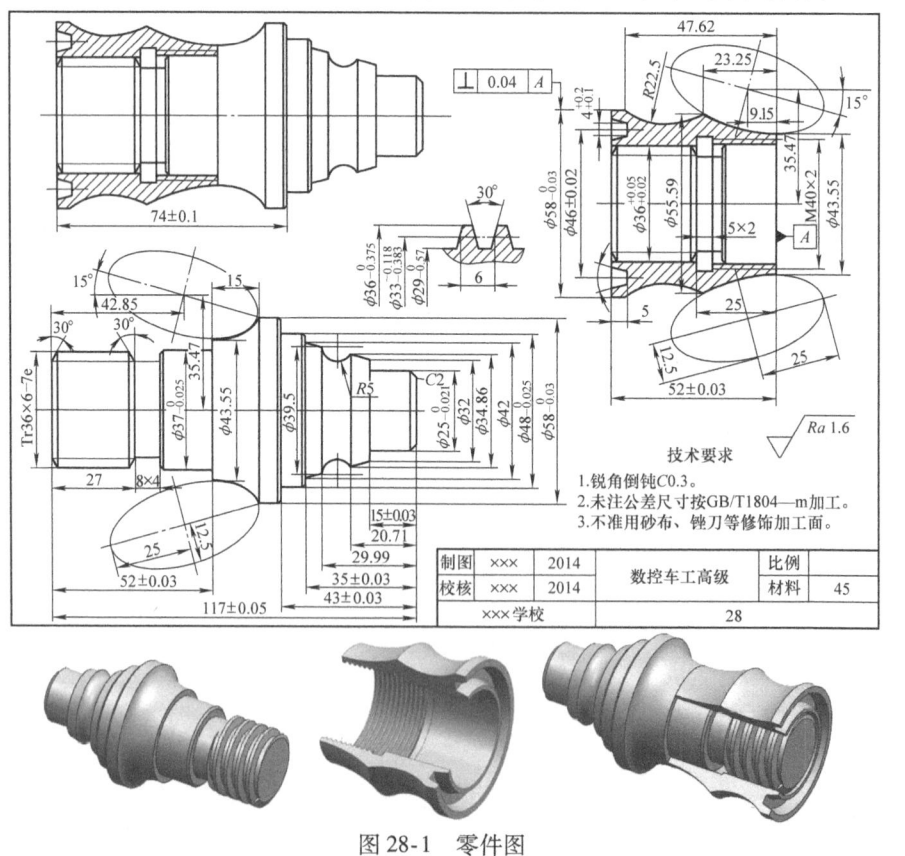

图 28-1　零件图

2. 评分标准（表28-1）

表28-1　职业技能鉴定样例28评分表　　　　　　　（单位：mm）

工件编号				总得分		
项目与配分	序号	技术要求	配分	评分标准	检测记录	得分
件1（53%）	1	$\phi58_{-0.03}^{0}$	5	超差0.01扣1分		
	2	$\phi48_{-0.025}^{0}$	5	超差0.01扣1分		
	3	$\phi25_{-0.021}^{0}$	5	超差0.01扣1分		
	4	$\phi37_{-0.025}^{0}$	5	超差0.01扣1分		
	5	Tr36×6-7e	6	超差0.01扣1分		
	6	8×4	2	超差全扣		
	7	117±0.05	3	超差0.01扣1分		
	8	43±0.03	3	超差0.01扣1分		
	9	35±0.03	3	超差0.01扣1分		
	10	15±0.03	3	超差0.01扣1分		
	11	52±0.03	3	超差0.01扣1分		
	12	R5，C2	2	每错一处扣1分		
	13	椭圆 $a=25$，$b=12.5$	3	超差全扣		
	14	一般尺寸及倒角	2	每错一处扣0.5分，不倒扣		
	15	$Ra1.6\mu m$	3	每错一处扣1分，不倒扣		
件2（37%）	16	$\phi58_{-0.03}^{0}$	5	超差0.01扣1分		
	17	$\phi46±0.02$	3	超差0.01扣1分		
	18	$\phi36_{+0.02}^{+0.05}$	5	超差0.01扣1分		
	19	52±0.03	3	超差0.05扣1分		
	20	$4_{+0.1}^{+0.2}$、30°	3	超差0.05扣1分		
	21	椭圆 $a=25$，$b=12.5$	5	超差全扣		
	22	垂直度0.04	4	超差全扣		
	23	5×2	2	超差全扣		
	24	R22.5	2	超差全扣		
	25	一般尺寸及倒角	2	每错一处扣0.5分，不倒扣		
	26	$Ra1.6\mu m$	3	每错一处扣1分，不倒扣		
配合（10%）	27	配合尺寸74±0.1	10	超差全扣		
其他	28	工件按时完成	倒扣	每超时5min扣3分		
	29	工件无缺陷		缺陷倒扣3分/处		
安全文明生产	30	安全操作		停止操作或酌情扣5~20分		

3. 准备清单

1）材料准备（表28-2）

表28-2 材料准备

名 称	规 格	数 量	要 求
45钢	$\phi60mm \times 120mm$，$\phi60mm \times 55mm$	各1件/考生	车平两端面，去毛刺

2）工具、量具、刃具的准备参照表15-3。

二、工艺分析及相关知识

1. 图样分析

该零件加工要素为：孔、圆弧槽、端面槽、椭圆槽、内螺纹、梯形螺纹、椭圆轮廓等。工件尺寸精度要求较高，件2外轮廓需要与件1配合后才能加工。

2. 工艺分析

装夹方式和加工内容见表28-3。

表28-3 加工工艺流程表

工序	操作项目图示	操作内容及注意事项
1		按左图图示装夹工件 1）车平端面，钻中心孔 2）钻孔 3）车孔 4）车削内沟槽 5）车削内螺纹
2		按左图图示装夹工件 1）车平端面 2）车削外轮廓

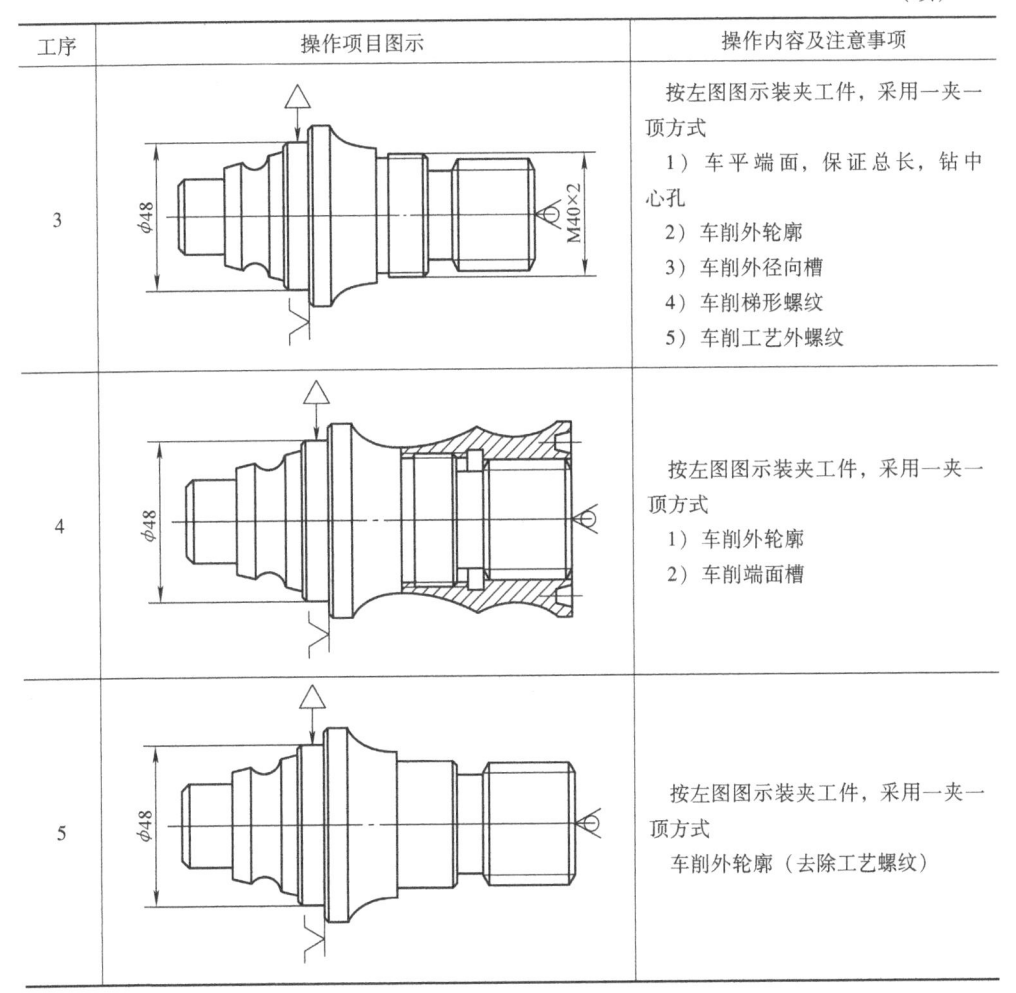

工序	操作项目图示	操作内容及注意事项
3		按左图图示装夹工件,采用一夹一顶方式 1)车平端面,保证总长,钻中心孔 2)车削外轮廓 3)车削外径向槽 4)车削梯形螺纹 5)车削工艺外螺纹
4		按左图图示装夹工件,采用一夹一顶方式 1)车削外轮廓 2)车削端面槽
5		按左图图示装夹工件,采用一夹一顶方式 车削外轮廓(去除工艺螺纹)

3. 相关知识

1)工艺螺纹的加工。件2外轮廓加工:如采用单件方法加工,则工件因无法装夹而无法进行正确的加工。为此,加工完件2内轮廓后,件2的外轮廓采用螺纹配合的加工方法进行加工,但由于件1没有外螺纹。因此,加工件1左端外轮廓时,应先加工出如图28-2所示的工艺螺纹,待配合加工完成件2外轮廓后,再将工艺螺纹车去。

2)公式曲线编程思路。如图28-3所示,根据旋转角度的判断原则,顺时针旋转为负,逆时针旋转为正。椭圆轮廓需要顺时针旋转15°,即 $\theta = -15°$。以 Z 坐标作为自变量,初始赋值为11.63,X 坐标作为应变量。Z 坐标的增量为 -0.1,根据公式得出 $X = 12.5/25 * \text{SQRT}(625 - Z*Z)$,采用以上公式编程时,应注意曲线公式中的坐标值与工件坐标系中坐标值之间的转换关系。编程过程中使用的变量如下（坐标未进行旋转）：

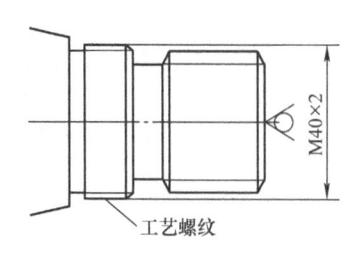

图 28-2　工艺螺纹示意图

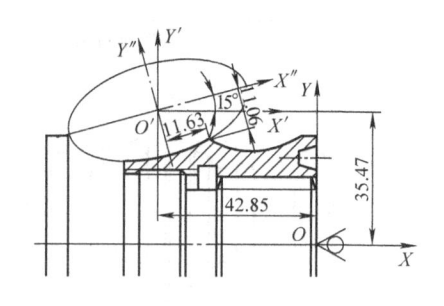

图 28-3　椭圆旋转轮廓

#1 或 R1：非圆曲线公式中的 Z 坐标值，初始值为 11.63。
#2 或 R2：非圆曲线公式中的 X 坐标值（半径量），初始值为 11.06。
#3 或 R3：非圆曲线在工件坐标系中的 Z 坐标值，其值为 #1 − 42.85。
#4 或 R4：非圆曲线在工件坐标系中的 X 坐标值（直径量），其值为 70.94 − #2 × 2。

三、程序编制

选择工件的左、右端面回转中心作为编程原点，其加工程序见表 28-4。

表 28-4　职业技能鉴定样例 28 参考程序

FANUC 0i 系统程序	程序说明	华中系统程序
O0001；	加工件 1 右端轮廓	O0001；
T0101；	换外圆车刀	T0101；
M03 S800；	主轴正转，转速为 800r/min	M03 S800；
G00 X62 Z2 M8；	到达目测检验点	G00 X62 Z2 M8；
G71 U1.0 R0.5；	粗车轮廓循环	；G71 U1.0 R0.5 P1 Q2 X0.3 Z0 F0.2；
G71 P1 Q2 U0.3 W0 F0.2；		
N1 G42 G0 X18；	加工轮廓描述	N1 G42 G0 X18；
G1 Z0 F0.1；		G1 Z0 F0.1；
X25 C2；		X25 C2；
Z−15；		Z−15；
X32 C0.3；		X32 C0.3；
X42 Z−35；		X42 Z−35；
X48 C1；		X48 C1；
Z−43；		Z−43；
X58 C1；		X58 C1；
Z−52；		Z−52；
N2 G40 X62；		N2 G40 X62；

职业技能鉴定样例28 斜椭圆螺纹配合件的加工

(续)

FANUC 0i 系统程序	程序说明	华中系统程序
G0 X150 Z150;	退回安全位置	G0 X150 Z150;
M9 M5 M0;	程序暂停,测量	M9 M5 M30;
T0101;	设定精加工转速	
M3 S2000 M8;		
G0 X62 Z2;	到达目测检验点	
G70 P1 Q2;	精加工循环	
G0 X150 Z150;	退回安全位置,换圆弧外圆车刀	
T0202 M3 S800;		T0202 M3 S800;
G0 X45 Z2;		G0 X45 Z2;
Z-15;		Z-15;
G73 U5 W0 R3;	粗车轮廓循环	; G71 U1.0 R0.5 P3 Q4 X0.3 Z0 F0.2;
G73 P3 Q4 U0.3 W0 F0.2;		
N3 G42 G0 X40;	R5mm 凹轮廓	N3 G42 G0 X40;
G1 Z-20 F0.1;		G1 Z-20 F0.1;
G2 Z-30 R5;		G2 Z-30 R5;
N4 G40 G1 X45;		N4 G40 G1 X45;
M3 S2000;	精加工循环	G0 X150 Z150;
G70 P3 Q4;		M5 M30;
G0 X150 Z150;	程序结束	
M5 M30;		
O0002;	加工件1、件2椭圆轮廓	O0002;
T0303;	换菱形外圆车刀	T0303;
M03 S800;	主轴正转,转速为800r/min	M03 S800;
G00 X62 Z2 M8;	到达目测检验点	G00 X62 Z2 M8;
G73 U9 W0 R6;	粗车轮廓循环	; G71 U1.0 R0.5 P1 Q2 X0.3 Z0 F0.2;
G73 P1 Q2 U0.3 W0 F0.2;		
N1 G42 G0 X50;	加工轮廓描述	N1 G42 G0 X50;
G1 Z0 F0.1;		G1 Z0 F0.1;
X58 C0.3;		X58 C0.3;
Z-4.38;		Z-4.38;
G2 X55.59 Z-28.75 R22.5;		G2 X55.59 Z-28.75 R22.5;
#1=11.63;		#1=11.63;

(续)

FANUC 0i 系统程序	程序说明	华中系统程序
#10 = -15;		WHILE#1GE[-25];
N5 #2 = 12.5/25 * SQRT [25 * 25 - #1 * #1];		#10 = -15;
#3 = -#1 * SIN[#10] + #2 * COS[#10];		#2 = 12.5/25 * SQRT[25 * 25 - #1 * #1];
#4 = #1 * COS[#10] + #2 * SIN[#10];	加工轮廓描述	#3 = -#1 * SIN[#10] + #2 * COS[#10];
G1 X [70.94 - 2 * #3] Z [#4 - 42.85];		#4 = #1 * COS[#10] + #2 * SIN[#10];
#1 = #1 - 0.1;		G1 X[70.94 - 2 * #3] Z[#4 - 42.85];
IF [#1GE-25] GOTO5;		#1 = #1 - 0.1;
N2 G40 G1 X62;		ENDW;
G0 X150 Z150;	退回安全位置	N2 G40 G1 X62;
M9 M5 M0;	程序暂停,测量	G0 X150 Z150;
T0303;		M9 M5 M30;
M3 S2000 M8;	设定精加工转速	
G0 X62 Z2;	到达目测检验点	
G70 P1 Q2;	精加工循环	
G0 X150 Z150;		
M5 M30;	程序结束	
O0003;	加工件1左端轮廓	O0003;
T0404;	换端面车刀	T0404;
M3 S600;	主轴正转,转速为800r/min	M3 S600;
G0 X47.5 Z2 M8;	刀具移至目测安全位置	G0 X47.5 Z2 M8;
G1 Z-5 F0.1;		G1 Z-5 F0.1;
Z2;		Z2;
X52.68;		X52.68;
Z0;	加工轮廓描述	Z0;
X48 Z-5;		X48 Z-5;
Z2;		Z2;
X39.32;		X39.32;

(续)

FANUC 0i 系统程序	程序说明	华中系统程序
Z0;	加工轮廓描述	Z0;
X47 Z-5;		X47 Z-5;
Z2;		Z2;
G0 X150 Z150;	程序结束	G0 X150 Z150;
M5 M30;		M5 M30;

四、样例小结

应对图样要进行综合分析，不能仅对单一的零件进行工艺分析，合理地运用辅助工装和辅助工艺，能巧妙地解决看似不可解决的问题。在切削件二椭圆旋转外轮廓和端面梯形槽时，要防止工件受力不均，导致螺纹咬死，给装卸工件带来麻烦。

职业技能鉴定样例29　宽槽配合件的加工

> **考核目标**
> 1. 正确选择可转位车刀及刀片。
> 2. 掌握二次曲线椭圆轮廓的加工方法。
> 3. 掌握配合件加工工艺的编制方法。

一、考核要求及准备

1. 总体要求

按零件图（图29-1）完成加工操作，本题分值为100分，考核时间为240min。

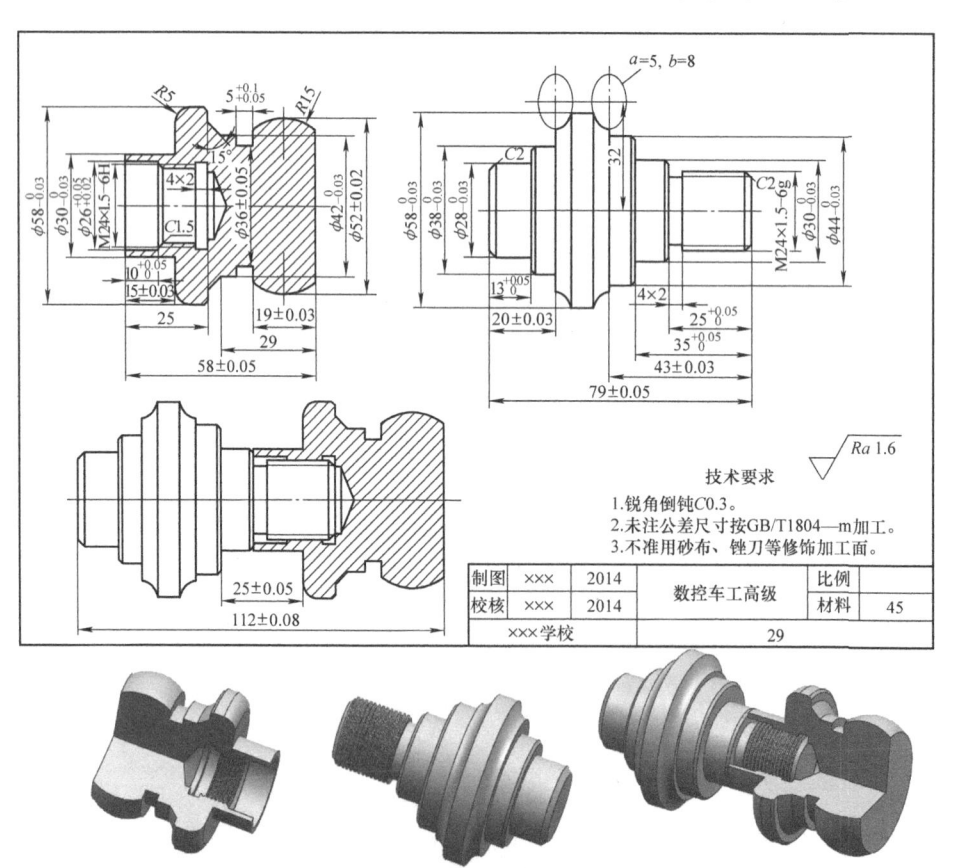

图 29-1　零件图

2. 评分标准（表29-1）

表29-1 职业技能鉴定样例29 评分表　　　　　　　　　（单位：mm）

工件编号				总得分		
项目与配分	序号	技术要求	配分	评分标准	检测记录	得分
件1（44%）	1	$\phi58_{-0.03}^{0}$	3	超差0.01扣1分		
	2	$\phi30_{-0.03}^{0}$	3	超差0.01扣1分		
	3	$\phi26_{+0.02}^{+0.05}$	3	超差0.01扣1分		
	4	$\phi36\pm0.05$	3	超差0.01扣1分		
	5	$\phi42_{-0.03}^{0}$	3	超差0.01扣1分		
	6	$\phi52\pm0.02$	3	超差0.01扣1分		
	7	$M24\times1.5-6H$	3	超差全扣		
	8	内切槽4×2	2	超差全扣		
	9	58 ± 0.05	2	超差0.01扣1分		
	10	19 ± 0.03	3	超差0.01扣1分		
	11	15 ± 0.03	3	超差0.01扣1分		
	12	$10_{0}^{+0.05}$	3	超差0.01扣1分		
	13	$5_{+0.05}^{+0.1}$	3	超差0.01扣1分		
	14	$R15$，$R5$，$45°$	2	超差全扣		
	15	一般尺寸及倒角	2	每错一处扣0.5分，不倒扣		
	16	$Ra1.6\mu m$	3	每错一处扣1分，不倒扣		
件2（46%）	17	$\phi58_{-0.03}^{0}$	3	超差0.01扣1分		
	18	$\phi38_{-0.03}^{0}$	3	超差0.01扣1分		
	19	$\phi28_{-0.03}^{0}$	3	超差0.01扣1分		
	20	$\phi44_{-0.03}^{0}$	3	超差0.01扣1分		
	21	$\phi30_{-0.03}^{0}$	3	超差0.01扣1分		
	22	4×2	2	超差全扣		
	23	79 ± 0.05	2	超差0.01扣1分		
	24	43 ± 0.03	3	超差0.01扣1分		
	25	$35_{0}^{+0.05}$	3	超差0.01扣1分		
	26	$25_{0}^{+0.05}$	3	超差0.01扣1分		
	27	20 ± 0.03	3	超差0.01扣1分		
	28	$13_{0}^{+0.05}$	3	超差0.01扣1分		
	29	$M24\times1.5-6g$	3	超差全扣		
	30	椭圆$a=5$，$b=8$	4	超差全扣		
	31	一般尺寸及倒角	2	每错一处扣0.5分，不倒扣		
	32	$Ra1.6\mu m$	3	每错一处扣1分，不倒扣		

(续)

工件编号				总得分			
项目与配分	序号	技术要求	配分	评分标准	检测记录	得分
配合（10%）	33	配合尺寸112±0.08	6	超差全扣		
	34	装配尺寸25±0.05	4	超差全扣		
其他	35	工件按时完成	倒扣	每超时5min扣3分		
	36	工件无缺陷		缺陷倒扣3分/处		
安全文明生产	37	安全操作		停止操作或酌扣5~20分		

3. 准备清单

1）材料准备（表29-2）。

表29-2 材料准备

名 称	规 格	数 量	要 求
45钢	$\phi 60mm \times 80mm$，$\phi 60mm \times 60mm$	各1件/考生	车平两端面，去毛刺

2）工具、量具、刃具的准备参照表15-3。

二、工艺分析及相关知识

1. 图样分析

1）图形分析：图形并不复杂，加工要求较高，图样中包含多个要素，相互关联的尺寸多。该工件的加工图素为：孔、内螺纹、外螺纹、圆弧回转面、二次曲线轮廓等。工件可看作为两个单一件独立加工完成，不需要配合后再进行轮廓的加工。

2）精度分析：加工尺寸公差等级多数为IT7，表面粗糙度均为$Ra1.6\mu m$，要求较高，配合尺寸的精度由单件尺寸精度合理保证。内、外螺纹的精度需要重点控制，松紧合理，才能保证配合尺寸满足测量要求。

2. 工艺分析

装夹方式和加工内容见表29-3。

表29-3 加工工艺流程表

工序	操作项目图示	操作内容及注意事项
1	（φ60工件图示）	按左图图示装夹工件 1）车平端面，钻中心孔 2）钻孔 3）车削外轮廓 4）车孔 5）车削内沟槽 6）车削内螺纹

(续)

工序	操作项目图示	操作内容及注意事项
2	（φ30 工件装夹图示）	按左图图示装夹工件，采用一夹一顶方式 1）车平端面，保证总长，钻中心孔 2）车削外轮廓 3）车削外径向槽
3	（φ60 工件装夹图示）	按左图图示装夹工件 1）车平端面，钻中心孔 2）车削外轮廓
4	（φ38 工件装夹图示）	按左图图示装夹工件，采用一夹一顶方式 1）车平端面，保证总长，钻中心孔 2）车削外轮廓 3）车削外径向槽 4）车削外螺纹

3. 相关知识

1）$R15\mathrm{mm}$ 圆弧轮廓的加工：选用35°菱形刀片的93°外圆偏刀，防止副偏角太小，而导致与工件干涉，损伤工件表面。编程指令可采用 G73 车削循环。

2）部分凹椭圆的加工：角度 t 作为自变量，取值范围为 270°~180°（为便于计算，方便编程，在两个象限点的位置取值），X 和 Z 坐标作为应变量。Z 坐标的增量为 $-3°$，根据参数方程公式得出 $Z = 5 \times \cos(t)$，$X = 8 \times \sin(t)$，注意曲线公式中的坐标值与工件坐标系中坐标值之间的转换。编程过程中使用的变量如下：

#1 或 R1：非圆曲线公式中的 t 角度值，初始值为 0。

#2 或 R2：非圆曲线公式中的 X 坐标值（半径量），初始值为 -8。

#3 或 R3：非圆曲线公式中的 Z 坐标值（半径量），初始值为 5。

#4 或 R4：非圆曲线在工件坐标系中的 Z 坐标值，其值为#1 - 20.0。

#5 或 R5：非圆曲线在工件坐标系中的 X 坐标值（直径量），其值为 64.0 + #2 × 2。

三、程序编制

其加工程序参考其他样例，自行根据加工工艺流程表编制。

职业技能鉴定样例30　梯形槽螺纹配合件的加工

考核目标
1. 正确选择可转位车刀及刀片。
2. 掌握内、外螺纹配合的加工方法。
3. 掌握配合件加工工艺的编制方法。

一、考核要求及准备

1. 总体要求

按零件图（图30-1）完成加工操作，本题分值为100分，考核时间为240min。

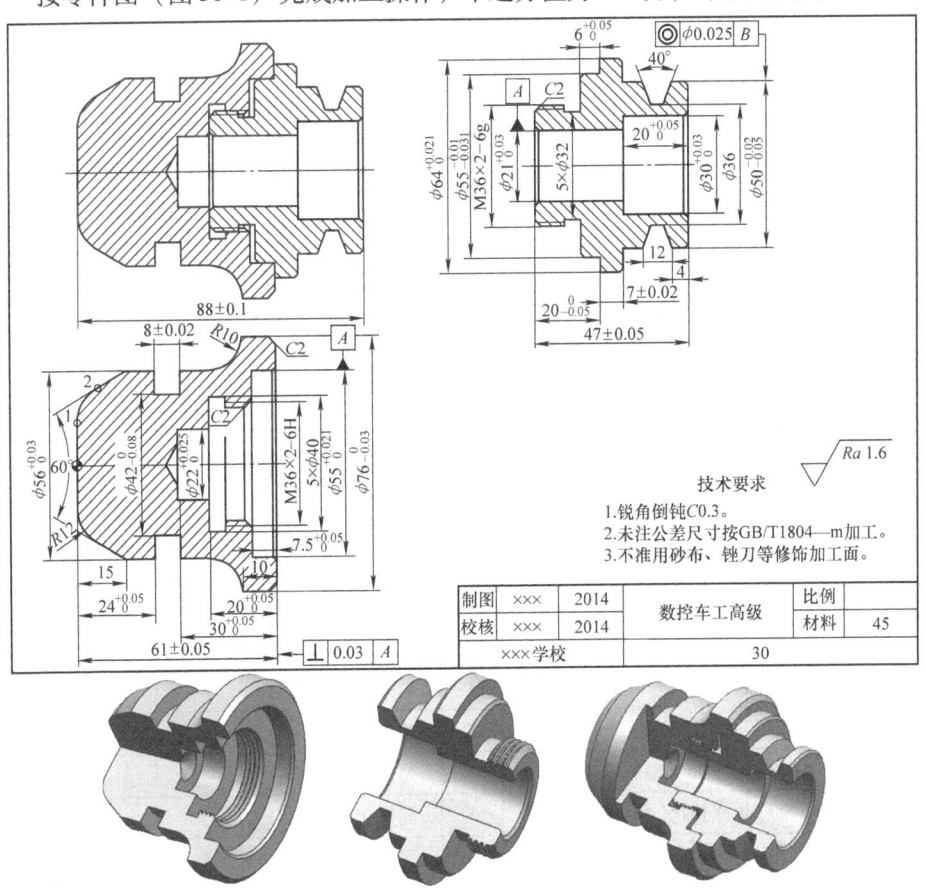

图30-1　零件图

2. 评分标准（表30-1）

表30-1 职业技能鉴定样例30评分表　　　　（单位：mm）

工件编号				总得分		
项目与配分	序号	技术要求	配分	评分标准	检测记录	得分
件1（49%）	1	$\phi76_{-0.03}^{\ 0}$	3	超差0.01扣1分		
	2	$\phi55_{\ 0}^{+0.021}$	3	超差0.01扣1分		
	3	$\phi22_{\ 0}^{+0.025}$	3	超差0.01扣1分		
	4	$\phi42_{-0.08}^{\ 0}$	3	超差0.01扣1分		
	5	$\phi56_{\ 0}^{+0.03}$	3	超差0.01扣1分		
	6	$M36 \times 2 - 6H$	4	超差全扣		
	7	$5 \times \phi40$	2	超差全扣		
	8	61 ± 0.05	3	超差0.01扣1分		
	9	$30_{\ 0}^{+0.05}$	3	超差0.01扣1分		
	10	$20_{\ 0}^{+0.05}$	3	超差0.01扣1分		
	11	$7.5_{\ 0}^{+0.05}$	3	超差0.01扣1分		
	12	$24_{\ 0}^{+0.05}$	3	超差0.01扣1分		
	13	8 ± 0.02	3	超差0.01扣1分		
	14	垂直度0.03	3	超差0.01扣1分		
	15	$R10, R12, 60°$	2	每错一处扣1分		
	16	一般尺寸及倒角	2	每错一处扣0.5分，不倒扣		
	17	$Ra1.6\mu m$	3	每错一处扣1分，不倒扣		
件2（41%）	18	$\phi64_{\ 0}^{+0.021}$	3	超差0.01扣1分		
	19	$\phi55_{-0.031}^{-0.01}$	3	超差0.01扣1分		
	20	$\phi21_{\ 0}^{+0.03}$	3	超差0.01扣1分		
	21	$\phi30_{\ 0}^{+0.03}$	3	超差0.01扣1分		
	22	$\phi50_{-0.05}^{-0.02}$	3	超差0.01扣1分		
	23	$5 \times \phi32$	2	超差全扣		
	24	47 ± 0.05	3	超差0.01扣1分		
	25	7 ± 0.02	3	超差0.01扣1分		
	26	$6_{\ 0}^{+0.05}$	3	超差0.01扣1分		
	27	$20_{\ 0}^{+0.05}$	3	超差0.01扣1分		
	28	$M36 \times 2 - 6g$	4	超差全扣		
	29	同轴度$\phi0.025$	3	超差0.01扣1分		
	30	一般尺寸及倒角	2	每错一处扣0.5分，不倒扣		
	31	$Ra1.6\mu m$	3	每错一处扣1分，不倒扣		

工件编号				总得分			
项目与配分	序号	技术要求	配分	评分标准		检测记录	得分
配合（10%）	32	配合尺寸 88±0.1	10	超差全扣			
其他	33	工件按时完成	倒扣	每超时 5min 扣 3 分			
	34	工件无缺陷		缺陷倒扣 3 分/处			
安全文明生产	35	安全操作		停止操作或酌情扣 5~20 分			

3. 准备清单

1) 材料准备（表30-2）。

表30-2 材料准备

名 称	规 格	数 量	要 求
45 钢	φ80mm×65mm，φ65mm×50mm	各 1 件/考生	车平两端面，去毛刺

2) 工具、量具、刃具的准备参照表 15-3。

二、工艺分析及相关知识

1. 图样分析

1) 图形分析：图形为一般类型的螺纹配合件。该工件的加工图素为一般常见图素为：孔、内螺纹、外螺纹、圆弧回转面、梯形槽等，工件由两个独立件加工后配合而成。

2) 精度分析：加工尺寸公差等级多数为 IT7，表面粗糙度值均为 $Ra1.6\mu m$，要求较高。主要的位置精度与通孔有关，孔 φ21mm 与轴 φ50mm 应一次装夹完成加工，才能保证同轴度要求。

2. 工艺分析

装夹方式和加工内容见表30-3。

表30-3 加工工艺流程表

工序	操作项目图示	操作内容及注意事项
1	φ65	按左图图示装夹工件 1) 车平端面，钻中心孔 2) 钻孔 3) 车削外轮廓 4) 车削梯形槽 5) 车孔

(续)

工序	操作项目图示	操作内容及注意事项
2	φ50	按左图图示装夹工件 1）车平端面，保证总长 2）车削外轮廓 3）车削外径向槽 4）车削外螺纹
3	φ80	按左图图示装夹工件，采用一夹一顶方式 1）车平端面，钻中心孔 2）车削外轮廓 3）车削外径向槽
4	φ56	按左图图示装夹工件 1）车平端面，保证总长，钻中心孔 2）钻孔 3）车削外轮廓 4）车孔 5）车削内沟槽 6）车削内螺纹

3. 相关知识

1）梯形槽的加工分粗、精加工两次完成。精加工宜采用切削刃两侧为基准分别对刀的方法，取刀补值 D1、D2，然后从槽宽两侧分别沿轴向带刀补进刀，在槽底向一侧接刀。加工中应将刀补补偿调整值尽量一致，以避免槽底出现接刀痕，而为了防止出现可能出现的接刀痕，接刀后采取小斜率斜向出刀。

2）车削内、外螺纹时，及时地用塞规或通止规检验，保证螺纹准确。

三、程序编制

其加工程序参考其他样例，自行根据加工工艺流程表编制。

职业技能鉴定样例31　椭圆槽螺纹配合件的加工

> **考核目标**
> 1. 正确选择可转位车刀及刀片。
> 2. 掌握二次曲线轮廓的编制加工方法。
> 3. 掌握配合件加工工艺的编制方法。

一、考核要求及准备

1. 总体要求

按零件图（图31-1）完成加工操作，本题分值为100分，考核时间为240min。

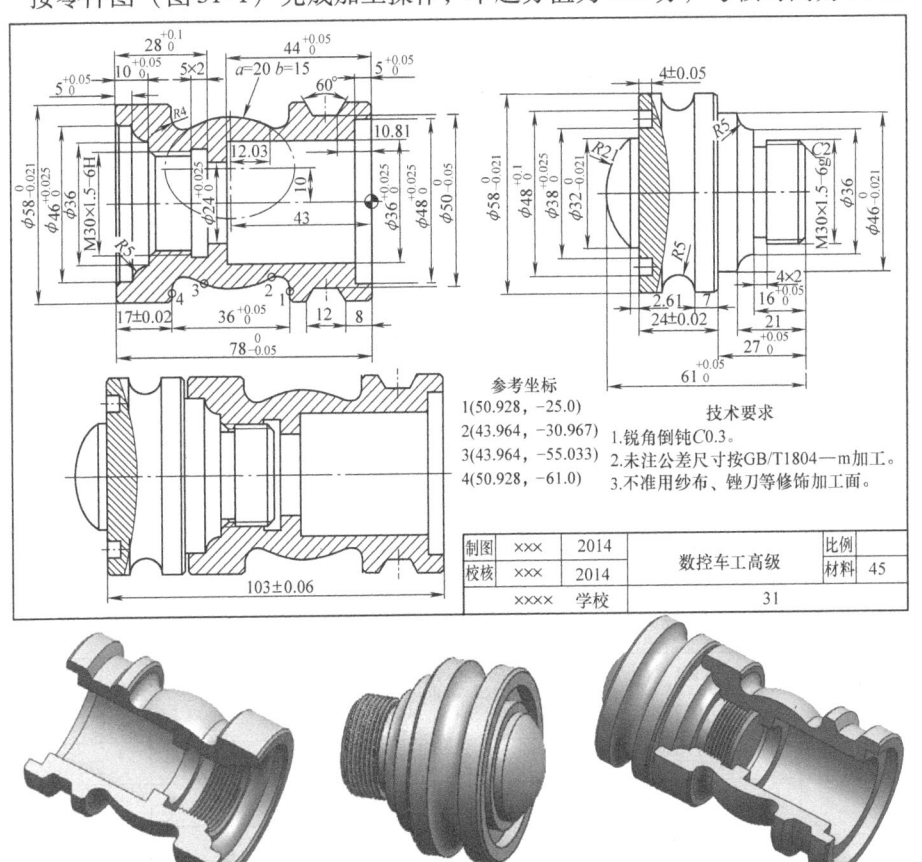

参考坐标
1(50.928, −25.0)
2(43.964, −30.967)
3(43.964, −55.033)
4(50.928, −61.0)

技术要求
1. 锐角倒钝C0.3。
2. 未注公差尺寸按GB/T1804—m加工。
3. 不准用纱布、锉刀等修饰加工面。

图31-1　零件图

2. 评分标准（表31-1）

表31-1 职业技能鉴定样例31评分表　　　　　　（单位：mm）

工件编号 项目与配分	序号	技术要求	配分	评分标准	检测记录	得分
件1（52%）	1	$\phi 58_{-0.021}^{0}$	3	超差0.01扣1分		
	2	$\phi 46_{0}^{+0.025}$	3	超差0.01扣1分		
	3	$\phi 24_{0}^{+0.025}$	3	超差0.01扣1分		
	4	$\phi 50_{-0.05}^{0}$	3	超差0.01扣1分		
	5	$\phi 48_{0}^{+0.025}$	3	超差0.01扣1分		
	6	$\phi 36_{0}^{+0.025}$	3	超差0.01扣1分		
	7	$M30 \times 1.5 - 6H$	3	超差全扣		
	8	5×2	1	超差全扣		
	9	$78_{-0.05}^{0}$	3	超差0.01扣1分		
	10	17 ± 0.02	3	超差0.01扣1分		
	11	$36_{0}^{+0.05}$	3	超差0.01扣1分		
	12	$10_{0}^{+0.05}$	3	超差0.01扣1分		
	13	$5_{0}^{+0.05}$	3	超差0.01扣1分		
	14	$44_{0}^{+0.05}$	3	超差0.01扣1分		
	15	$28_{0}^{+0.1}$	1	超差0.01扣1分		
	16	$R5$，$60°$	1	每错一处扣1分		
	17	椭圆 $a = 20$，$b = 15$	5	超差全扣		
	18	一般尺寸及倒角	2	每错一处扣0.5分，不倒扣		
	19	$Ra1.6\mu m$	3	每错一处扣1分，不倒扣		
件2（40%）	20	$\phi 58_{-0.021}^{0}$	3	超差0.01扣1分		
	21	$\phi 48_{0}^{+0.1}$	3	超差0.01扣1分		
	22	$\phi 38_{0}^{+0.025}$	3	超差0.01扣1分		
	23	$\phi 32_{-0.021}^{0}$	3	超差0.01扣1分		
	24	$\phi 46_{-0.021}^{0}$	3	超差0.01扣1分		
	25	4×2	1	超差全扣		
	26	$61_{0}^{+0.05}$	3	超差0.01扣1分		
	27	$27_{0}^{+0.05}$	3	超差0.01扣1分		
	28	24 ± 0.02	3	超差0.01扣1分		
	29	$16_{0}^{+0.05}$	3	超差0.01扣1分		
	30	4 ± 0.05	3	超差0.01扣1分		

(续)

工件编号			总得分			
项目与配分	序号	技术要求	配分	评分标准	检测记录	得分
件2（40%）	31	M30×1.5-6g	3	超差全扣		
	32	$R21$, $R5$	1	每错一处扣1分		
	33	一般尺寸及倒角	2	每错一处扣0.5分，不倒扣		
	34	$Ra1.6\mu m$	3	每错一处扣1分，不倒扣		
装配（8%）	35	装配尺寸103±0.06	8	超差全扣		
其他	36	工件按时完成	倒扣	每超时5min扣3分		
	37	工件无缺陷		缺陷倒扣3分/处		
安全文明生产	38	安全操作		停止操作或酌情扣5~20分		

3. 准备清单

1）材料准备（表31-2）。

表31-2 材料准备

名　称	规　格	数　量	要　求
45钢	$\phi 60mm\times 80mm$, $\phi 60mm\times 65mm$	各1件/考生	车平两端面，去毛刺

2）工具、量具、刃具的准备参照表15-3。

二、工艺分析及相关知识

1. 图样分析

1）图形分析：从图样上看，图形图素较多，考核要点全面。加工图素为：外轮廓曲线、孔、内螺纹、外螺纹、梯形槽、端面槽等，工件由两个单件加工后进行配合。

2）精度分析：加工尺寸公差等级多数为IT7，表面粗糙度值均为$Ra1.6\mu m$，要求较高。配合用尺寸$\phi 46mm$、内螺纹、外螺纹的精度需要重点控制。

2. 工艺分析

装夹方式和加工内容见表31-3。

表31-3 加工工艺流程表

工序	操作项目图示	操作内容及注意事项
1	（$\phi 60$ 装夹工件图示）	按左图示装夹工件 1）车平端面，钻中心孔 2）车削外轮廓 3）车削外径向槽 4）车削外螺纹

(续)

工序	操作项目图示	操作内容及注意事项
2	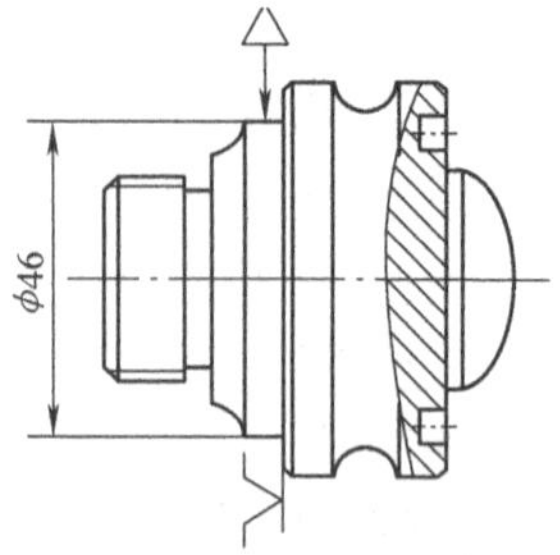	按左图图示装夹工件 1）车平端面，保证总长 2）车削外轮廓 3）车削圆弧槽 4）车削端面槽
3	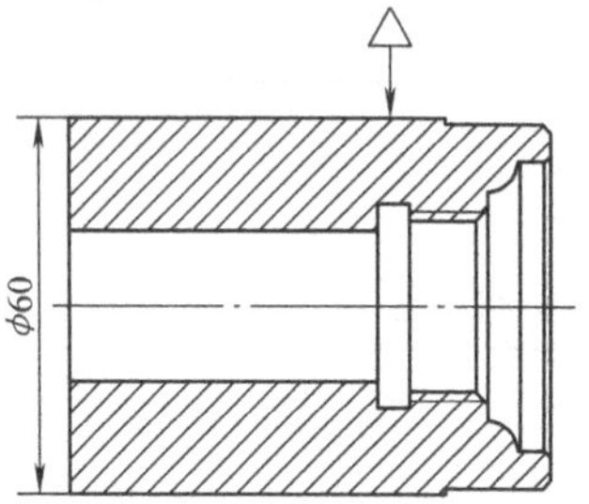	按左图图示装夹工件 1）车平端面，钻中心孔 2）钻孔 3）车削外轮廓 4）车削内轮廓 5）车削内沟槽 6）车削内螺纹
4	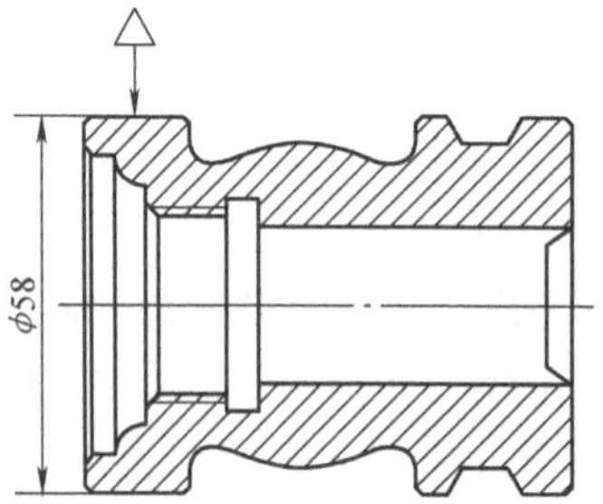	按左图图示装夹工件，采用一夹一顶方式 1）车平端面，保证总长，钻中心孔 2）车削外轮廓 3）车削梯形槽
5	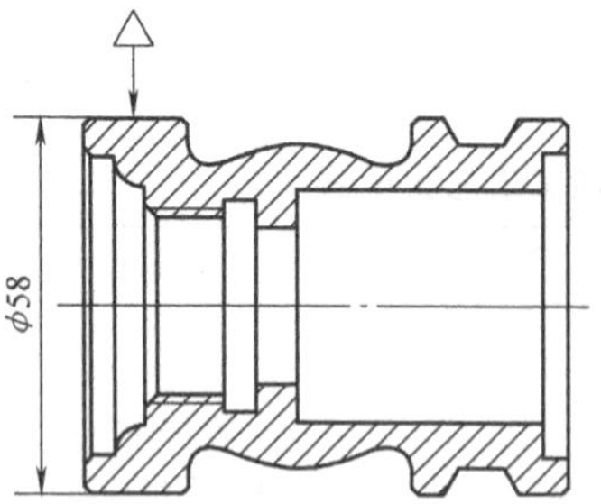	按左图图示装夹工件 车孔

3. 相关知识

1）根据端面槽的大径和小径尺寸选择合适的端面槽车刀。端面槽由于主要受进给力，不能承受较大的径向切削力，端面槽必须分为粗、精加工两次完成。其中粗加工宜采用从端面沿轴向分层切削的方式进行，槽宽和槽深各留 0.1 ~ 0.2mm，进行精加工。

2）对于椭圆曲线轮廓加工时，由于其轮廓两侧垂直，应选择圆弧仿形外圆车刀。采用刀尖圆弧半径补偿值的改变来保证其尺寸精度。

3）椭圆曲线轮廓的编程思路：以 Z 坐标作为自变量，X 坐标作为应变量。Z 坐标的增量为 -0.1，取值范围为 12.04 ~ -12.04，编制程序时注意曲线公式中的坐标值与工件坐标系中坐标值之间的转换。

三、程序编制

选择工件的左、右端面回转中心作为编程原点，其加工程序见表31-4。

表 31-4　职业技能鉴定样例 31 参考程序

FANUC 0i 系统程序	程序说明	华中系统程序
O0001；	加工件1右端外轮廓	O0001；
T0101；	换外圆车刀	T0101；
M03 S800；	主轴正转，转速为 800r/min	M03 S800；
G00 X62 Z2 M08；	到达目测检验点	G00 X62 Z2 M08；
G71 U1.0 R0.5；	粗车轮廓循环	；G71 U1.0 R0.5 P1 Q2 X0.5 Z0 F0.2；
G71 P1 Q2 U0.5 W0 F0.2；		
N1 G42 G0 X24；	加工轮廓描述	N1 G42 G0 X24；
G1 Z0 F0.1；		G1 Z0 F0.1；
X29.8 C2；		X29.8 C2；
Z-16；		Z-16；
X36；		X36；
G2 X46 Z-21 R5；		G2 X46 Z-21 R5；
G1 Z-27；		G1 Z-27；
X58 C1；		X58 C1；
Z-35；		Z-35；
N2 G40 X62；		N2 G40 X62；
G0 X150 Z150；	退回安全位置	G0 X150 Z150；
M9 M5 M0；	程序暂停，测量	M9 M5 M30；
T0101；	设定精加工转速	
M3 S2000 M8；		
G0 X62 Z2；	到达目测检验点	
G70 P1 Q2；	精加工循环	

(续)

FANUC 0i 系统程序	程序说明	华中系统程序
G0 X150 Z150;	退回安全位置，换切槽刀（刀宽3mm）	T0202 M3 S500;
T0202 M3 S500;		G0 X32 Z-15;
G0 X32 Z-15;		G1 X25.8 F0.1;
G75 R0.5;	径向槽加工	X32; Z-16;
G75 X25.8 Z-16 P2000 Q1000 F0.1;		X25.8; X32;
G0 X150 Z150;	换螺纹车刀	G0 X150 Z150;
T0303 M3 S800;		T0303 M3 S800;
G0 X32 Z2;	加工螺纹	G0 X32 Z2;
G76 P010160 Q50 R0.05;		G76 C2 A60 X36 Z-14 K0.975 U0.1 V0.1 Q0.4 F1.5;
G76 X36 Z-14 P975 Q400 F1.5;		
G0 X150 Z150;	程序结束	G0 X150 Z150;
M5 M30;		M5 M30;
O0002;	加工件1左端外轮廓	O0002;
T0101;	换外圆车刀	T0101;
M03 S800;	主轴正转，转速为800r/min	M03 S800;
G00 X62 Z2 M08;	到达目测检验点	G00 X62 Z2 M08;
G71 U1.0 R0.5;	粗车轮廓循环	; G71 U1.0 R0.5 P1 Q2 X0.3 Z0 F0.2;
G71 P1 Q2 U0.3 W0 F0.2;		
N1 G42 G0 X0;	加工轮廓描述	N1 G42 G0 X0;
G1 Z0 F0.1;		G1 Z0 F0.1;
G3 X32 Z-7.39 R21;		G3 X32 Z-7.39 R21;
G1 Z-10;		G1 Z-10;
X58 C1;		X58 C1;
Z-27;		Z-27;
N2 G40 G1 X62;		N2 G40 G1 X62;
G0 X150 Z150;	退回安全位置 程序暂停，测量	G0 X150 Z150;
M9 M5 M0;		M9 M5 M30;
T0101;	设定精加工转速	
M3 S2000 M8;		
G0 X62 Z2;	到达目测检验点	
G70 P1 Q2;	精加工循环	

(续)

FANUC 0i 系统程序	程序说明	华中系统程序
G0 X150 Z150;	退回安全位置，换端面槽车刀（刀宽3mm）	T0404 M3 S500;
T0404 M3 S500;		G0 X48 Z2;
G0 X48 Z2;		G1 Z-4 F0.1;
G74 R0.5;	端面槽加工	Z2; X43; Z-4; Z2;
G74 X38 Z-4 P1000 Q2000 F0.1;		X38; Z-4; Z2;
G0 X150 Z150;	程序结束	G0 X150 Z150;
M5 M30;		M5 M30;
O0003;	加工件1左端外轮廓	O0003;
T0505;	换圆弧外圆车刀	T0505;
M03 S800;	主轴正转，转速为800r/min	M03 S800;
G00 X65 Z2 M08;	到达目测检验点	G00 X65 Z2 M08;
G73 U5 W0 R3;	粗车轮廓循环	; G71 U1.0 R0.5 P1 Q2 X0.3 Z0 F0.2;
G73 P1 Q2 U0.3 W0 F0.2;		
N1 G42 G1 Z-7;	R5mm凹圆弧的轮廓描述	N1 G42 G1 Z-7;
X58;		X58;
G2 Z-17 R5;		G2 Z-17 R5;
G1 X65;		G1 X65;
N2 G40 Z-20;		N2 G40 Z-20;
M3 S2000;	主轴正转，转速为2000r/min	G0 X150 Z150;
G70 P1 Q2;	精加工循环	M5 M30;
G0 X150 Z150;	程序结束	
M5 M30;		
O0004;	加工件2外轮廓	O0004;
T0505;	换圆弧外圆车刀	T0505;
M03 S800;	主轴正转，转速为800r/min	M03 S800;
G00 X62 Z5 M08;	到达目测检验点	G00 X62 Z5 M08;
G73 U9 W0 R6;	粗车轮廓循环	; G71 U1.0 R0.5 P1 Q2 X0.3 Z0 F0.2;
G73 P1 Q2 U0.3 W0 F0.2;		
N1 G42 G0 X50;	加工轮廓描述	N1 G42 G0 X50;
G1 Z0 F0.1;		G1 Z0 F0.1;
X58 C1;		X58 C1;

(续)

FANUC 0i 系统程序	程序说明	华中系统程序
Z-25 C1;	加工轮廓描述	Z-25 C1;
X50.928;		X50.928;
G2 X43.864 Z-30.967 R4;		G2 X43.864 Z-30.967 R4;
#1=12.03;		#1=12.03;
N10 #2=15/20*SQRT[20*20-#1*#1];		WHILE #1 GE [-12.03];
G1 X [20+2*#2] Z [#1-43];		#2=15/20*SQRT[20*20-#1*#1];
#1=#1-0.1;		G1 X [20+2*#2] Z [#1-43];
IF [#1GE-12.03] GOTO10;		#1=#1-0.1;
G1 X43.964 Z-55.033;		ENDW;
G2 X50.928 Z-61 R4;		G1 X43.964 Z-55.033;
G1 X58 C1;		G2 X50.928 Z-61 R4;
N2 G40 X62;		G1 X58 C1;
G0 X150 Z150;	退回安全位置 程序暂停，测量	N2 G40 X62;
M9 M5 M0;		G0 X150 Z150;
T0505;	设定精加工转速	M9 M5 M30;
M3 S2000 M8;		
G0 X62 Z5;	到达目测检验点	
G70 P1 Q2;	精加工循环	
G0 X150 Z150;	退回安全位置，换切槽刀（刀宽3mm）	T0202 M3 S500;
T0202 M3 S500;		G0 X60 Z2;
G0 X60 Z2;		Z-13.31;
Z-13.31;		G1 X50 F0.1;
G75 R0.5;	梯形槽加工	X60; Z-15.81; X50; X60;
G75 X50 Z-17.69 P2000 Q2500 F0.1;		Z-17.69; X50; X60;
G1 X58 Z-11;		G1 X58 Z-11;
X50 Z-13.31;		X50 Z-13.31;
X58;		X58;
Z-20;		Z-20;
X50 Z-17.69;		X50 Z-17.69;
X60;		X60;
G0 X150 Z150;	程序结束	G0 X150 Z150;
M5 M30;		M5 M30;

四、样例小结

用圆弧车刀加工椭圆轮廓时,如不采用刀尖圆弧半径补偿进行编程与加工,可通过计算刀尖圆弧中心轨迹(通过软件进行偏置)来进行编程与加工。如果要采用刀尖圆弧半径补偿进行编程,则直接以加工轮廓进行编程,并选择圆弧中心为对刀点,刀具切削沿号选择"9",刀具补偿形式选择右刀补"G42"。

职业技能鉴定样例32 对称异形槽三件配合加工

> **考核目标**
> 1. 正确选择可转位车刀及刀片。
> 2. 掌握工件的切断工艺。
> 3. 掌握配合件加工工艺的编制方法。

一、考核要求及准备

1. 总体要求

按零件图（图32-1）完成加工操作，本题分值为100分，考核时间为240min。

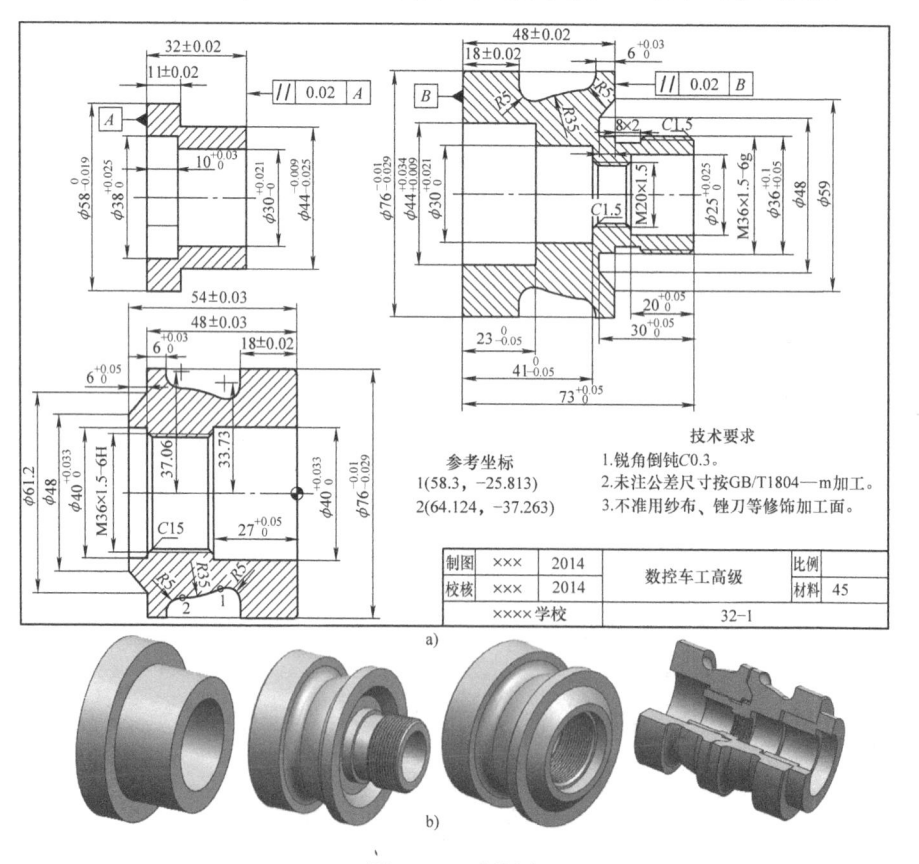

图 32-1 零件图

职业技能鉴定样例32　对称异形槽三件配合加工

技术要求
1. 锐角倒钝C0.3。
2. 未注公差尺寸按GB/T1804—m加工。
3. 不准用纱布、锉刀等修饰加工面。

制图	×××	2014	数控车工高级	比例	
校核	×××	2014		材料	45
	××××学校			32-2	

c)

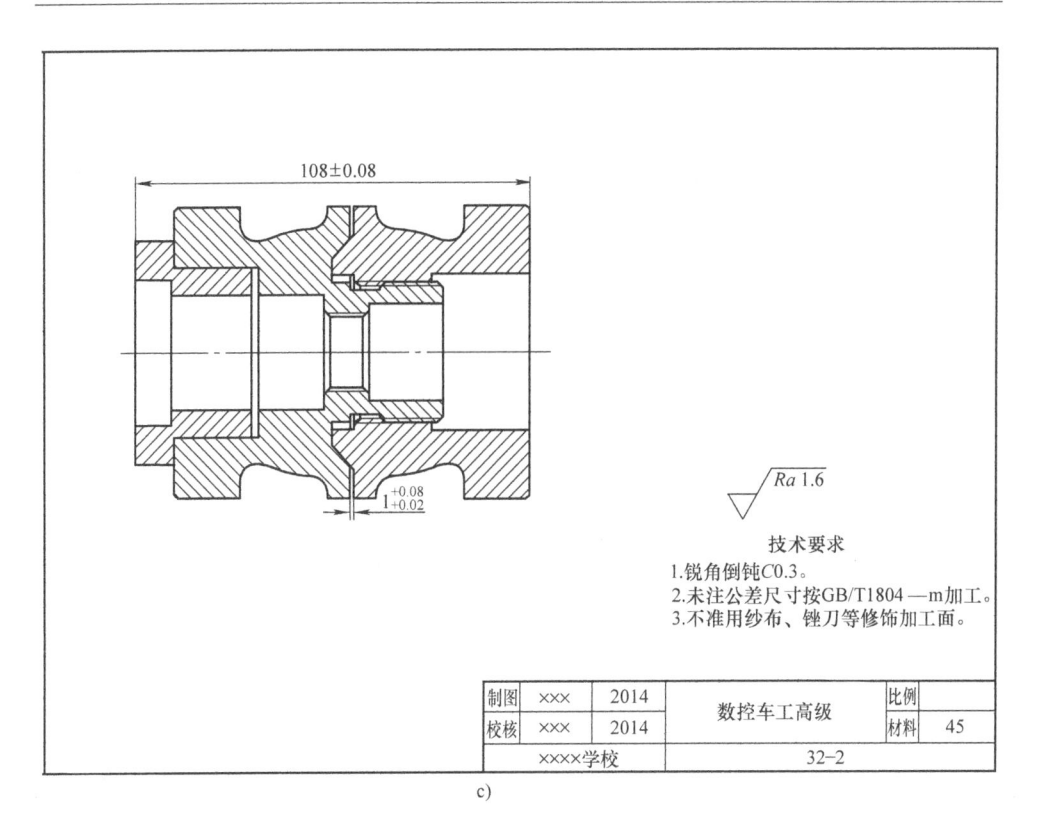

图 32-1　零件图（续）

2. 评分标准（表32-1）

表 32-1　职业技能鉴定样例32评分表　　　　　（单位：mm）

工件编号			总得分			
项目与配分	序号	技术要求	配分	评分标准	检测记录	得分
件1（45%）	1	$\phi76_{-0.029}^{-0.01}$	3	超差0.01扣1分		
	2	$\phi44_{+0.009}^{+0.034}$	3	超差0.01扣1分		
	3	$\phi30_{0}^{+0.021}$	3	超差0.01扣1分		
	4	$\phi25_{0}^{+0.025}$	3	超差0.01扣1分		
	5	$\phi36_{+0.05}^{+0.1}$	3	超差0.01扣1分		
	6	M20×1.5	2	超差0.01扣1分		
	7	M36×1.5-6g	3	超差全扣		
	8	8×2	1	超差全扣		
	9	$73_{0}^{+0.05}$	2	超差0.01扣1分		
	10	$23_{-0.05}^{0}$	2	超差0.01扣1分		

(续)

工件编号 项目与配分	序号	技术要求	配分	总得分 评分标准	检测记录	得分
件1（45%）	11	$41_{-0.05}^{0}$	2	超差0.01扣1分		
	12	$30_{0}^{+0.05}$	2	超差0.01扣1分		
	13	$20_{0}^{+0.05}$	2	超差0.01扣1分		
	14	48 ± 0.02	2	超差0.01扣1分		
	15	18 ± 0.02	2	超差0.01扣1分		
	16	$6_{0}^{+0.03}$	2	超差0.01扣1分		
	17	平行度0.02	3	超差全扣		
	18	$R35$, $R5$, $C1.5$	1	每错一处扣0.5分		
	19	一般尺寸及倒角	1	每错一处扣0.5分，不倒扣		
	20	$Ra1.6\mu m$	3	每错一处扣1分，不倒扣		
件2（21%）	21	$\phi58_{-0.019}^{0}$	3	超差0.01扣1分		
	22	$\phi38_{0}^{+0.025}$	3	超差0.01扣1分		
	23	$\phi30_{0}^{+0.021}$	3	超差0.01扣1分		
	24	$\phi44_{-0.025}^{-0.009}$	3	超差0.01扣1分		
	25	32 ± 0.02	2	超差0.01扣1分		
	26	11 ± 0.02	2	超差0.01扣1分		
	27	$10_{0}^{+0.03}$	2	超差0.01扣1分		
	28	平行度0.02	3	超差全扣		
件3（23%）	29	$\phi76_{-0.029}^{-0.01}$	3	超差0.01扣1分		
	30	$\phi40_{0}^{+0.033}$	3	超差0.01扣1分		
	31	54 ± 0.03	2	超差0.01扣1分		
	32	48 ± 0.03	2	超差0.01扣1分		
	33	18 ± 0.02	2	超差0.01扣1分		
	34	$6_{0}^{+0.03}$	2	超差0.01扣1分		
	35	$6_{0}^{+0.05}$	2	超差0.01扣1分		
	36	$27_{0}^{+0.05}$	2	超差0.01扣1分		
	37	$R5$, $R35$	1	每错一处扣0.5分		
	38	一般尺寸及倒角	1	每错一处扣0.5分，不倒扣		
	39	$Ra1.6\mu m$	3	每错一处扣1分，不倒扣		
配合（11%）	40	配合尺寸108 ± 0.08	5	超差全扣		
	41	$1_{+0.02}^{+0.08}$	6	超差全扣		

工件编号					总得分		
项目与配分	序号	技术要求	配分	评分标准		检测记录	得分
其他	42	工件按时完成	倒扣	每超时5min扣3分			
	43	工件无缺陷		缺陷倒扣3分/处			
安全文明生产	44	安全操作		停止操作或酌情扣5~20分			

3. 准备清单

1）材料准备（表32-2）。

表32-2 材料准备

名 称	规 格	数 量	要 求
45钢	$\phi60mm \times 35mm$，$\phi80mm \times 135mm$	各1件/考生	车平两端面，去毛刺

2）工具、量具、刃具的准备参照表15-3。

二、工艺分析及相关知识

1. 图样分析

1）图形分析：从图样上看，考核内容全面。加工图素为：外轮廓曲线、孔、内螺纹、外螺纹、圆弧回转面、梯形槽、端面槽、二次曲线轮廓等。

2）精度分析：加工尺寸公差等级多数为IT7，表面粗糙度值均为$Ra1.6\mu m$，要求较高。配合用尺寸$\phi44mm$、端面槽尺寸和内、外螺纹需要重点控制。在几何公差要求方面，主要有两个平行度要求，加工中可采用百分表进行找正。间隙尺寸$1_{+0.02}^{+0.08}mm$的尺寸主要靠单件的尺寸精度保证。

2. 工艺分析

装夹方式和加工内容见表32-3。

表32-3 加工工艺流程表

工序	操作项目图示	操作内容及注意事项
1	$\phi60$	按左图图示装夹工件 1）车平端面 2）车削外轮廓

（续）

工序	操作项目图示	操作内容及注意事项
2	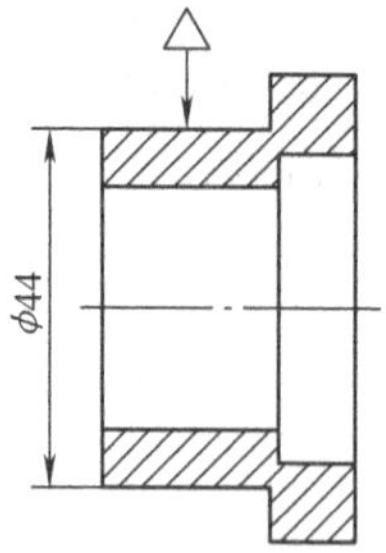 φ44	按左图图示装夹工件 1）车平端面，保证总长，钻中心孔 2）钻孔 3）车削外轮廓 4）车孔
3	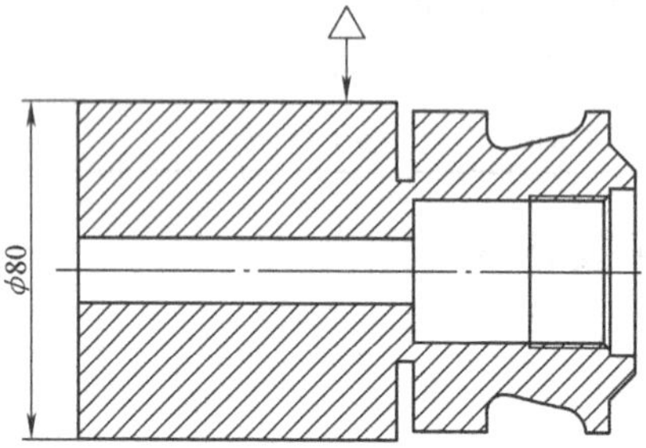 φ80	按左图图示装夹工件 1）车平端面，钻中心孔 2）钻孔 3）车削外轮廓 4）车孔 5）车削内螺纹 6）切断
4	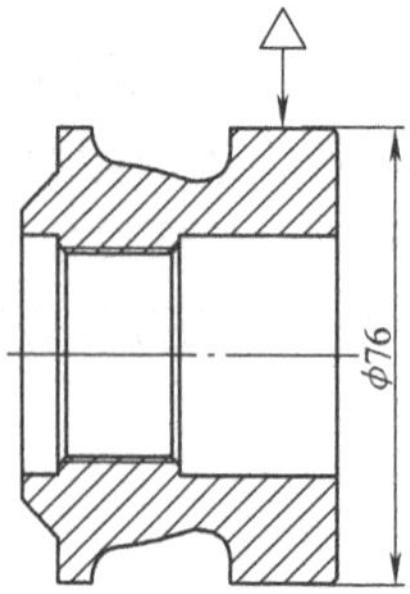 φ76	按左图图示装夹工件 1）车平端面，保证总长，钻中心孔 2）车孔
5	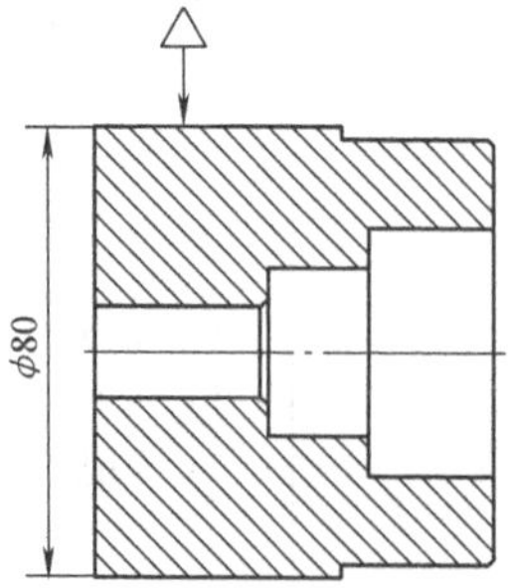 φ80	按左图图示装夹工件 1）平端面 2）车削外轮廓 3）车孔

职业技能鉴定样例32 对称异形槽三件配合加工

（续）

工序	操作项目图示	操作内容及注意事项
6		按左图图示装夹工件，采用一夹一顶方式 1）车平端面，保证总长 2）车削外轮廓 3）车削外径向槽 4）车削端面槽 5）车削外螺纹
7		按左图图示装夹工件 1）车孔 2）车削内螺纹

3. 相关知识

1）提供的材料为 $\phi60mm \times 35mm$，$\phi80mm \times 135mm$；从图样上看，有三个独立的工件，其中一单件需从 $\phi80mm \times 135mm$ 料上进行切断来获得，注意将内、外轮廓加工成所需形状，才进行切断。

2）端面槽进行小径切削时，应注意避免与螺纹大径发生干涉。

3）内凹轮廓加工时，涉及干涉角度，选用的刀具为圆弧仿形外圆车刀。编制的程序可以在两单件上重复使用，注意程序原点应设置成相同的。

三、程序编制

选择工件的左、右端面回转中心作为编程原点，其加工程序见表32-4。

表32-4 职业技能鉴定样例32参考程序

FANUC 0i 系统程序	程序说明	华中系统程序
O0001；	加工件2左端外轮廓	O0001；
T0101；	换外圆车刀	T0101；
M03 S800；	主轴正转，转速为800r/min	M03 S800；
G00 X82 Z2 M08；	到达目测检验点	G00 X82 Z2 M08；

(续)

FANUC 0i 系统程序	程序说明	华中系统程序
G71 U1.0 R0.5;	粗车轮廓循环	; G71 U1.0 R0.5 P1 Q2 X0.5 Z0 F0.2;
G71 P1 Q2 U0.5 W0 F0.2;		
N1 G42 G0 X40;	加工轮廓描述	N1 G42 G0 X40;
G1 Z0 F0.1;		G1 Z0 F0.1;
X48 C0.3;		X48 C0.3;
X61.2 Z-6;		X61.2 Z-6;
X76 C0.3;		X76 C0.3;
Z-60;		Z-60;
N2 G40 X82;		N2 G40 X82;
G0 X150 Z150;	退回安全位置	G0 X150 Z150;
M9 M5 M0;	程序暂停,测量	M9 M5 M30;
T0101;	设定精加工转速	
M3 S2000 M8;		
G0 X82 Z2;	到达目测检验点	
G70 P1 Q2;	精加工循环	
G0 X150 Z150;	程序结束	
M5 M30;		
O0002;	加工件2左端凹圆弧轮廓	O0002;
T0202;	换圆弧外圆车刀	T0202;
M03 S800;	主轴正转,转速为800r/min	M03 S800;
G00 X82 Z2 M08;	到达目测检验点	G00 X82 Z2 M08;
G73 U12 W0 R10;	粗车轮廓循环	; G71 U1 R0.5 P1 Q2 X0.3 Z0 F0.2;
G73 P1 Q2 U0.3 W0 F0.2;		
N1 G42 G0 Z-6;	加工轮廓描述	N1 G42 G0 Z-6;
G1 X76 F0.1;		G1 X76 F0.1;
X74.12;		X74.12;
G2 X64.124 Z-10.74 R5;		G2 X64.124 Z-10.74 R5;
G3 X58.3 Z-22.99 R35;		G3 X58.3 Z-22.99 R35;
G2 X67.45 Z-30 R5;		G2 X67.45 Z-30 R5;
N2 G40 G1 X82;		N2 G40 G1 X82;
G70 P1 Q2;	精加工循环	G70 P1 Q2;

(续)

FANUC 0i 系统程序	程序说明	华中系统程序
G0 X150 Z150;	程序结束	G0 X150 Z150;
M5 M30;		M5 M30;
O0003;	加工件2内轮廓	O0003;
T0303;	换内孔车刀	T0303;
M03 S800;	主轴正转,转速为800r/min	M03 S800;
G00 X32 Z2 M08;	到达目测检验点	G00 X32 Z2 M08;
G71 U1.0 R0.5;	粗车轮廓循环	; G71 U1.0 R0.5 P1 Q2 X-0.3 Z0 F0.2;
G71 P1 Q2 U-0.3 W0 F0.2;		
N1 G41 G0 X48;	加工轮廓描述	N1 G41 G0 X48;
G1 Z0 F0.1;		G1 Z0 F0.1;
X40 C0.3;		X40 C0.3;
Z-6;		Z-6;
X34.2 C1.5;		X34.2 C1.5;
Z-30;		Z-30;
N2 G40 G1 X32;		N2 G40 G1 X32;
G0 X150 Z150;	退回安全位置 程序暂停,测量	G0 X150 Z150;
M9 M5 M0;		M9 M5 M30;
T0303;	设定精加工转速	
M3 S2000 M8;		
G0 X32 Z2;	到达目测检验点	
G70 P1 Q2;	精加工循环	
G0 X150 Z150;	退回安全位置,换内螺纹车刀	
T0404 M3 S800;		T0404 M3 S800;
G0 X32 Z2;		G0 X32 Z2;
G76 P010160 Q50 R0.05;	加工内螺纹	G76 C2 A60 X36 Z-29 K0.975 U0.1 V0.1 Q0.4 F1.5;
G76 X36 Z-29 P975 Q400 F1.5;		
G0 X150 Z150;	程序结束	G0 X150 Z150;
M5 M30;		M5 M30;
O0004;	加工件1右端外轮廓	O0004;
T0101;	换外圆车刀	T0101;
M03 S800;	主轴正转,转速为800r/min	M03 S800;

(续)

FANUC 0i 系统程序	程序说明	华中系统程序
G00 X82 Z2 M08；	到达目测检验点	G00 X82 Z2 M08；
G71 U1.0 R0.5；	粗车轮廓循环	；G71 U1.0 R0.5 P1 Q2 X0.3 Z0 F0.2；
G71 P1 Q2 U0.3 W0 F0.2；		
N1 G42 G0 X25；	加工轮廓描述	N1 G42 G0 X25；
G1 Z0 F0.1；		G1 Z0 F0.1；
X35.8 C1.5；		X35.8 C1.5；
Z-25；		Z-25；
X36 C0.3；		X36 C0.3；
N2 G40 X82；		N2 G40 X82；
G0 X150 Z150；	退回安全位置	G0 X150 Z150；
M9 M5 M0；	程序暂停，测量	M9 M5 M30；
T0101；	设定精加工转速	
M3 S2000 M8；		
G0 X82 Z2；	到达目测检验点	
G70 P1 Q2；	精加工循环	
G0 X150 Z150；	退回安全位置，换切槽刀（刀宽3mm）	T0505 M3 S500；
T0505 M3 S500；		G0 X38 Z-20；
G0 X38 Z-20；		G1 X31.8 F0.1；
G75 R0.5；	径向槽加工	X38；Z-22.5；X31.8；X38；
G75 X31.8 Z-25 P2000 Q2500 F0.1；		Z-25；X31.8；X38；
G1 X38 Z-15.5；		G1 X38 Z-15.5；
X35.8；		X35.8；
X32.8 Z-17；		X32.8 Z-17；
X38；		X38；
G0 X150 Z150；	换内螺纹车刀	G0 X150 Z150；
T0606 M3 S800；		T0606 M3 S800；
G0 X38 Z2；	加工内螺纹	G0 X38 Z2；
G76 P010160 Q50 R0.05；		G76 C2 A60 X34.05 Z-20 K0.975 U0.1 V0.1 Q0.4 F1.5；
G76 X34.05 Z-20 P975 Q400 F1.5；		
G0 X150 Z150；	程序结束	G0 X150 Z150；
M5 M30；		M5 M30；
	加工件1端面槽	
O0005；		O0005；

(续)

FANUC 0i 系统程序	程序说明	华中系统程序
T0707;	换端面槽车刀	T0707;
M03 S500;	主轴正转，转速为500r/min	M03 S500;
G00 X48 Z2 M08;	到达目测检验点	G00 X48 Z2 M08;
G74 R0.5;	端面槽加工	G1 Z-25 F0.1; Z2; X43; Z-25;
G74 X39 Z-25 P3000 Q2000 F0.1;		Z2; X39; Z-25; Z2;
G1 X59 Z2;		G1 X59 Z2;
Z0;		Z0;
X48 Z-5;		X48 Z-5;
Z5;		Z5;
G0 X150 Z150;	程序结束	G0 X150 Z150;
M5 M30;		M5 M30;

四、样例小结

职业技能鉴定考试是一个只需合格即能通过的考试，不要求操作者得满分，只要求操作达到及格线即可。因此，操作者在应会操作过程中一定要注意应试的技能技巧，从而使操作者顺利通过相应的技能鉴定考核。

参 考 文 献

[1] 沈建峰,朱勤惠. 数控加工生产实例 [M]. 北京:化学工业出版社,2007.
[2] 沈建峰,虞俊. 数控车工(高级)[M]. 北京:机械工业出版社,2007.
[3] 方沂. 数控机床编程与操作 [M]. 北京:国防工业出版社,1999.
[4] 王睿鹏. 数控机床编程与操作 [M]. 北京:机械工业出版社,2009.
[5] 周宝牛,黄俊桂. 数控编程与加工技术 [M]. 北京:机械工业出版社,2009.
[6] 沈建峰. 数控车床编程与操作实训 [M]. 北京:国防工业出版社,2005.
[7] 韩鸿鸾. 数控机床的结构与维修 [M]. 北京:机械工业出版社,2005.
[8] 韩鸿鸾. 数控加工工艺学 [M]. 北京:中国劳动社会保障出版社,2005.
[9] 沈建峰. 数控车床编程与操作实训 [M]. 北京:国防工业出版社,2005.
[10] 沈建峰,朱勤惠. 数控车床技能鉴定考点分析和试题集萃 [M]. 北京:化学工业出版社,2007.
[11] 张超英,罗学科. 数控加工综合实训 [M]. 北京:化学工业出版社,2003.
[12] 吴明友. 数控加工技术 [M]. 北京:机械工业出版社,2009.
[13] 黄俊刚,沈建峰. 数控车削编程技术 [M]. 沈阳:辽宁科学技术出版社,2010.